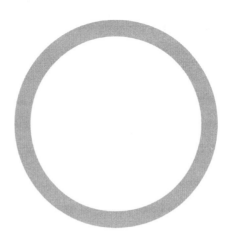

哥白尼革命

西方思想发展中的行星天文学

The Copernican Revolution
Planetary Astronomy in the Development of Western Thought

托马斯·库恩（Thomas S. Kuhn）/著

吴国盛、张东林、李立/译

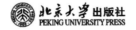

北京大学出版社
PEKING UNIVERSITY PRESS

著作权合同登记号　图字：01－2014－6233

图书在版编目(CIP)数据

哥白尼革命：西方思想发展中的行星天文学/(美)托马斯·库恩著；吴国盛，张东林，李立译.—北京：北京大学出版社，2020.10

(北京大学科技史与科技哲学丛书)

ISBN 978－7－301－31664－1

Ⅰ.①哥…　Ⅱ.①托…②吴…③张…④李…　Ⅲ.①自然科学史—思想史—世界②天文学史—世界　Ⅳ.①N091②P1-091

中国版本图书馆CIP数据核字(2020)第183052号

书　　名	哥白尼革命——西方思想发展中的行星天文学 GEBAINI GEMING——XIFANG SIXIANG FAZHAN ZHONG DE XINGXING TIANWENXUE
著作责任者	〔美〕托马斯·库恩（Thomas Kuhn）著　吴国盛　张东林　李立 译
责任编辑	田　炜　李学宜
标准书号	ISBN 978－7－301－31664－1
出版发行	北京大学出版社
地　　址	北京市海淀区成府路205号　100871
网　　址	http://www.pup.cn　新浪微博：@北京大学出版社
电子信箱	pkuwsz@126.com
电　　话	邮购部010－62752015　发行部010－62750672 编辑部010－62750577
印 刷 者	涿州市星河印刷有限公司
经 销 者	新华书店
	880毫米×1230毫米　A5　12.875印张　260千字 2020年10月第1版　2020年10月第1次印刷
定　　价	78.00元

《北京大学科技史与科技哲学丛书》总序

科学技术史(简称科技史)与科学技术哲学(简称科技哲学)是两个有着紧密的内在联系的研究领域,均以科学技术为研究对象,都在20世纪发展成为独立的学科。科学哲学家拉卡托斯说得好:“没有科学史的科学哲学是空洞的,没有科学哲学的科学史是盲目的”。北京大学从80年代开始在这两个专业招收硕士研究生,90年代招收博士研究生,但两个专业之间的互动不多。如今,专业体制上的整合已经完成,但跟全国同行一样,面临着学科建设的艰巨任务。

中国的“科学技术史”学科属于理学一级学科,与国际上通常将科技史列为历史学科的情况不太一样。由于特定的历史原因,我国科技史学科的主要研究力量集中在中国古代科技史,而研究队伍又主要集中在中国科学院下属的自然科学史研究所,因此,在上世纪80年代制定学科目录的过程中,很自然地将科技史列为理学学科。这种学科归属还反映了学科发展阶段的整体滞后。从国际科技史学科的发展历史看,科技史经历了一个由“分科史”向“综合史”、由理学性质向史学性质、由“科学家的科学史”向“科学史家的科学史”的转变。西方发达国家大约在上世纪五、六十年代完成了这种转变,出现了第一代职业科学史家。而直到上个世纪末,我国科技史界提出了学科再建制的口号,才把上述“转变”提上日程。在外部制度建设方面,再建制的任务主要是将学科阵地由中科院自然科学史所向其他机构特别是高等院校扩展;在内部制度建设方面,再建制的任务是由分科史走向综合史,由学科内史走向思想史与社会史,由中国古代科技史走向世界科技史。

科技哲学的学科建设面临的是另一些问题。作为哲学二级学科的“科技哲学”过去叫“自然辩证法”,但从目前实际涵盖的研究领域来看,它既不能等同于“科学哲学”(Philosophy of Science),也无法等同于“科学哲学和技术哲学”(Philosophy of Science and of Technology)。事实上,它包罗了各种以“科学技术”为研究对象的学科,比如科学史、科学哲学、科学社会学、科技政策与科研管理、科学传播等等。过去20多年来,以这个学科的名义所从事的工作是高度“发散”的:以“科学、技术与社会”(STS)为名,侵入了几乎所有的社会科学领域;以“科学与人文”为名,侵入了几乎所有的人文学科;以“自然科学哲学问题”为名,侵入了几乎所有的理工农医领域。这个奇特的局面也不全是中国特殊国情造成的,首先是世界性的。科技本身的飞速发展带来了许多前所未有但又是紧迫的社会问题、文化问题、哲学问题,因此也催生了这许多边缘学科、交叉学科。承载着多样化的问题领域和研究兴趣的各种新兴学科,一下子找不到合适的地方落户,最终都归到“科技哲学”的门下。虽说它的“庙门”小一些,但它的“户口”最稳定,而在我们中国,“户口”一向都是很重要的,学界也不例外。

研究领域的漫无边际,研究视角的多种多样,使得这个学术群体缺乏一种总体上的学术认同感,同行之间没有同行的感觉。尽管以"科技哲学"的名义有了一个外在的学科建制,但是内在的学术规范迟迟未能建立起来。不少业内业外的人士甚至认为它根本不是一个学科,而只是一个跨学科的、边缘的研究领域。然而,没有学科范式,就不会有严格意义上的学术积累和进步。中国的"科技哲学"界必须意识到:热点问题和现实问题的研究,不能代替学科建设。唯有通过学科建设,我们的学科才能后继有人;唯有加强学科建设,我们的热点问题和现实问题研究才能走向深入。

如何着手"科技哲学"的内在学科建设?从目前的现状看,科技哲学界事实上已经分解成两个群体,一个是哲学群体,一个是社会学群体。前者大体关注自然哲学、科学哲学、技术哲学、科学思想史、自然科学哲学问题等,后者大体关注科学社会学、科技政策与科研管理、科学的社会研究、科学技术与社会(STS)、科学学等。学科建设首先要顺应这一分化的大局,在哲学方向和社会学方向分头进行。

本丛书的设计,体现了我们把西方科学思想史和中国近现代科学社会史作为我们科技史学科建设的主要方向,把"科技哲学"主要作为哲学学科来建设的基本构想。我们将在科学思想史、科学社会史、科学哲学、技术哲学这四个学科方向上,系统积累基本文献,分层次编写教材和参考书,并不断推出研究专著。我们希望本丛书的出版能够有助于推进我国科技史和科技哲学的学科建设,也希望学界同行和读者不吝赐教,帮助我们出好这套丛书。

吴国盛

2006年7月于燕园四院

目　　录

献给 L. K. Nash

为了我们的密切合作

前　言

哥白尼革命的故事从前被讲过许多次了，但就我所知，从未有本书这里所计划的范围和目标。尽管革命的名字是一个，但事件却是多个。其核心是数理天文学的一个转型，但包含着宇宙学、物理学、哲学和宗教方面的概念变革。革命的方方面面已被反复考察，没有那些个研究，本书也许就写不出来。革命的多元性，超出了靠原始文献进行研究的单个学者的能力范围。但是，对它们进行摹写的种种专门研究和基础工作，都不可避免地忽视了此次革命的最基本和最迷人的特征：革命本身的多元性。

正是因为其多元性，哥白尼革命提供了一个理想的机会，以发现多个不同领域的概念如何被编织成一个单一的思想织品，以及导致什么样的后果。哥白尼本人是一个专家，一个关注修正用于计算行星位置表的高深技术的数理天文学家。但他的研究方向经常被天文学之外的发展所决定。这其中有中世纪对于石头下落的分析方面的变化；有文艺复兴时期对一种古代神秘哲学的复兴，这种哲学把太阳视为上帝的影像；有大西洋的远航，开阔了文艺复兴时代人的大地视野。就是在哥白尼的著作出版之后的时期，不同思想领域也出现过更强的同源关系。尽管他的《天球运行论》主要由数学公式、图表组成，但它只可能被那些有能力创造新的物理学、新的空间概念和人与上帝之关系的新观念的人们所吸收。像这样创造性的学科交叉的纽带，在哥白尼革命中扮演了多种多样的角色。人们在考察这些纽带的性质以及它们影响人类知识增长时所采用的目标和方法，共同阻碍了专业化的解释。

因此，本书对于哥白尼革命的叙述是要去显示这场革命的多元性意义，并且这个目标可能是本书最为重要的新颖之处。然而，对这个目标的追求需要第二种创新。本书一再地突破将“科学”听众与“历史”或“哲学”听众隔离开来的制度化的界线。也许它可以被看成两本书，一本是论述科学的，另一本是有关思想史的。

然而，科学和思想史的结合在处理哥白尼革命的多重结构时是必不可少的。这场革命集中在天文学，所以，如果没有对那些作为行星天文学家工具的数据和概念的牢固把握是不会理解这场革命的本性、时间分布和原因的。天文学的观测和理论构成了基本的“科学”成分，这在前两章会占很大比重，并且会在本书的其余部分中出现。但它们并不是这本书的全部。行星天文学从来就不是一个有着不变的关于准确性、充足性和证据标准的完全独立的研究事业。天文学家也在其他科学领域接受训练，并且也忠于各种各样的哲学和宗教体系。他们的许多非天文学信念在先是推迟再后来成就哥白尼革命方面一直起着重要的作用。这些非天文学信念构成了我的“思想史”部分，在第二章以后，它和科学的部分并行叙述。对本书的目标而言，两者同样基本。

此外，我并不相信这两个部分有真正意义上的区别。除了个别论著之外，科学与思想史的结合是一件与众不同的事情。最初它看上去可能不太协调，但这并非内在的不相容。科学的概念是观念，所以它们也是思想史的课题。它们之所以没有以这种方式被对待，仅仅是因为几乎没有史学家受过处理原始科学资料的技术训练。我自己非常肯定的是，由观念史[①]家所发展出来的技巧能够产生一种理解，以致科学不再以别的方式被接受。虽然还没有基本的著作能完全地证明这一命题，但这本书至少可以提供初步的证据。

它确实已给出了一些证据。本书是在自 1949 年以来每年作为哈佛学院的通识教育(General Education)科学课程之一而做的系列讲演中成长起来的。那次技术性材料和思想史性材料相结合的应用相当成功。由于这门通识课程的学生并不打算继续研究科学，他们所学到的技术性事实和理论，主要是作为范式而非作为本来就有用的信息片段。而且，尽管技术性的科学材料是基本的，它们也只是在放入了一个历史和哲学框架中才开始起作用，在这个框架中它们阐明了科学发展的道路、科学权威的本性以及科学影响人类生活的方式。一旦放入那样的框架

① Intellectual history(思想史)与 history of idea(观念史)意思相近，与之相对的是 social history(社会史)。——译者注

中,哥白尼的体系或其他任何科学理论就会与比科学家群体或者大学生群体广阔得多的听众群发生关联。尽管我写本书起初的目的是为哈佛或其他学校诸如此类的课程提供读物,但这本书并非教科书,它也是写给普通读者的。

有许多朋友和同事以他们的建议和批评帮助本书成形。但在本书中留下最大或最有意义印记的当算柯南特(James B. Conant)①大使。与他一起工作,使我第一次相信历史研究会产生出对科学研究的结构和功能的崭新解释。如果没有由他引导的我自己的哥白尼革命,也就不会有这本书和我的其他科学史方面的论文。

柯南特先生还阅读了本书的草稿,前面几章留下了他许多建设性的批评的印记。其他将在本书各处找到他们有益建议之影响的人包括:波亚丝(Marie Boas)、科恩(I. B. Cohen)、吉尔墨(M. P. Gilmore)、哈恩(Roger Hahn)、霍尔顿(G. J. Holton)、肯博(E. C. Kemble)、里克贝勒(P. E. LeCorbeiller)、纳什(L. K. Nash)、华生(F. G. Watson)。每个人都至少对一章运用了他们在批评上的天资,一些人阅读了全部初稿,所有人都使我避免了许多错误或模糊之处。汉孟德(Mason Hammond)和钱博斯(Mortimer Chambers)的指导使我那些偶尔为之的拉丁译文有了

① 柯南特(James Bryant Conant,1893—1978)曾于1933—1953年间担任哈佛大学校长,对于在哈佛推行通识教育贡献很大,也十分重视科学史教学和研究。1955—1957年出任美国驻联邦德国大使。——译者注

质量保证,没有这些指导就不会有这些保证。费儒勒(Arnolfo Ferruolo)首先向我介绍了菲奇诺(Ficino)的《论太阳》(*De Sole*),并告诉我哥白尼对于太阳的看法是一种文艺复兴传统的不可分割的部分,这个传统在艺术和文学中比在科学中更为显著。

书中的插图展示出技巧,但耐性欠缺,波莉·霍兰女士(Miss Polly Horan)把我含混的指示翻译和再翻译成可表达的符号。我的原稿既不符合科学出版物的规范,也不符合历史论著出版的规范,埃尔德(J. D. Elder)和哈佛大学出版社的职员在原稿费力的转变过程中,给予我持久的和同情的指导。索引证明了查尔斯(W. J. Charles)的勤奋和才智。

哈佛大学和纪念古根海姆基金会(John Simon Guggenheim Memorial Foundation)的共同资助给了我年假,使我的大部分手稿被准备出来。我也要感谢加利福尼亚大学的小补助,帮助我完成了手稿的最后准备和付梓出版。

我的妻子是此书进展中热心的参与者,但这种参与还只是她所做贡献的最小部分。脑力劳动在家庭事务中特别对于他人来说是最为任性的一件事情。如果没有她持续的宽容和忍耐,就不会有此书的出版。

托马斯·S. 库恩
伯克利,加利福尼亚
1956 年 11 月第七次印刷的说明:这一版包含了许多对早期哈佛版本中由于不慎所造成的疏忽的更正和文本改动。在这一版及以后的版本中,先前在 Random House 和 Vintage 平装版本介绍的所有变化都包括在哈佛平装本中,并在早期平装版本的基础上略微做了小的修改。

序　　言

在欧洲铁幕[①]的西部,教育中的文艺传统(literary tradition)仍然流行。一个受过教育的男人或女人需要掌握多种语言并保有欧洲艺术和文学的应用知识。我所说的应用知识,并不是那种对古代和现代经典的学者式的把握,也不是对风格或形式的敏锐的批判性判断;我想说的是可以在适当的社交聚会中轻易地运用于交谈中的知识。以小心划定的文学传统为基础的教育有一些明显的好处:当淑女和绅士谈话的时候,占总数百分之五到十的受过教育的人与其他人几乎自动地明显地区别开来。对于那些真正享受艺术、文学和音乐的人来说,这里有一种团体认同的舒适感。对于其他那些感觉是硬要进入这类话题的谈论的人来说,他们的操练空间很容易被限制;他们不被要求付出大量的努力以使得在学校中费力学到的部分知识保持新鲜。进入一个欧洲民族的文化传统的费用是在一个人年轻的时候一次付清的。理论上讲,这个费用是在专门学校里八九年的艰苦学习,那里的课程以希腊和罗马的语言和文学为中心。我说"理论上"

---

① 指第二次世界大战后在苏联集团和西欧之间设置的军事、政治和意识形态上的屏障。——译者注

是这样,是因为实际上本世纪对现代语言的研究已经侵袭了对希腊语的研究,以及一定程度上也侵袭了拉丁语的知识。但对少数在致力于研究欧洲语言和文学的长学制学校里培养出来的人来说,这些变化并未从根本上改变基本的教育观念。

对这种教育类型的打击来来回回至少有一个世纪了。物理科学要在课程中占更大比重的主张被强调,这种主张通常是
xiv 与那些以现代语言取代古代语言的要求相联系的。数学的地位已经无可置疑,这是因为多年来,包括微积分在内的对数学的通盘研究已经被接受为所有作为大学预备的专科学校必定要设立的一门课程。数代以前,作为对古典课程的一个界线分明的替代,基于物理、化学、数学和现代语言的学习课程被提了出来。但古典课程的拥护者仍然活跃、有影响力。在德国,至少已有一系列的折中方案看上去好像是这个争论的结果。但由于所赋予语言研究的重要性,以至于我们还不得不说文艺传统仍然占据着统治地位。甚至在那些把主要时间用于科学研究的学校中,要说科学传统已取代了文艺传统也是不对的。人们可能会说德国学生在进入大学时已在不同程度上具备了相当多的物理科学知识,然而这种知识是否会接下来影响那些不再进行科学研究的学生的态度,至少还是未定的问题。看起来很少或根本没有考虑到改变教育模式以使那些不从事科学的人对科学有更好的了解。确实,如果那些主要接受文艺教育的人们问理解科学对于除科学家和工程师之外的人是否重要,那并不奇怪。

在美国,作为教育基础的欧洲文艺传统差不多一百年前就

消失了，或者说被改造得面目全非。但是它并没有被以物理、数学、现代语言为基础的教育所取代。有人也许会说根本就没有什么取代。无论如何，一直不断地有尝试以期为国家的文化生活提供广阔的基础——广阔到足以包含物理学、生物学和社会科学以及盎格鲁-撒克逊的文艺传统，并且关注来自不同文明的文艺形式。这种尝试是要去直接塑造民主政体下热心参与国家文化发展的未来公民，但它是否创造了一个对于美国的精神生活充分有益的媒介还是值得考虑的问题。但没有人能够否认，这些尝试的动因毫无例外都是想努力为科学传统找到合适的位置。

然而，不论在美国还是欧洲的现代学校中，经验已经表明要 xv
将科学学习置于与文学、艺术、音乐的学习相同的地位是何等困难。一名科学家或工程师也许有能力兴致勃勃地参与到一幅绘画、一本书或一幕戏剧的讨论中，但是，要让主要是非科学家或非工程师的一群人去谈论有关物理学的问题是非常困难的。（我应当首先否认教育的目的是为了便于交谈，不过在社交聚会上聆听也许还是一种可以允许的诊断方法）。

很明显，在学校或学院中学习科学和学习文学不会在学生心中留下相同的东西。就人类的需要来考虑，金属化学的知识与莎士比亚戏剧的知识是两种完全不同的知识类型。当然，并非必须要举一个自然科学的例子，上句中的“金属化学”可以用“拉丁语法”来代替。用非常简单的术语来说，其区别在于，莎士比亚的戏剧曾经并且仍然是无尽争论的主题，在这些争论中，其风格和人物被从一切可以想象的角度加以评论,激烈的赞美和斥责的言辞不绝于耳。但没有人会赞美或责难金属或金属盐的化学性质。

不只是要把科学作为一种系统的知识进行学习,也不只是去理解科学理论,而是要让受过教育的人去准备接受那个至少仍作为美国文化之基础的文艺传统旁边的科学传统。这就是之所以将科学融进西方文化的困难在几个世纪中不断增加的原因。在路易十四时期,科学团体被建立起来,科学中的新发现和新理论较之今天更易为受过教育的人所接受。直到后来的拿破仑战争,情况还是如此。19 世纪初叶,戴维爵士(Sir Humphrey Davy)通过壮观的实验演示的化学讲演,使伦敦社会为之倾倒。50 年后,法拉第(Michael Faraday)使来到伦敦皇家研究院礼堂
xvi 听他演讲的听众,不论年老或年少,都兴奋不已;他关于蜡烛化学的演讲是科学普及的经典范例。在我们这个时代,并不缺乏沿着类似路线的尝试,但需要克服的障碍却在逐年增多。那种壮观的讲台实验不再像它们以前那样令老于世故的听众惊奇和兴奋,大型工程几乎每天都胜过它们。当今的科学有太多的新鲜事物、太难以理解,以致不能成为外行人交谈的话题。科学进展是如此之快,前沿领域是如此之多,以致外行被科学新闻弄得不知所措;进而言之,要想对一项科学突破的意义有所理解,必须在行动开始以前就精通相关科学领域的状况。甚至那些在某一科学分支受过训练的人对其他领域的工作进展也很难理解。举例来说,一个物理学家几乎不可能读懂遗传学家为其他遗传

学家所写的摘要性论文,反之也是一样。为着一大群接受科学和工程学训练的人跟上科学整体进展的需要,有不少出色的期刊以及不断地有一些有用的著作出版。但我十分怀疑这些科学普及的努力能否影响到那些与物理科学或生命科学及其应用没有直接关系的人。况且一些普及的尝试是如此肤浅和耸人听闻,以致无助于达到为非科学家理解科学提供基础这个目的。

近十至十五年来,美国的学院对物理和化学在课程中的地位的关注正在增加。许多人感觉,传统上的第一年就学的物理、化学和生物课程对于那些并不打算专门学习理工科或医科的学生来说,不太合适。已经做出了各种各样的计划,许多包含新的科学课程类型的试验被尝试,这些课程将成为一门文科或通识教育计划的一部分。特别要指出的是,已经有人推荐更加注重科学史,并且我也已热心地加入到这个推荐的行列。实际上,哈佛学院多年来实行的历史教学方案的经验,使我更加确信内在于科学史学习之中的潜在可能性,特别是将那些使科学得以进步的各种方法的分析结合起来时,更是如此。当我们意识到过 xvii
去三百年科学史概览的教育价值的时候,我相信通过对物理、化学、生物发展过程中特定情节的深入学习,会更有好处。这种信心可以在那套“哈佛实验科学案例史”的小册子中看到。

哈佛这套丛书所涉及的案例就其年代和主题材料来说是相对狭窄受限制的。其目的还是在于加深学生对于理论和实验间关系的理解,以及对复杂的推理训练的领悟,这种推理将假说的检验与实际的实验结果相联结。为此目的,原始的科学论文被重印并形成案例的基础；读者在编者注解的指导下尽可能地追随着研究者自己的推理路线。留给使用这些小册子的教授们的任务则是，在一个广阔的前沿中将所讨论的案例置于一个更大的科学发展框架内。

“哈佛案例史”对于普通读者来说过分囿于某一领域，并且过分关注实验细节和方法分析。进而言之，尽管所选取的情节在物理学史、化学史和生物学史中有它们自己的重要性，但它们的意义却没有立刻显现给那些初学者。读者很快会注意到本书并没有出现这种缺憾。每个人都知道亚里士多德的地心宇宙到哥白尼宇宙的变化对西方文化的影响。库恩教授关注的不是科学史上的一个事件，而是一系列相互联系的事件，在远远超出天文学自身领域之外的兴趣上，有学识者的态度既影响了这些事件又反过来受到影响。他并非从事那种复述革命时期天文学发展故事的相对简单的工作，相反，他已经成功地实现了对理论、观察和信仰间关系的分析，而且他也勇敢地面对着诸如为什么聪明的、专心的和完全诚实的大自然的学生是如此之晚才接受行星是以太阳为中心来排列的这一类棘手问题。这本书不是对科学家的工作做表面的描述；相反，它是对科学工作的一种状态
xviii 的彻底说明，细心的读者可以从中学到假说和实验（或天文学观测）间令人惊讶的相互作用，这种相互作用是现代科学的本质，但是那些不从事科学研究的人很大程度上并不了解这一点。

然而，我的序言的目的并不是要为如何理解科学作课程概要，这些在库恩教授所写的书中会提到。更为准确地说，我是要

指出我确信这本书中所展示的理解科学的方式必定能使科学传统在美国文化中与文学传统处于并驾齐驱的地位。科学已成为一项既有着错误与谬见,同时又充满辉煌成就的事业;科学已成为由极易犯错误但又经常情绪化的人类来执行的工作;科学是但也只是曾给予了我们艺术、文学和音乐的西方世界中创造性活动的一种形态。在下面的篇章中所勾画的人们宇宙结构观的变化,某种程度上影响着我们时代每个受过教育者的观点;其主题本身就极具重要性。但是,在这场特殊的天文学革命的重要性之上和之外,库恩教授对主题的处理值得引起注意,因为——除非我大错特错——他指明了科学要想被吸收进我们时代的文化中,就必定要走的道路。

J. B. 柯南特

第一章　古代的两球宇宙

哥白尼与现代精神

哥白尼革命是一场观念上的革命，是人的宇宙概念以及人 1
与宇宙之关系的概念的一次转型。在文艺复兴思想史上的这一幕，被一再地宣称为西方人思想发展的划时代转向。然而这场革命却依赖天文学研究中许多最晦暗和最隐秘的细节。它何以能够获得如此的重要性？“哥白尼革命”这个词组又意味着什么？

1543年，尼古拉·哥白尼提出将以前属于地球的许多天文学功能转移到太阳上来，以提高天文学理论的精确性和简单性。在他的计划提出之前，地球是作为固定的中心，天文学家根据它来测算恒星和诸行星的运动。一个世纪之后，太阳至少在天文学中取代了地球成为行星运动的中心，同时，地球也失去了其独特的天文学地位，成为了众多运动行星中的一员。现代天文学中许多主要的成就都基于这一转换。所以，天文学基本概念的变革是哥白尼革命的首要含义。

然而，天文学的变革并非这场革命的全部含义。在1543年哥白尼《天球运行论》出版后，在人类对自然的理解方面另外一些激进的替换紧随其后。这些革新在一个半世纪后牛顿的宇宙概念中达到顶点，而其中许多东西是哥白尼的天文学理论所始料未及的。哥白尼提出地球是运动的，是要努力改进用来预测
2 天体的天文位置的那些技术。对于其他科学来说，他的建议很容易引出新的问题，并且在这些问题被解决之前，天文学家的宇宙概念与其他科学家是不一致的。整个 17 世纪，这些其他的科学与哥白尼天文学的调和，是现在被称为科学革命的普遍的思想骚动的重要原因。经过科学革命，科学从此赢得了在西方社会和西方思想的发展中扮演的新的重大角色。

这些科学上的结果也没有穷尽这场革命的含义。哥白尼生活并工作在一个政治、经济和理智生活急速发展变化的时代，这些变化正为现代的欧美文明奠定基础。他的行星理论和相关的日心宇宙概念有助于中世纪向现代西方社会的过渡，因为它们看起来影响了人与宇宙、人与上帝的关系。哥白尼的理论是作为对古典天文学专门技术性和高度数学化的修正而被引入的，但却成了宗教、哲学和社会理论中巨大争论的一个焦点，这些争论在美洲被发现后的两个世纪中成为现代精神的要旨。人们相信他们的地球家园仅是盲目地环绕着无限多个恒星之一而旋转的一颗行星，从而对自己在宇宙图景中地位的估价与其先辈相当不同，而前人把地球看成上帝造物的独一无二且处在焦点的中心。因此，哥白尼革命又是西方人价值观转变的一部分。

这本书讲述的就是哥白尼革命在天文学、科学和哲学这三

个并不能截然分开的方面的故事。这场革命作为行星天文学发展中的一个,必然要成为我们最显著展开的主题。在前两章中,我们揭示用肉眼究竟能够在天空看到些什么,观天家们对他们所看到的东西有什么样的第一反应,天文学和天文学家差不多是我们唯一考虑的。但是一旦我们考察了主要的天文学理论在古代世界的发展,我们的视点将会转移。在分析古代天文学传统的力量和探求那种传统彻底终止的必备条件时,我们将会渐渐发现要将一个已确立的科学概念的领域限制为一门单一的科学,或甚至是一组科学有多困难。所以,在第三、四章,我们会较
少地涉及天文学本身,更多地关注天文学在其中得以施展的思 3
想的、社会的和经济的环境。这些章节讨论的基本上是具有悠久历史的天文学概念体系中那些超天文学的意涵——对于科学、对于宗教以及对于日常生活的意涵。它们将显现出何以数理天文学概念中的一个变化能够导致革命性的结果。最后,在后三章中,当我们回到哥白尼的工作、它的反响以及它对新的科学的宇宙概念的贡献时,我们将同时讨论所有这些方面。只有将行星地球的概念确立为西方思想的前提这样的战役,才能够充分地表达哥白尼革命对于现代精神的全部意义。

因为它的技术性和历史性的成果,哥白尼革命成了全部的科学史中最为迷人的事件。但是它还有一个超越其特定主题的额外的重要性:它展示的是一个我们今天非常有必要去理解的过程。无论是就日常哲学还是就日常生活而言,当代的西方文明比起以前的文明更加依赖科学概念。然而,在我们的日常生

活中显得如此重要的科学理论不太可能被证明是终极的。认为包括我们的太阳在内的恒星是散布于无限空间中的各处这样发达的天文学宇宙概念,不超过4个世纪,并且已经过时了。在这个概念由哥白尼及其后继者提出之前,其他的关于宇宙结构的观念被用来解释人们在天空中观察到的现象。这些旧的天文学理论与我们现在所持有的极为不同,但它们中的大部分观点在当时都为人们所坚信,就像现在我们坚信我们自己的理论一样。它们被相信是出于相同的原因:它们都为看起来重要的问题提供了似乎合理的回答。其他的科学也提供我们所珍爱的科学信念之非永恒性的类似的例子。实际上,天文学的基本概念较之大部分科学概念更为稳定。

科学的基本概念的可变性并不是否定它的论据。每一个新的科学理论都是要维持一个由前人提供的知识硬核,同时对其进行增补。科学在新理论取代旧理论中进步。但是一个像我们这样由科学主宰的时代确实需要一种视角,通过它来检验一下如此被视为理所当然的科学信念,而历史为这种视角提供了重
4 要资源。如果我们能够发现某些现代科学概念的起源以及它们取代旧概念的方法,我们就更有可能去理智地评估它们存留下来的机会。这本书基本上论述天文学的概念,但它们与在许多其他学科中使用的概念非常相似,并且通过仔细观察它们的发展,我们能对一般的科学理论有所了解。比方说:什么是一个科学理论?它应该建立在什么基础上才能博得我们的重视?它的功能、它的用处是什么?它的持久的动力是什么?历史的分析

虽不能回答这类问题,但能够阐明它们并赋予它们以意义。

因为哥白尼的理论从许多方面讲都是一种典型的科学理论,所以它的历史可以展示科学概念发展和取代其前辈理论的某些过程。然而,哥白尼理论在科学以外所产生的影响中却并不典型:很少有科学理论能在非科学思想中发挥如此巨大的作用。但它也不是独一无二的。在19世纪,达尔文的进化论导致了类似的科学之外的问题。在我们自己的这个世纪,爱因斯坦的相对论和弗洛伊德的精神分析理论提供了争论的中心,从中有可能出现对西方思想更加激烈的重新定向。弗洛伊德自己也强调他本人关于无意识活动控制人类的大多数行为的发现,与哥白尼发现地球仅仅是一个行星有相似的效果。无论我们学过他们的理论与否,我们都是哥白尼和达尔文等人的思想继承者。我们的基本思想过程已经被他们再造过,正像我们儿孙的思想将要由爱因斯坦和弗洛伊德的理论再造一样。我们需要的不只是一种对科学的内在发展的理解。我们还必须理解,科学家对一个表面上琐碎的、技术性很强的难题的解决,有时何以能够从根本上改变人们对日常生活中基本问题的态度。

原始宇宙论中的天

本书中的大部分内容将论述天文观察和理论对于古代和现代宇宙论思想的影响,也就是,对人类一系列关于宇宙结构的概
念的影响。今天,我们把天文学对宇宙论的影响视为理所当然。 5

当我们想要知道宇宙的形状、地球在其中的位置,或者地球与太阳、太阳与恒星之间的关系时,我们会向天文学家或者是物理学家求助。他们已经对天和地做过了详细的定量观测;他们对于宇宙的知识因其预测的准确性而得到保证。我们日常的宇宙的观念、流行的宇宙论,是他们辛勤的研究工作的一个产物。但是天文学和宇宙论的这种密切的联系无论从时间上还是从地域上说都是局部的。有史记载的每一种文明和文化都对"宇宙的结构是什么"的问题拥有一个回答,但只有由希腊传承下来的西方文明在得到问题的答案时给天象以极大的关注。建构宇宙论的冲动比系统的观天的欲望更为古老和原始。而且,由于它突出了我们今天比较熟悉的更为技术化、更为抽象的宇宙论中的某些模糊不清的特征,宇宙论冲动的原始形式倒是特别地有信息量。

尽管诸多原始的宇宙概念表现出相当的不同,但基本上由地上的事件来定形,这些事件直接地影响了宇宙体系的设计者。在原始宇宙论中,天仅仅被简略地添加成为大地提供的一个罩子,它的上面住着神话人物并被他们所推动,他们在神界的地位,因着他们与地界的直接距离的增加而增加。举例来说,在埃及宇宙论的一个主要形式中,大地被描画成一个拉长了的浅圆盘。圆盘长的一维与尼罗河平行;它扁平的底部是古埃及文明所辖的那块冲击盆地;它的弯曲和起伏的边缘就是限制着陆上世界的那些山脉。扁平大地之上是气,它本身就是一个神,支撑着一个倒扣着的圆盘状屋顶,那就是天。大地圆盘又由另一个神——水——来支撑，而水又立足于第三只圆盘上，这个圆盘从下面对称地包着宇宙。

显然，这个宇宙是对埃及人所知道的世界的一个模仿：他们生活在一个由水包围着的拉长的圆盘中，这唯一的拉长的方向是他们曾经探索过的；在晴朗的白天或夜晚看过去，天曾经像、现在依然像圆顶的形状；宇宙下面对称的边界显见是在相关观察缺乏时的选择。天文现象并没有被忽视，但它们被处理得更 6
少精确性而更富神话色彩。太阳是拉神（Ra），埃及的主神，有两条船，一条是白天在气中旅行时用的，另一条是夜晚在水中航行时用的。星辰被描画或缀点在天空的拱形圆顶上；它们作为小的神灵运动着；在某些宇宙论版本中，它们每夜被再生出来。有时候还会引入对于天空更为细致的观察，比如拱极星（从不会落到地平线以下的星星）被看成是“不知疲倦者”或“不知毁灭者”。因为有了这种观察，北部天空被认为是不可能有死亡的区域，是永远地庇佑来世的地方。但是对天象观察做这样的描述还是很少见的。

与埃及类似的宇宙论片段也可以在我们有记载的所有古代文明中找到，如印度文明和巴比伦文明。其他一些粗糙的宇宙论也都表现了现代人类学家所研究的当时原始社会的特点。从表面上看，所有这些宇宙结构的草图都实现了一个基本的心理需要：它们为人们的日常生活及其神的活动提供了舞台。通过说明人类的栖居地和自然其他部分在物理上的关系，它们为人类整合了宇宙，使人在其中有一种家园感。人类若不发明一个宇宙论是不会持久地生存的,因为宇宙论能够为人提供一种世界观,这种世界观渗透在人类每一种实践的和精神的活动中,并且赋予它们意义。

尽管由宇宙论所满足的那些心理需要好像是相对统一的,但是满足这些需要的宇宙论能力,对不同的社会或文明有非常大的不同。前面提到的任何原始宇宙论今天都不能满足我们对世界观的要求,因为我们是另一种文明的成员,这种文明已经设定了另外的标准,一种宇宙论为了让人相信就必须满足这样的标准。举例来说,我们不会相信一个以神来解释物理世界之平常行为的宇宙论;近几个世纪以来,我们已经坚信更接近机械的解释。更重要的是,我们今天要求,一个令人满意的宇宙论能够解释自然行为的许多可观察的细节。原始宇宙论仅仅是示意性的草图,自然的大戏以之为背景上演;演出不会体现在宇宙论中。太阳神
7 拉神乘着他的船每天穿越天空,但在埃及宇宙论里既没有解释他这种旅行的规则重复,也没有解释此船航程的季节变化。只有我们的西方文明才把这些细节的解释作为宇宙论的一个功能。其他任何文明,古代或近代,都没有提出类似的要求。

宇宙论**既要**提供心理上令人满意的世界观,**又要**提供对于像日出位置的每日变动这样的可观察现象的说明,这种要求极大地增强了宇宙论思想的能力。它把在宇宙中寻找家园的普遍冲动,引导到对寻求科学说明的空前热情上来。西方文明中许多最有特色的成就都基于这些强加于宇宙论思想之上的种种要求的结合。但结合并不总是情投意合的。它迫使现代人将构建

宇宙论的工作委托给专家，特别是天文学家，他们知道那些详尽的观测细节，而现代宇宙论必须满足这些细节才能被相信。由于观察是一把双刃剑，它有可能证实一种宇宙论也有可能与之冲突，所以这种委托的结果可能是毁灭性的。天文学家有时可能完全因其专业上的原因摧毁一种世界观，而这种世界观本来使整个文明的全部成员，不论是专家还是非专家，感到宇宙充满意义。

与此非常类似的事情就发生在哥白尼革命的过程中。要理
解它，我们自己就必须成为某些方面的专家。尤其是，我们必须
了解那些均可由肉眼看到的最重要的观测事实，西方两大主要
的科学宇宙论，托勒密体系和哥白尼体系，就建立在它们的基础
之上。对天空单一的全景式的眼光是不够的。仰望晴朗的夜
空，天空首先激发的是诗意的想象而并非科学的思考。没有人
在看到夜空时会质疑莎士比亚将星辰比作“夜晚的烛光”，或者
弥尔顿将银河看作“一条宽广的大路，上面的尘土是黄金，铺路
石就是星辰”。但是这些描写都是形象化了的原始宇宙论。它
们并没有为天文学家的问题提供相关的证据：银河、太阳、木星
距离我们有多远？这些光点是怎样移动的？月亮上的物质与大 8
地上的相同吗，或者与太阳或其他恒星上的相同吗？对于这些
问题的回答需要长期积累系统、详细和定量化的观察资料。

接下来，这一章所要论述的就是有关太阳和恒星的观测问题，以及这些观察结果对构建古希腊第一个科学宇宙论的作用。通过描述诸行星，下一章将完整开列用肉眼观测的天象记录，正是这些天体引起的技术性难题导致了哥白尼革命。

太阳的视运动

在公元前两千年末之前（或许还要早一些），苏美尔人和埃及人就已经开始对太阳的运动作系统化的观察。出于这个目的，它们发明了原始的日晷，它包括一个丈量过的杆子作为指针，把它垂直地立在平滑的地面上。由于太阳的视位置、指针的尖端和其阴影的尖端在晴天中的每一时刻都成一直线，所以通过测量阴影的长度和方向完全可以确定太阳的方向。当阴影较短时，太阳在天空中的高处；当阴影指向东方时，太阳必处于西方。对指针阴影的重复观察，可以把每日和每年太阳位置变化的大量普通而模糊的知识系统化、定量化。在古代，这类观察利用太阳来作为计时器和日历，这种应用是延续并改善观察技术的一个重要动机。

指针阴影的长度和方向每一天都缓慢而连续地变化。日出和日落时阴影最长，此时它大致指向一个相反的方向。白天，阴影沿着一个对称的扇形渐渐地移动，在绝大多数古代的观察者可以达到的地方，这个图形都非常像图 1 所展示的样子。就像图中所表示的，在不同的日子里扇形的形状是不一样的，但是它有一个非常有意义的固定特征：在每天指针阴影最短的时刻，它总是指向同一个方向。这个简单的规律性为后来的所有进一步
9 的天文测量提供了两个基本的参考系：这个由每日最短阴影所呈现的不变的方向被定义为正北方，所有的罗盘都指向这个方

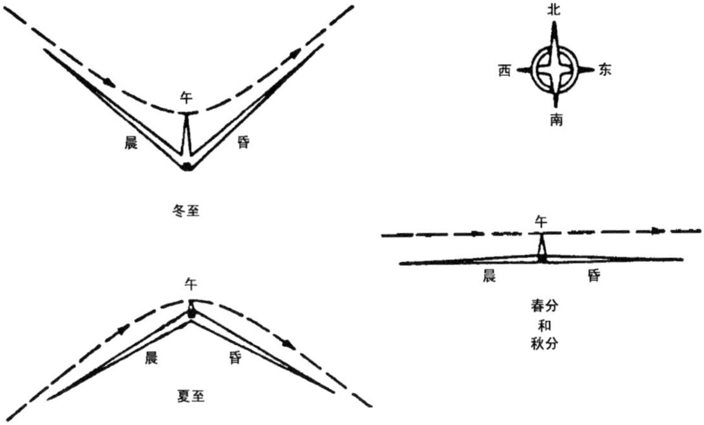

图1　北半球中纬度地区不同季节中指针阴影的每日运动。日出和日落时阴影瞬间伸展到无限远处,在图中它的末端与虚线“会合”。在日出和日落中间的时段,阴影末端沿虚线缓慢移动;正午时阴影总是指向正北方。

向;这个阴影变为最短的时刻定义了一个时间上的参照点,即地方正午;两个相继的地方正午之间的间隔定义了一个基本的时间单位,即视太阳日。在公元前的最后一个千年,巴比伦人、埃及人、希腊人和罗马人使用原始的地面计时器,特别是水钟,进一步将太阳日分为更小的间隔,从这里演化出了我们今天的时间单位:时、分和秒。[①]

① 从天文学的目的来看,恒星提供了一个比太阳更为便利的计时器。但是,在由恒星确定的时间尺度上,一年中不同季节里视太阳日的长度有一分钟左右的变动。尽管古代天文学家注意到了这个视太阳时微小且重要的不规则性,但我们在此处忽略它。这种变化的原因和它对于时间尺度的定义的影响将留在技术性附录的第一部分讨论。

由太阳的每日运动所规定的罗盘的指向和时间单位，为描述这种运动的逐日变化提供了基础。太阳总是东升西落，但是日出的位置、日晷指针阴影在正午时的长度以及白昼时间的长短随季节的变化而逐日变化（图 2）。冬至日（现代历法中的 12 月 22 日）这天，太阳在离地平线上正东点和正西点最远的地方起落。这一天与其他任何一天相比，白天的时间最短，日晷指针正午时的阴影最长。冬至过后，日出和日落点一起逐渐沿地平线向北移动，并且正午的指针阴影变短。春分（3 月 21 日）时，日出与日落点最接近于正东和正西，白天和黑夜长度相等。再过一段时间，日出和日落点继续向北移动，白天的时间增加，直到夏至日（6 月 22 日），此时日出、日落点在正东和正西最北的

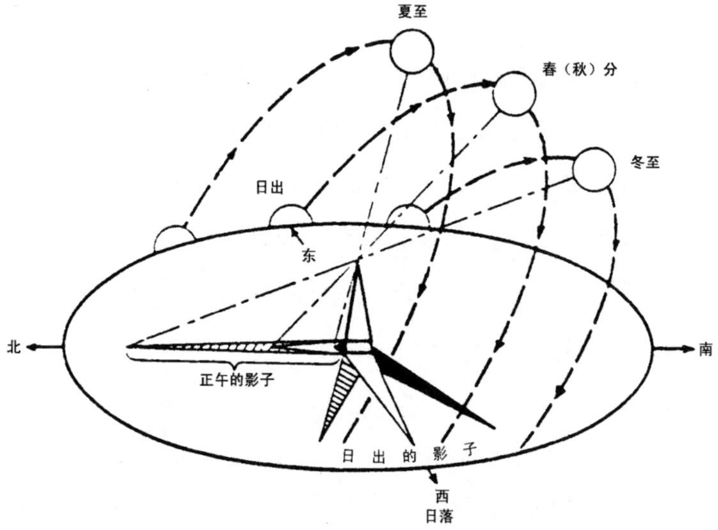

图 2　日出位置、太阳正午时的高度以及指针阴影季节性变化三者之间的关系。

地方。夏至日白昼持续时间最长，指针正午的阴影最短。夏至过后，日出点重新向南移动，黑夜变长。秋分（9 月 23 日）时，日出与日落点再度处于正东和正西的位置，然后它继续向南，直到冬至再临。

正像夏至冬至和春分秋分的现代名称所表示的那样，日出点沿地平线的来回移动对应着季节的循环周期。所以大多数古代人相信太阳控制着季节。他们同时既把太阳作为神来崇拜，又把它作为历法的监护者来观察——太阳被看成一个季节推移的实际指示器，以指导他们的农业活动。像英格兰史前巨石阵中神秘的巨石结构这样一些史前遗迹，证实了对太阳的这种双重兴趣的古老和力量。史前巨石阵是由早期石器文明时代的人类用巨大的石头费力建造起来的重要神殿，有些石头差不多有
30 吨重。几乎可以肯定它也是一座原始的天文台。这些石头 11
的排列方式，使得处在石阵中心的观察者在古代的仲夏日即夏至日看到太阳从一块特定位置的石头处升起，这块石头被称为“修道士的脚后跟”（Friar’s Heel）。

季节周期的长度——一个春分点与下一个春分点之间的间隔——规定了基本的历法单位年，就如同以太阳的每日运动来定义日一样。然而，年是比日更难以测量的单位，并且对于合用的长时段历法的需求将一些持续不断的难题摆在了天文学家的面前，16 世纪期间，这些难题中最显著者在哥白尼革命中发挥了直接的作用。古代最早的太阳历是每年 360 天，这是一个简洁的约整数，正好与苏美尔人六十进制的数字系统相吻合。但

是四季的周期不止360天，所以这些早期太阳历的“元旦日”逐渐地向前移，由冬到秋、由秋到夏、再由夏到春。这种日历从长时期来看几乎没有用处，因为一些重要的季节性事件，如埃及尼罗河的汛期，在接下来的年份中发生的日期越来越晚。为了保持太阳历与季节同步，埃及人在原先的年份中增加了额外的五天作为假日季节。

然而，四季的周期并不是一个整数日的时间。一年365天还是太短了，40年后，埃及历法比实际的季节差出了10天。所以，当儒略·凯撒在埃及天文学家的技术帮助下改革历法时，将每年的长度定为$365\frac{1}{4}$天；3个365天的年后接一个366天的。这种历法，儒略历，从公元前45年被引入直到哥白尼死后，一直为整个欧洲所使用。但是，实际的一年四季要比$365\frac{1}{4}$天少11分14秒，以至于到了哥白尼生活的年代春分点从3月21日退到3月11日。历法改革（见第四、五章）的需求，为天文学自身的改革提供了一个重要的动机，而且这场带给了西方世界现代历法的改革是在《天球运行论》发表仅39年后就开始了。新的历法由教皇格里高利十三世于1582年在欧洲广大的教区强制
12 推行。新历法规定每四个百年中有三个不置闰。1600年和2000年是闰年，1700、1800、1900年在儒略历中是闰年而在格里高利历中只有365天，而且2100年也是一个只有365天的普通年份。

以上讨论的所有观察资料差不多就是中北纬度地区的天文学家所观察到的太阳的情况。这一地区包括希腊、美索不达米

亚和北埃及，几乎所有的古代的观测都是在这一区域做出的。但是在这个区域之内，太阳行为的某些方面存在着可观的量上的变化，而且在埃及最南部还有性质上的变化。有关这些变化的知识在古代天文学理论的建构中也发挥了部分作用。观察者向东或向西移动观察不到什么变化。但是向南方移动会发现日晷指针的正午阴影变短并且太阳正午时在天空的高度会高于同一天在北方时观测到的高度。同样地，虽然全天的时间长度保持不变，但在中北纬度的南部地区，昼夜长度的差别要更小一些。而且，在这个区域中，太阳在一年中不会沿地平线大幅度摇摆于南北方之间。这些变动并不会改变上面结论中定性的描述。但是，如果一个观察者在夏季移到了埃及的最南面，他会看到日晷指针的正午阴影一天天变短直至最后完全消失，然后再度出现并指向南方。在埃及的最南部，日晷指针阴影每年的行为如图 3 所示。如果继续向更南或更北方行进，在观察太阳的运动方面还会发现其他一些反常。但这些在古代并没有被观察

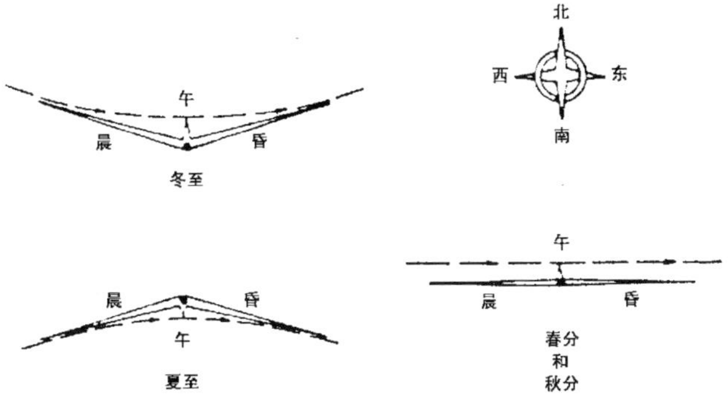

图 3　热带北部不同季节中日晷指针阴影的每日运动。

13 到。我们先不讨论它们，等到我们考虑有可能甚至在未被观测到之前就能预言这些现象的天文学理论的时候再说（第 33 页[①]以后）。

恒 星

恒星的运动比起太阳运动要简单和有规律得多。然而，它们的规律性不是很容易被认识到的，因为对夜空系统的观测要求有能力挑选出特定的恒星以便它无论在天上的什么地方出现都可以做重复的研究。在现代世界，这种只有经过长期训练才能获得的能力相当少见。现在很少有人花许多时间到户外去观察夜空，而且，即使有人那样做，他们的视线也会不断地被高楼和路灯所遮蔽。此外，在普通人的生活中观天不再起直接的作用。但在古代，星星却是普通人生活环境的一个直接的部分，并且天体还担当着计时器和日历等普遍功能。在这种情况下，一
14 眼就可辨别出星星的能力相对就比较常见了。在有记载的历史开始之前很久，那些专门持续地观测夜空的人们已经在心里把星辰分为星座，即可以作为一个固定的图案被看到和辨识的一组邻近的星星。要从繁杂的星空中找出某一颗星星，观察者首先要找到那颗星所在的为人所熟知的星座图案，然后再从此图案中找到那颗星。

---

① 正文中提及的页码均指原书页码，即本书旁码。——译者注

现代天文学家所使用的许多星座是以古代神话中的人物来命名的。一些可以追溯到巴比伦的泥板文书,少数远至公元前3000年。尽管现代天文学已经修改了它们的定义,但主要的星座还是属于我们可追溯的最古老的遗产。不过,这些组成星座的群星第一次是怎样被选出的现在还不能确定。几乎没有人可以从大熊星座(图4)中看出一只熊来;其他的星座在视觉方面也有同样的问题;所以这些星星第一次被组织起来也许是为了方便起见,命名则是随意的。但如果是这样,那它们就是被非常奇怪地组织起来的。古代星座具有非常不规则的边界,它们在天空中占据着尺度大小极其不同的区域。显然,它们不是方便

图4　北天的大熊星座。注意,我们熟知的北斗七星的斗柄构成了熊的尾巴。图中熊的右耳的正上方的那颗显著的亮星就是北极星,它几乎与北斗七星的碗形部分中的最后两颗星成一直线。

的选择,这也是现代天文学家之所以改变它们的边界的原因之一。也许古代的牧羊人或航海者,一个小时接一个小时地注视着天空,从繁星中“真的”看到了他熟知的神话人物,正如有时我们会在云或树的轮廓里看到一些面孔一样。现代格式塔心理学的实验证明了,从明显随机的组群中发现熟知图案是一种普遍的需要,正是这种需要奠定了著名的“墨渍图”实验或罗夏实验[1]的基础。如果我们能更多地知道它们的历史起源,星座也许会对最早描画出它们的原始社会的心理特征提供有用信息。

认识星座就像熟悉一幅地图一样,并且有着相同的目的:星座使我们在星空中遨游时更容易找到路。知道了星座,一个人可以很容易地找到据报处在天鹅座(Cygnus)的彗星;但如果他只知道彗星“在天上”,那他几乎肯定会错过它。然而,由星座所提供的并不是一张普通的地图,因为星座总是在运动的。由于它们总是一起运动,就能保持住它们的图案和相对位置,所以运动并没有破坏它们的合用性。一个位于天鹅座的恒星总是位于天鹅座,而天鹅座总是与大熊星座保持相同的距离。[2] 但无

---

① 罗夏实验又称罗夏墨渍测验(Rorschach Inkblot Test),是瑞士精神病医生赫尔曼·罗夏(Hermann Rorschach, 1884—1922)发明的一种人格测验方法:先向被试者出示标准化的由墨渍偶然形成的图版,再让被试者说出由此联想到的东西,然后据此分析被试者人格的种种特征。——译者注

② 这里的“距离”是“角距离”,它是指观察者的眼睛到两个天体所形成的两条直线间的夹角。这两个天体的距离由此被测量。这是天文学家能够直接测量的唯一距离,它不借助任何基于宇宙结构理论的计算。

论天鹅座还是大熊星座都不会在天空同一位置驻留很长时间。它们看起来就像是粘在转动着的留声机唱片上的地图上的城市。

恒星固定的相对位置和运动如图 5 所示，图中显示了同一夜晚的三个时刻北天中北斗七星（大熊星座的一部分）的位置和方位。在每次观察中北斗七星的图案都是相同的。北斗星与北极星的关系也是如此，后者总是在北斗星碗状的敞开一侧 29° 远的位置，并与碗形的最后的两颗星处于一条直线上。其他的示意图也会显示天空中其他恒星之间类似的稳定几何关系。

图 5 还展示了恒星运动的另一个重要特征。当星座和组成它们的恒星在空中一起旋转时，北极星几乎保持静止。事实上，

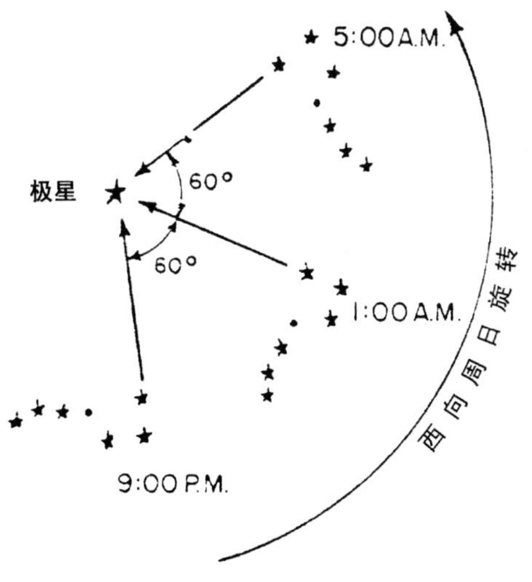

图 5　10 月下旬某个晚上，以每四小时为间隔的北斗七星的连续位置。

仔细地观察会发现，北极星并不是每晚都那么静止，但天空中有另外的一点与北极星相距不到1°，它才真正地具备图5中属于那个恒星的[不同的]特性。这一点就是大家知道的北天极。观察者在北纬地区的某一给定位置总能发现它夜夜时时都处于他的地平面正北方之上的同一固定位置。一根指向极点的直棒在恒星运动时会持续地指着极点。然而，天极点的运动同时也像恒星一样，也就是说，天极会长期保持与其他恒星的几何位置
16 关系[①]。由于极点对于每个观天者来说是一个定点，也由于恒星在运动时与这一点的距离保持不变，所以每颗恒星看上去就像是在以天极为圆心的圆弧上运动。图5显示了北斗七星这一圆周运动的一部分。

恒星绕天极运动形成的同心圆就叫作它们的周日圈，它以每小时15°多一点的速率在这些圆周中旋转。恒星在一个日出和日落之间没有完成一个整圆，但在晴朗的夜晚观察北天的人会看到极点附近的星星划出差不多一个半圆，并且在下个夜晚他会发现它们在相同的圆上以同样的速率运动。进一步，他还会发现它们正好在它们已经到达的那些位置上，如果它们的确

---

① 相隔许多年的观察显示，恒星中的极点位置也发生非常缓慢的变化(大约每180年变化1°)。尽管这一缓慢的运动会产生岁差，但是在这里我们先忽略这一点，而把它留待技术性附录的第二部分来讨论。尽管古代人在公元前2世纪末就已经意识到了它，但岁差问题在建构他们的天文学理论时仅起到次要的作用，并且它也没有替代以上描述的短时程观测结果。在地平正北方之上相同距离的地方总是有一个北天极，但是接近它的却并不总是同一些恒星。

在两个夜晚之间那个的白天继续稳定地旋转的话。自古以来，在辨识这些规律性方面训练有素的观察者很自然地假设恒星在白天也像在夜晚一样存在并运动，只是在白天太阳的强光使肉眼无法观察到它们。按照这种解释，恒星沿一个整圆稳定地旋转，每 23 小时 56 分完成一个周期。10 月 23 日晚上 9 点一颗处于天极正下方的恒星在 10 月 24 日晚 8:56 回到相同的位置，而在 10 月 25 日是 8:52。到了年末，它将在日落之前到达极点的 17
下方，所以在这个位置无法看到它。

在中北纬度地区，天极处于地平面最北端上方约 45° 的地方。（极点仰角正好等于观察者所在的纬度——这是测量纬度的方法之一）。因此处于极点周围 45°以内区域的恒星，或在观察者所处位置之上任何高度的恒星不会落在地平线以下，在一个晴朗夜晚的任何时刻都一定可以看到。这些就是拱极星，古埃及宇宙学家称之为“不知毁灭的东西”。它们也是仅有的很容易辨认出做圆周运动的恒星。

与天极相距更远一些的星辰也沿周日圈运动，但是每个圈都有一部分隐藏到地平线以下（图 6）。所以，这些恒星有时可以看出升落，在地平线之上出现或者在下面消失；它们并不能整夜被看到。星星离天极越远，其周日圈露出地平线的就越少，把它路径可看见的部分认作一个圆周的一部分就越困难。举例来说，一颗由正东方升起的星星仅有一半的周日圈可见。它的运动轨迹就很像太阳在春分点或秋分点附近时的运动路径，沿着指向南方的上斜线升起[图 7(a)]，在面向东方的观察者右肩上

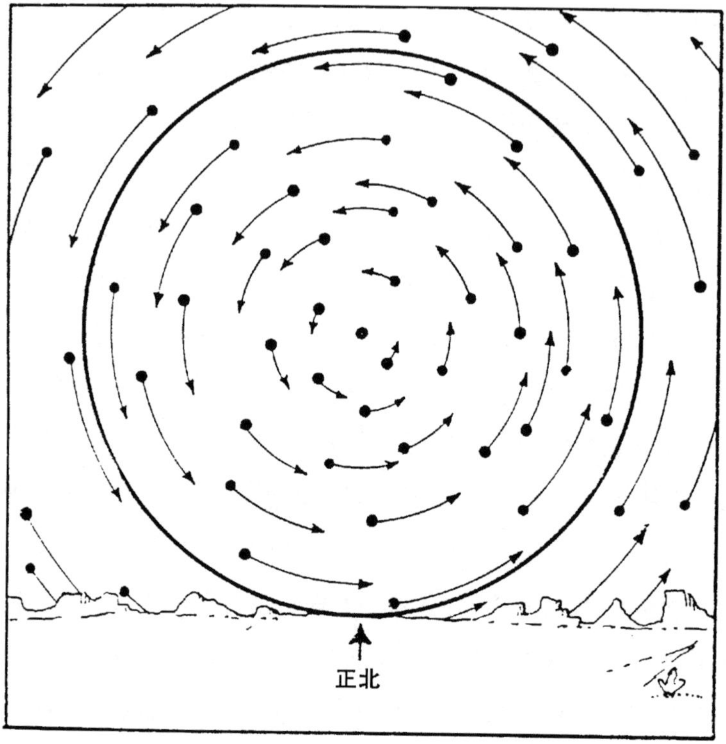

图 6　北天中具有代表性的恒星在两个小时内的运动所形成的一组短的圆弧集合。用粗线画成的与地平线相切的圆将拱极星和其他有升有落的星辰分开。

恒星的这些踪迹实际上可以用一架固定相机记录下来，将它对准天极，当天体旋转的时候让快门打开。每增加一小时的曝光，每个踪迹就增加 15° 的长度。然而要注意的是，相机的仰角会带来一个欺骗性的失真。如果极点在地平线上 45° 的地方（这是在中北纬度地区典型的高度），那么出现在粗线圆圈最顶端的恒星实际上是在观察者头顶的正上方。认识到由相机的仰角造成的失真，我们就有可能把此图中的恒星踪迹与图 7(a) 和 (b) 中更为图解式的恒星轨迹联系起来。

方的一点达到最高,最后沿着指向北方的下斜线在正西落下。离极点更远的星星只有在南地平线上短暂地出现,在正南点附近,它们升起后很快便落下,从不在地平线之上走太远(图7[b]),由于几乎有半年的时间它们在白天升落,所以有许多夜晚它们根本就不出现。

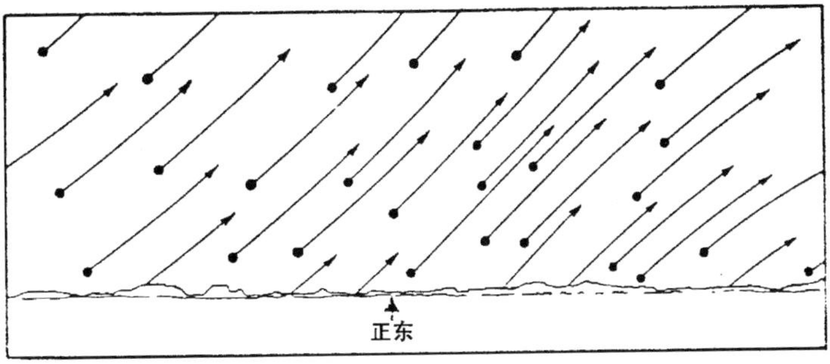

(a)

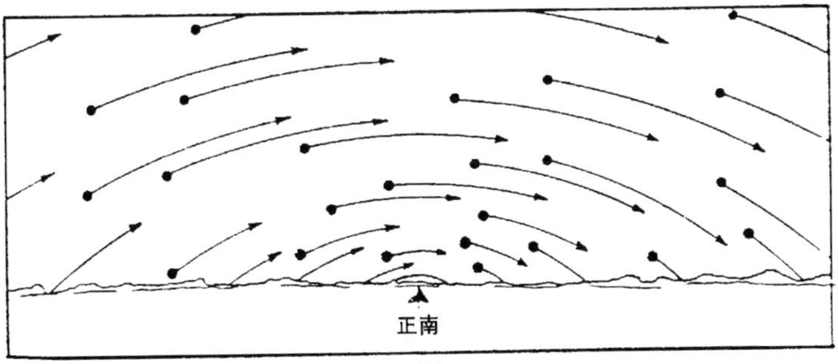

(b)

图7　(a)是恒星在东方地平线之上的轨迹,(b)是南方地平线之上的轨迹。和图6一样,两幅图显示了在两个小时中地平线以上90° 以外的部分典型恒星的运动。不过在这些图中,“相机”直接指向地平线,所以只展示了地平线以上40° 的区域。

夜空的这些定性的特征在古代天文观测所达到的所有区域里都是相同的，但是这种描述掩盖了一些重要的量上的差别。随着观察者南行，每南移 69 英里，天极在北地平线上的仰角就会下降 1°。恒星仍旧绕天极作周日运动，但是由于天极逐渐接近于地平，一些北方的拱极星会随观察者南移而被发现有升落。
18 在正东和正西方升落的恒星，继续在地平线上相同的点出现和消失，但往南方走，它们是沿着与地平线近乎垂直的直线运动
19 的，它们到达的最高点更近乎观察者的头顶上方。南天的变化更为显著。随着天极朝着北方的地平线下降，位于南天的恒星由于与天极保持相同的角距离，就会升到南地平线以上更高的高度。当观察者从更南方观察时，一颗在北方的地平线上几乎见不到的星星，会升得更高，并且可被观察的时间也更长。南方的观察者仍然可以看到在其地平线最南端之上稍纵即逝的恒
20 星，而这些是北方的观星者所完全见不到的。一个向南移动的观察者会发现整夜可见的拱极星越来越少。但在南方他时时会看到在北方从未看到的星星。

太阳作为一个运动的恒星

由于星辰时复一时夜复一夜地与天极保持着不变的相对位置，它们可以被永久地定位在一张天图即星图上。图 8 给出的是一种形式的星图，其他种类的星图可以在任何天文图册或天文学书籍中找到。图 8 的星图中包含了在中北纬度地区的观察

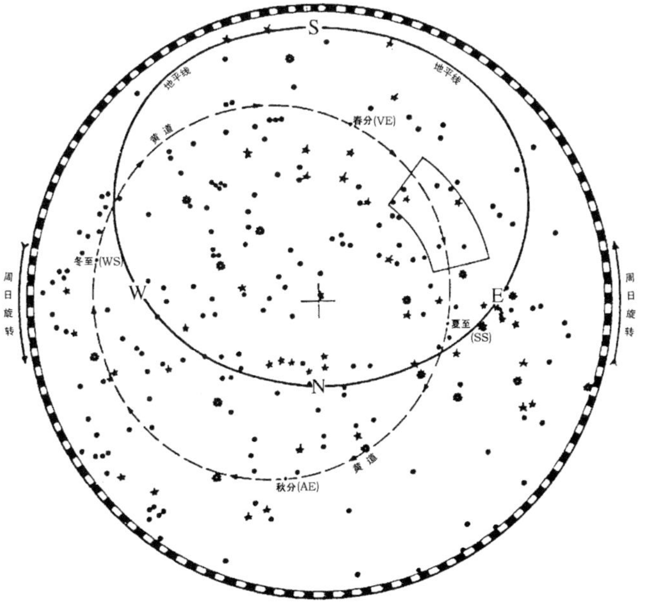

图 8　一张拱极星的星图包含了北纬 45° 附近的观察者能够见到的所有主要的恒星。位于地图几何中心的十字标出了天极的位置。 21

把星图水平置于头顶，正面朝下，底部指向北方，它显示为 10 月 23 日晚 9 点对中北纬地区观察者的恒星的方位。实线圈出的地平窗口内的恒星为观察者能见；实线以外的星星这一天这一时间处在地平线之下。地平窗口内靠近 N 点的恒星，在实际地平的正北上方刚好可看到（注意北斗星）；靠近 E 点的星星只会在东方升起；余此类推。要想知道 10 月 23 日这天后来每小时星星的位置，就要设想地平窗口为固定的，而此圆形星图在它后面晚 9:00 之后每小时 15° 绕天极逆时针转动。这一运动使天极不动，让星星从东地平升起，到西地平落下。要找到在一天之后晚 9:00 的恒星位置，星图就要在固定的地平窗口后每天 1° 地顺时针旋转。结合这两个过程即可找到一年中任一夜晚任一时刻恒星的位置。

图中围绕天极的虚线是黄道，是太阳穿过恒星的视路径（见第 23 页）。图右上方围着黄道一部分的框子所包含的天区在图 9 和图 15 中被放大。

者能看到的所有亮星,但是这些星星并非全都能被同时看到,因为它们并不都同时处在地平线之上。在夜晚的任一时刻,图中有将近五分之二的星星在地平线之下。

可以看见的特定的恒星及其出现的天区依赖观察的日期和时间。举例来说,图8中的实线被罗盘上的四个坐标点东、南、西、北所破开,它所围成的天区是10月23日晚9:00一个中北纬度的观察者可以看到的。实线代表观察者的地平线。如果观察者将星图置于头顶并使其底部指向北,则四个方位点与他实际的物理地平坐标点近似一致。这张星图显示当年此刻北斗七星正好在北地平的上方出现,而仙后座差不多位于地平窗口的中心位置,相当于头顶的位置。由于恒星在23小时56分后又会回到原来的位置,所以地图上相同的方位可以表示10月24日8:56、10月25日8:52、10月30日8:32等时刻的恒星位置。

现在设想包围着观察者视域的实线地平圈保持当前位置不变,而整个星图圆盘以极点为中心在后面缓慢地做逆时针运动。旋转15°后,地平窗口内所出现的星星是在10月23日晚10:00或10月24日晚9:56等时间所见到的。旋转45°后,地平圈内出现的是10月23日午夜所能见到的星星。所有亮星在任一夜
22 晚任一时刻的位置都可通过这种方法找到。一张可转动的星图配上一个固定的地平窗口,就像图8那样,通常被称为“寻星镜”。

除了为保持固定的相对位置的物体比如恒星定位之外,星

图还有其他的用途。它也可以用来描述诸如月球、彗星、行星等在恒星之间缓慢改变位置的天体的行为。举例来说，正像古代人所知道的，只要与恒星关联起来，太阳的运动就有一个特别简单的形式。由于太阳落山后恒星很快出现，知道如何追随恒星运动的观察者可以记录下日落的时刻和地平位置，测量日落和恒星首次出现的时间间隔，然后通过往回旋转星图来确定太阳在星图上的位置，由此判定太阳落山时有哪些恒星正好在地平位置上。经过连续几夜的观察后在星图中标出太阳位置的观察者，会发现它每次都近乎处在相同的位置。图 9 显示了在一个月中每个夜晚太阳在星图上的位置。两次相继的观察中它在星 23

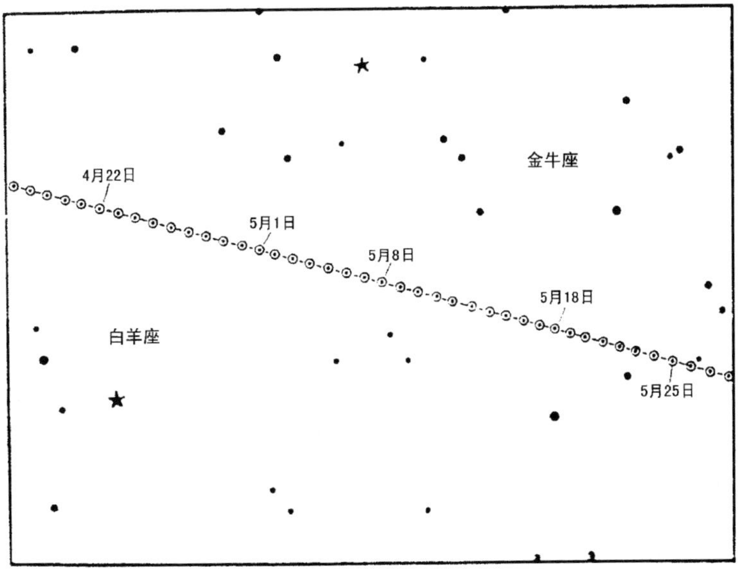

图 9　太阳穿过白羊座和金牛座的运动。那些圆圈代表从 4 月中旬到 5 月末每个晚上，太阳落山时在恒星中的位置。

图上并不处在相同位置,但也并没有偏离很远。我们发现它每晚比前一晚上位置改变了 1°,而 1° 是相对较小的距离,大约是太阳角直径的两倍。

这些观察使人觉得,通过把太阳视为日复一日在恒星中做缓慢运动的物体,可以方便地分析太阳的周日运动和它在地平上南北之间更慢的移动。如果某一天太阳在恒星中的位置被确定,那么,太阳在这一天的运动几乎就是星图上相应位置一颗恒星的周日运动。两者都像转动着的星图上的点一样运动,在东方沿向南倾斜的直线升起,然后在西方落下。一个月之后,太阳会同样进行恒星的周日运动,但此时它的运动非常类似于与一月前那颗恒星偏离 30° 的另一颗恒星的运动。在这一个月中,太阳缓慢而又稳定地在星图中相距 30° 的两点间移动。每天它的运动都近乎一颗绕天极旋转的恒星运动的一部分,但在相继的两天里,其行为不完全等同于同一颗恒星。

如果日复一日地在星图上标出太阳的位置,并将它在每个晚上相继位置的标志点连起来,我们会得到一条在年末闭合的平滑曲线。这条曲线被称为黄道,在图 8 的星图上用虚线表示。太阳总是处在这条线上的某一点上。正像黄道被恒星的共同周日运动所带动在空中迅速地运动一样,太阳则被一起带动,就像被定位在这条线上某一点的一颗恒星那样有升有落。但同时太阳缓慢地围绕黄道运动,每日、每时、每分占据一个略微不同的位置。因此太阳复杂的螺旋形运动可被分解成两个更为简单的运动。太阳整个的视运动包括它的周日运动(由整幅星图逆时针旋转引起的向西运动）和一个同时沿黄道向东的运动（绕星图中的极点的顺时针运动）。

用这种方法来分析，太阳的运动很像是一个旋转木马上收票员的运动。收票员在木马平台的旋转携带下快速地转动。但 24
当他从一匹木马缓慢地走到另一匹木马去收票时的运动与骑马者的运动是不同的。如果沿着与平台旋转相反的方向走动，他相对于地面的运动要稍稍慢于旋转的平台对于地面的运动，骑马者会比收票员更快地完成一圈。如果他的收票工作要求他离开平台的中心，那么他相对地面的整体运动不再是一个圆形，而是一个在一次旋转后不会闭合的复杂曲线。尽管理论上讲有可能精确地给出收票者相对静止的地面的运动轨迹，但把他的整体运动分解成两个组成部分则更为简单：一是平台稳定的快速旋转，另一个是相对于平台更为缓慢且更不规则的运动。自古以来，天文学家就用类似的区分来分析太阳的视运动。每天太阳**和恒星一起**向西迅速地运动（称之为周日运动），同时太阳**穿过恒星或相对于恒星**沿黄道向东运动（这是周年运动）。

将太阳的运动分解为两部分后，只要标出每日每时太阳在黄道上所达到的那些相邻的点，它的行为就可以被简单而准确地描述出来。被标明的点系列给出了太阳运动的周年成分；而剩下的周日成分由整张星图的旋转来给出。举例来说，由于图8中的黄道是一个有点变形而且明显偏离中心的圆，上面必定有一点SS比其他各点更接近中心天极。黄道上的所有点中，SS点的日出和日落位置最靠近北方，并且当转动星图时此关节点处于地平窗口内的时间最长。因此,SS 是夏至点,太阳的中心必定在 6 月 22 日左右通过它。同样地,图 8 中的 AE 和 VE 分别是秋分点和春分点,黄道上这两点的日出和日落在正东和正西方。当旋转星图时,它们正好有一半时间处于地平窗口内。太阳的中心必定分别于 9 月 23 日和 3 月 21 日经过它们,而在
25 12 月 22 日经过黄道上距天极最远的冬至点 WS。至点和分点,开始是作为一年中某些天出现,现在已经有了更为精确并在天文学上更有用处的定义。它们是星图中或天空中的一些点。配上相应的日期(或时刻,因为太阳中心瞬间通过每点),这些在黄道上被标定了的位置给出了太阳周年运动的方向和近似的速率。有了这些标记或诸如此类的东西,一个知道如何用旋转星图来模拟周日运动的人就能够确定一年中每一天太阳升起和落下的时间和位置以及太阳的最大高度。

至点和分点不是黄道上仅有的接受了标签的位置。正如星图中所描绘的,黄道经过了一群特别突出的星座,就是广为人知的黄道十二宫。根据从遥远的古代传下来的约定,这些星座将黄道分为长度相等的 12 段。当说到太阳“处在”一个特定的星座中,也就给出了它在黄道上的近似位置,同时也给出了当时的季节。太阳经过十二宫的周年运动看上去像是控制着季节的循环,这一观察就成了占星术这一科学或伪科学的根源,我们将在第三章对此作进一步的论述。

科学宇宙论的诞生——两球宇宙

以上三节描述的观测是古代天文学家用于分析宇宙结构的重要资料。但是，就它们自身而言，这些观测并没有提供直接的结构化的信息。它们并没有告诉天体的构成或它们之间的距离；它们关于地球的大小、位置和形状没有给出任何明确的信息。报告这些观测的方法掩盖了事实，它们甚至都没有表明天体确实在运动。观察者唯一能确信的是天体与地平之间的角距离连续地变化。这种变化可以由地平的运动引起，也可能由天体运动引起。诸如日出、日落和恒星的周日运动等术语，严格地说并不只属于对观察的记录。它们是对于材料进行解释的一部分。尽管这种解释是如此地自然以至于它很少能够被排除在讨论观测所用的术语之外，但它确实超出了观察本身的内容。两 26
个天文学家会对观察的结果完全赞同，但却在诸如恒星运动的真实性等问题上产生严重的分歧。

前面讨论的那些观测成了解开谜团的唯一线索，天文学家发明的理论都是尝试去解这个谜。这些线索在某种意义上是客观的，因为由自然给出；这类观察的数字结果很少依赖观察者的想象和个性（尽管材料有可能正是通过这些才被组织起来）。但从这些观察中得出的理论或概念图式确实取决于科学家的想象，它们完完全全是主观的。因此，前几节所讨论的观测可以由那些相信类似于古埃及人那样的宇宙结构观的人们收集起来并置于一个系统的形式中。观察自身并没有**直接的**宇宙论结论，在构造宇宙论时它们不必而且在过去数千年里也确实没有被非常严肃地对待。详细的天文观测为宇宙论思想提供主要的线索，这一传统从本质上讲是特别属于西方文明的。它可能是我们从古希腊文明那里继承过来的最有意义、最具特色的不寻常之物。

在我们关于希腊宇宙论思想的最古老的残篇记录中，明显有对恒星和行星之观测的解释的关注。公元前6世纪，米利都的阿那克西曼德教导说：

> 星星是气的压缩部分，形状是[**转动着的**]轮子，火充满其中，在某些点上通过小小的孔洞散播光芒……
>
> 太阳是一个28倍地球尺寸的圆，它像战车的车轮，轮边缘凹陷进去，其中充满了火，太阳使火在某些点上透过类似风箱喷口的孔洞放出光芒……
>
> 当火由以透出的孔洞被封闭时就会发生日蚀。
>
> 月亮的大小是地球的19倍；它与太阳一样像战车的车轮，轮边缘凹陷进去且充满了火，并且它是被斜向放置的，太阳也是这样；它有一个类似于风箱喷口的孔洞；月蚀取决于车轮的转动。[1]

27 在天文学上，这些概念比埃及人的更为先进。在与地球相类似的过程机制的帮助下，神消失了。恒星与行星的大小和位置被讨论，虽然给出的答案看起来非常初级，但在得到成熟和深思熟虑的解答之前,这些问题必须被提出来。在前引的残篇中,通过把天体看作旋转的车轮轮缘上的小孔,恒星与太阳的周日圆周运动被比较成功地说明了。对于蚀以及太阳的周年移动(后来由太阳圆周位置的倾斜来解释)的解释不太成功,但它们至少是个开始。天文学开始在宇宙论思想中起主要的作用了。

并不是所有的希腊哲学家和天文学家都同意阿那克西曼德的观点。他的一些同代人和后继者提出了其他的理论;但他们提出这些理论都是为解决同样的问题,并且在寻求解答时他们使用了相同的方法。对我们来说,重要的是这些问题和方法。这些竞争的理论没有必要去追溯;况且,它们也不可能被完全地追溯,因为历史记录过分不全以致只允许我们去猜测一下希腊最早期宇宙概念的演变。直到公元前 4 世纪,记录才变得可信,而且到了这个时候,由于经历了一个很长的演变过程,在宇宙论的基本要点方面已经达成了许多共识。对绝大部分希腊的天文学家和哲学家来说,从公元前 4 世纪开始,地球就是静止地悬在一个携带恒星而转动的更大球体之几何中心的小球。太阳在地球和恒星天球之间的广大空间中运动。在外天球之外什么也没有——没有空间、没有物质,什么都没有。这不是古时候唯一的宇宙理论,但它却拥有最多的追随者,并且,中世纪和近代世界从古代所继承的正是这个理论发展了的版本。

这就是我从此以后将称其为"两球宇宙"的模型,它包括一个为人而设置的内在球和一个为恒星设置的外在球。当然,这个术语已经过时了。正如我们在下一章将会看到的,所有那些

相信地球和天球的哲学家和天文学家同时也假定了某些附加的宇宙论设计,借以安置环绕在两球之间的空间之中的太阳、月亮
28 和行星。因此,两球宇宙并不是一个真正的宇宙论,而只是宇宙论的结构框架。但这个结构性框架容纳了自公元前4世纪到哥白尼时代1900年间大量不同且具争议的天文学和宇宙论方案。出现了许多两球宇宙模型。但自从它第一次确立之后,两球框架本身几乎从未被质疑。差不多两千年来,它支配了全部天文学家和绝大部分哲学家的想象力。这就是为什么我们从考虑两球宇宙入手来讨论西方主要的天文学传统的原因,尽管它只是一个框架,但却是从一个又一个天文学家提出的各种行星运行机制中抽象出来的。

两球框架的起源并不明确,但它所具有的说服力的根源却很清楚。天球离埃及人和巴比伦人的圆盖形的天空只有一小步,而且天空看起来的确像一个圆顶。埃及人给予天空的那种拉伸,在一个不依靠像尼罗河这样的河流而生存的社会中消失了,而留下了一个半球形。将地球之上的圆顶和与之对称的下面的圆拱结合起来,就给了宇宙一个恰当和令人满意的闭包。结果形成的天球的转动被恒星自身所给出。正如我们立刻就要看到的,外层天球稳定的每23小时56分一次的旋转,就产生了我们已经描述过的周日循环。

此外,对球形宇宙的偏好还有一个本质上是美学的根据。由于恒星看上去跟我们目力所及的东西一样遥远,并且它们一起运动,人们很自然会设想它们就是嵌在宇宙的外表面并随它

一起运动。而且,由于恒星完全有规律地永恒运动,所以这些恒星附于其上的表面本身也应具有完全的规律性,并且也应该永远以同样的方式运动。还有什么图形会比球形更能满足这些条件吗?它是唯一一个具有完全对称的表面,而且是极少数在自身中永恒运动即在它运动的每一时刻都处在完全相同的空间之中的形体。一个永恒和自足的宇宙还能以其他形式被创造出来吗?这就是希腊哲学家柏拉图(公元前4世纪)在他的《蒂迈欧篇》中所使用的基本论据,这是一篇创世的寓言故事,宇宙在这里作为一个动物、一个有机体出现。

> 首先,[造物主]的目的是要使动物尽可能具有完美的 29
> 整体和完美的部分;其次,它应该是独一无二的,不会留下任何残余使创造另一个同样的世界成为可能;并且它应该不会衰老[永恒]也不受疾病的困扰[不朽]……因此,他将世界做成一个球形,就像被车床旋削了一样地圆,使它在每一个方向上的端点都与中心保持相同的距离,它在所有图形中最完美、最像其自身;因为他认为相似要比不相似更为合理。他的工作完成了,出于许多原因他把整个表面弄成光滑的:首先,由于没有外物可看,这个活物不需要眼睛;无音可听不需要耳朵;没有用于呼吸的外部大气;由于除了他就没有任何东西,所以也就没有任何出自他或进入他的东西,因而那些用于进食和排泄的器官也没有用了。按照设计他被创造成这个样子,他自己的排泄物供给他的食物,他

> 所做的一切和所忍受的一切都在其自身之中由他自己发生。造物主认为一个自给自足的存在比缺乏某些东西的存在更为出色。由于不需要做什么或防范什么，所以创造者认为不必给予他双手；他也不需要脚和代步工具；但适合于他球形形状的运动被指派给了他，……他被创造成以相同的方式在相同地点运动，在其自身的界限之内做圆周转动。[2]

古代某些关于大地球形论证属于同一类型：人类居住的地方地球应该显示出曾经用来创造宇宙的同一完美的形状，有什么比这更恰如其分的呢？但许多证明更为具体，并且为我们所熟知。驶离海岸的船只，其船体比桅杆顶部更早地消失；站在更高的地方比站在低的地方能看到更多的船只和海面（图 10）。月蚀时地球在月亮上的阴影有着圆形的边缘。（对月蚀的这一解释甚至在公元前 4 世纪之前就已流行，技术性附录的第三部分有讨论）。这些论据依然很难回避或反驳，而且在古代，它们的（论证）效果被天地之间的类比所放大：一个反映了地球形状的天界看起来特别恰当。其他的论证也得自两球的相似性和对称性的安排。举例来说，地球的中心位置保证了它在球形宇宙之中的静止性。一个处在球心的物体能往什么方向落呢？对中
30 心来说根本就没有“下”，每一个方向都是“上”，因此，地球必须悬在中心，当宇宙绕其旋转时它永远地固定在那里。

虽然这些出自对称性的论证在今天看来有些奇怪（对于不

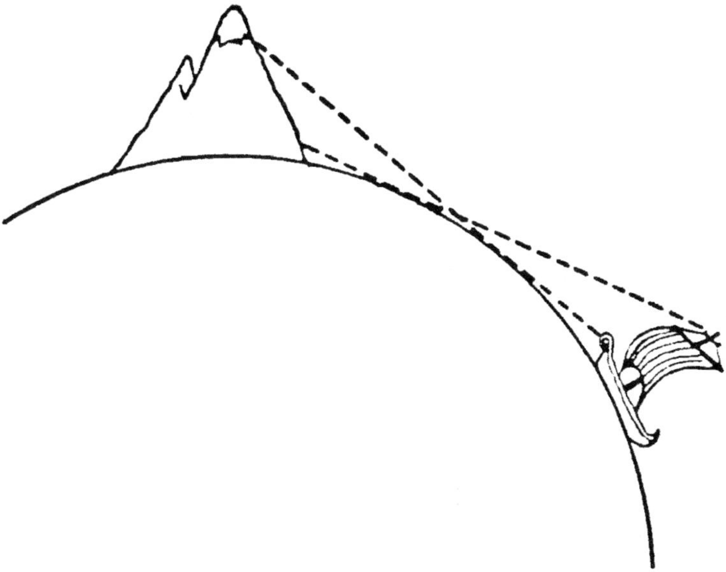

图10　关于大地球形的古代(和现代)论证。一个位于山脚的观察者越过地球的外凸面只能看到桅杆的顶端,而在山顶就可见到全部的桅杆和部分船身。

足以令人相信的结论的论证通常确实看上去奇怪),但它们在古代、中世纪以及近代早期的思想中极为重要。像柏拉图那样关于对称性的讨论,显示了两球宇宙论的适当性;它解释了为何宇宙被造成球形。正如我们将要在第三和第四章发现的,更为重要的是,两球的对称性提供了天文学、物理学和神学思想之间重要的联结,因为它对于它们都是必不可少的。在第五章中我们会看到,哥白尼在一个他所构建的包含了作为运动行星的地球在内的宇宙中,徒劳地企图保留古代宇宙论中基本的对称性。

但我们现在更多地关注两球宇宙的天文学功能,并且在这里情况是完全清楚的。在天文学中,两球宇宙论发挥着作用,而且发挥得很好,也就是说,它精确地解释了本章前面所描述的那些天象观测。

图 11 显示了在一个更大的恒星天球中心的地球,它的尺寸被放大了。一个地球上的观察者处在箭头所指的位置 O,只能见到半个球面。他的地平由一个与地球上他所在的点相切的平
32 面(图中阴影所示)所限定。如果地球相对于恒星天球非常之小,那么这个切面会将外天球分成两个几乎精确相等的部分,一部分对于观察者是可见的,而另一部分被地球表面所遮挡。从微小的地球上看过去,任何永久地镶嵌在外天球上的物体,比如恒星,都会保持相同的相对位置。如果天球绕通过径向正相反的两点 N 和 S 的轴稳定地旋转,那么所有的恒星将会跟它一起运动,除非正处在 N 点或 S 点。由于对图中的观察者来说 S 点不可见,所以 N 就是他的天空中唯一的不动点,是他的天极,并且它事实上处在他的地平正北点上方正好 45° 的位置,这正是对于中北纬度的 O 点的观察者来说它应该在的位置。

在 O 点的观察者看来,外层天球上 N 点附近的目标在绕天极的圆周上缓慢地旋转;如果天球旋转一圈用时 23 小时 56 分,这些目标就像恒星一样在同样的周期内完成它们的循环;它们在此模型中就代表恒星。离极点足够近的所有恒星,处在图中的圆 CC 之内,就是拱极星,因为天球的旋转从不会将其带到地平之下。天球每旋转一周,那些远离 N 点处于圆 CC 和 II 之间

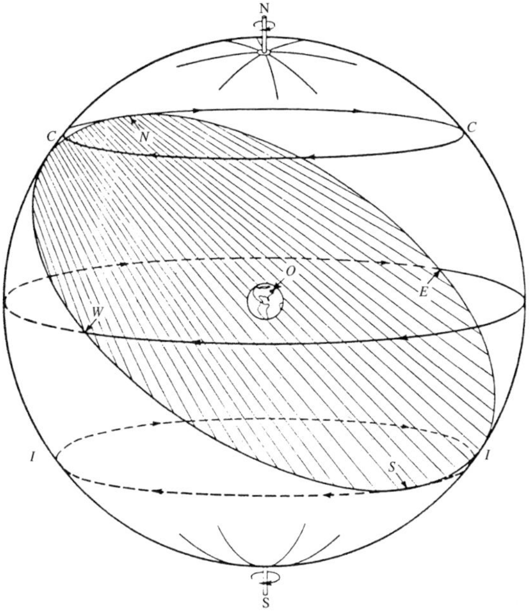

图 11　两球宇宙的天文学功能。最外层的圆是恒星天球的一个横断面，它绕轴 *NS* 向东稳定地旋转。O 点的观察者可以看到这个球面位于阴影地平面 SWNE 以上的所有部分。如果此图按比例画的话，地球要大大的缩小，而且地平面应该在观测点与地球相切。但由于按比例画会把地球缩得太小，所以这里画的地平面就通过恒星天球的中心，而它相对于观察者的方位通过将它垂直于观察者与地心的连线而得以保持。 31

图中水平的圆圈是天球做周日旋转时它上面的一些选定的点的运动路径。因此，它们是选定的恒星的周日平行圈，实线表示对于观察者是可见的，而虚线表示它们在地平之下。中央的圆是天赤道上一颗恒星的运动路径。它在观察者的正东方 E 点升起，沿向南斜倾的直线上升，等等。最上方和最下方的圆是那些仅与地平相会于一点的恒星的轨迹。最上方的圆 *CC* 是最南面的拱极星的周日平行圈；而下面的圆 *II* 是 O 点的观察者永远不可见的星星中最靠北面的那些恒星的轨迹。

的恒星会与地平线成一定角度地升落，但是非常靠近圆 II 的恒星很少在南地平线上看到，而且转瞬即逝。最后，靠近 S 点位于圆 II 之内的恒星是 O 点的观察者永远都看不到的；这些恒星总是被他的地平所遮挡。不过，它们会被位于内球上其他点的观察者见到；S 点至少是一个有可能被见到的天空中的固定点，另一个极点。我们称之为南天极，而在 N 的可见点是北天极。

如果图中的观察者由 O 点向北移动（也就是向着内球上北天极正下方的一点移动），那么他的地平面必定会随之移动，当他接近地球的极点时，地平面越来越与恒星天球的轴相垂直。因此，当观察者向北运动时，天极必定显得离地平的正北点越来越远，直到最后它会到达他的头顶的正上方。与此同时，总是与地平最北端的点相切的圆 CC，必定扩大致使越来越多的恒星成为拱极星。由于当观察者北移时圆 II 也在扩大，看不见的恒星
33 必定也在增加。如果观察者向南运动，那情况就刚好相反，天极越来越接近地平的北点，圆 CC 和 II 也会缩小，直到观察者到达赤道时它们正好分别框住了北天极和南天极。图 12 显示了这两种极端的情况，一个观察者处于地球的北极，一个观察者位于地球的赤道。第一种情况下，地平是水平的，北天极在观察者头顶的正上方，在天球的上半部分的恒星沿与地平圈平行的圆持续地旋转；下半球中的恒星根本看不到。在第二幅图中，地平圈是垂直的，南北天极被固定在地平的南北两点，所有的恒星都能在此时或彼时被看到，但所见到的恒星轨迹没有一颗超过半圆。

除了最后这些极端的例子在古代没有被观察到之外，两球

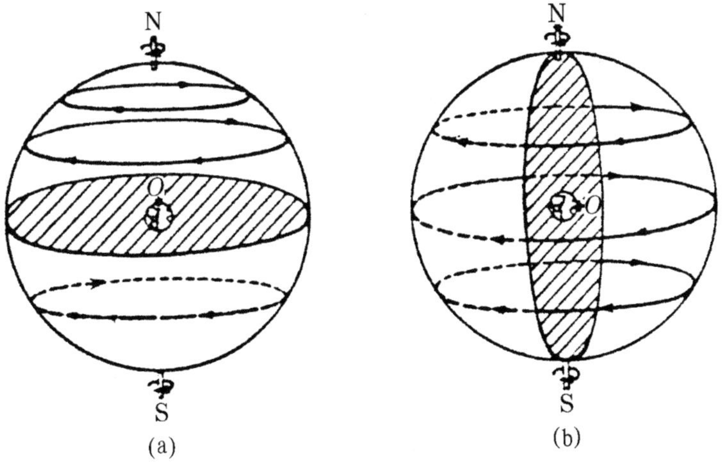

图 12　观察者所见到的两球宇宙中的恒星运动：(a)观察者位于地球的北极，(b)观察者位于赤道。

宇宙模型中的恒星运动与我们先前讨论的对真实的恒星的观察结果非常地一致。对于两球宇宙论而言，没有比这更为令人信服的证据了。

两球宇宙中的太阳

对于两球宇宙中太阳运动的完整讨论，要求这种宇宙论已经精致到可以说明太阳在中心地球和外层转动的恒星天球之间的位置。这种精致化也是更广泛的行星问题的一部分，将在下一章考虑。但即使是上面所描述的轮廓化的宇宙论，也允许对 34
太阳的视运动做一种非常简化的描述。从位于中心的地球向由恒星天球提供的球形背景看过去,太阳的运动获得了规律性,但只有将恒星定位在以地球为中心的转动着的天球上,这种规律性才是明显的。

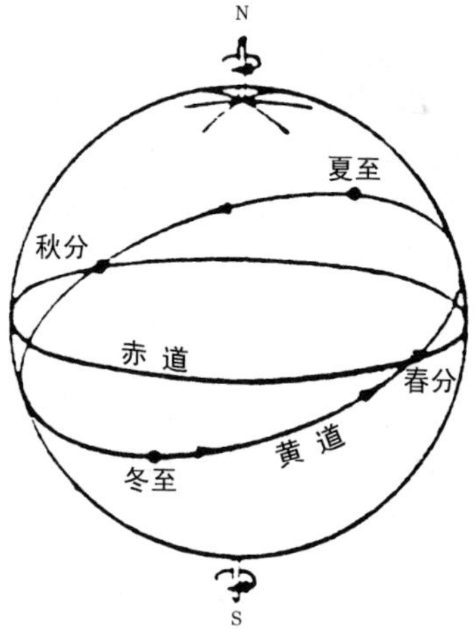

图 13　天球上的赤道和黄道。

图 13 描述了太阳视运动新的简单性。它是一个简化了的恒星天球的草图,有可见的北极点,极点上箭头所指示的是向西周日旋转的方向。南北天极的中间画的是天赤道,在这个大圆上的所有恒星(和天球上的所有点)都是在正东和正西方升落。大圆是在球面上所能画出的所有曲线中最简单的一种,它是球面与过球心的平面的横断面,太阳运动的简单性就来自这样的事实:在天球上,黄道也正好是一个大圆,将天球分为两个相等的部分。图 13 中的黄道是一个倾斜的圆,与天赤道在两个径向

相对的点上相交成 $23\frac{1}{2}°$ 的角;它包含了在地球上的观察者所见到的太阳中心在恒星天球上运动的所有轨迹点。每一时刻,太阳的中心出现在这个大圆上的一个点上,参与整个天球向西的周日运动,但同时太阳还缓慢地向东移动(图中箭头所指方向),每年完成它环绕黄道的旅程一次。

由于在 24 小时之内,太阳看上去停留在黄道上非常接近的
某个单独的点上,所以它必定非常像一颗恒星那样在周日平行
圈上作周日运动。但当天球自身向西疾速旋转时,太阳却相对 35
于天球做缓慢地向东运动。因此,太阳完成其周日旋转必定慢
于其他恒星,它每天与其他恒星落下一小段距离,一年后它们彻
底“领先一圈”。更准确地说,由于太阳完成黄道循环要绕
360°,并且由于它刚好在 365 天多一点的时间完成这一行程,它
沿黄道向东的运动就必定是每天略少于 1°,而且这就是早先从
观察中得出的图像(见第 23 页)。这是太阳每天相对恒星落后
(或丢失)的距离。而且,因为每日的长度由太阳的周日运动所
规定,并且恒星(每小时移动 15° 或每 4 分钟移动 1°)每天要比
太阳多走 1° 的距离,所以,比方说今晚午夜在头顶出现的一颗
恒星,在明天午夜之前 4 分钟就会完成它的周日运动,回到天上
的同一位置。一开始作为杂七杂八的天象观察之一而被介绍进
来(见第 16 页)的一项天象细节,又一次成了两球宇宙的有机
组成部分。

分点和至点在天球上呈现的位置也具有明显相同的规则。两个分点必定是黄道与天赤道在恒星天球上相交的那两个直径

相对的点。它们是黄道上仅有的总是在正东和正西升落的点。同样,两个至点必定是黄道在两个分点的中点,因为它们是黄道上天赤道的最北点和最南点。当太阳处于它们其中一点时,它必定比其他任何时刻都在正东方更为偏北(或偏南)的地方升起。由于太阳有规律地从夏至东移到秋分,所以在天球上很容易辨出每一个分点和至点来。它们都被标记在图 13 的黄道上,并且一旦黄道以这种方式被画出和标记,通过在恒星天球里面建构适当的地平面,我们就有可能发现从地球表面的任一位置看过去太阳的行为在一年的时间中是怎样变化的。图 14 展示了由两球概念图式得出的在一年中不同季节太阳运动的三个有
36 特别重要性的例子。在这些图中,概念图式的全部力量开始显示出来。

概念图式的功能

与本章前面部分描述的观察不同,两球宇宙是人类想象的产物。它是一个概念图式,是一个理论,由观察得来但同时又超越了观察。由于它还不能解释所有天体的运动(特别是行星在
37 这里被忽略了),所以两球宇宙学并不完善。但是,它已经提供了在某些逻辑功能和心理功能方面令人信服的例证,科学理论可以为发展或利用这些理论的人们实现这些功能。任何科学概念图式的演变,天文学的或非天文学的,均取决于它实现这些功能的方式。在下两章详述两球宇宙模型之前,通过明确其中的

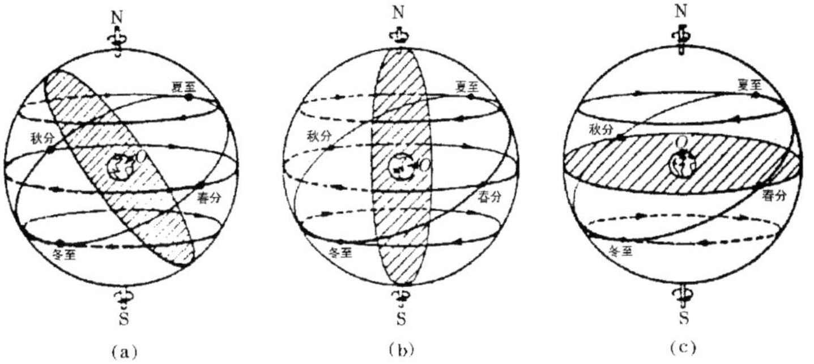

图 14　在地球上不同位置观察到的太阳运动。

(a) 观测者在中北纬度：在夏至点，太阳在正东点的最北方沿一条斜线升起；它的周日平行圈的多半部分处于地平线以上，所以昼长夜短。在分点，太阳从正东升起，刚好有一半的周日平行圈是可见的。在冬至点，太阳在最南边升起，此时昼短夜长。太阳每日距地平的最大高度在夏天最高，但在所有季节中，太阳的正午阴影必定指向正北。

(b) 观察者位于赤道：无论太阳在黄道上的哪个位置，地平面都把太阳的周日平行圈分为两个相等的部分。昼夜总是等长的，气候几乎没有季节性变化。有半年的时间（春分到秋分）太阳从正东以北的地方升起，其正午阴影指向正南方。剩下的半年，太阳在东南升起，其正午阴影指向北方。

(c)观察者位于地球北极：总有一半黄道在地平之下，以至有半年时间（从秋分到春分）丝毫看不到太阳。太阳从春分点开始在地平线之上露头，每日绕它旋转并逐渐螺旋式上升直到夏至。然后太阳又螺旋式地向地平回落，在秋分点逐渐地消失在地平之下。在春分到秋分之间太阳不会落山。

一些功能，我们可以进一步凸显在这次哥白尼革命的研究中将浮现出来的一些最基本的问题。

两球宇宙最显著的特点可能就是为天文学家的记忆提供帮

助。概念图式的这一特点经常被称为概念的经济性(conceptual economy)。尽管它们都是被精心地挑选并系统地提出来,但更早部分讨论过的对太阳和恒星的观察,作为一组描述,却非常复杂。对于一个对天空并无透彻了解的人来说,有些观察,比如太阳升起所沿着的斜线的方向或与日晷指针阴影相对应的现象,看起来与另一些观察,比如天极的位置或恒星在南天短暂的出现,没有关联。每一个观察都是一长串关于天象的纯粹事实中孤立的一项,并且,要同时记住这所有的事实是困难的。

两球宇宙中就不存在这样的问题:一个负载着恒星的巨大球体绕一个固定的轴每 23 小时 56 分稳定地向西旋转一周;黄道是这个球体上与天赤道成 $23\frac{1}{2}^\circ$ 斜角的大圆,而太阳每 $365\frac{1}{4}$ 天沿黄道稳定地东移一周;对太阳和恒星的观察,来自位于这个巨大的恒星天球中心的一个很小的固定球体。这么多东西可以一次性记住,而且一旦被记住,那种一长串的观察就可以忘掉了。模型代替了清单,因为,正像我们已经见到的,观察可以由模型推导出来。它们时常甚至都不用被推导出来。一个将两球宇宙模型深植于脑海中的人观察天空,会发现概念图式揭示了那些没有它就是不相关的观察之间的关系,一系列的观察首次
38 成了一个有机的整体,而单独的一项因而更容易被记住。没有这些由科学理论提供的有规律的总结,科学就不可能积累起这么多有关自然的详尽信息。

由于它为大量的重要观察材料提供了一个简明的总结,所以今天还有许多人在运用两球宇宙模型。按照图 11 的规格制

造的模型,可以使航海与测量的理论和实践发展得具有极大的简单性和精确性,并且由于现代天文学所要求的模型更为复杂,所以在讲授这些课题时,通常两球宇宙优先于哥白尼宇宙被使用。大部分航海或测量手册开头的几句话一般都是:“出于目前的用途,我们要假设地球是一个静止的小球体,它的中心与一个大得多的旋转着的恒星天球的中心一致。”从经济性方面进行评价,两球宇宙模型正如它一向所是的,是一个非常成功的理论。

然而,在其他方面,两球宇宙模型不再是成功的,并且自哥白尼革命以来它就没有成功过。它保有经济性仅仅是因为经济性是一个纯逻辑的功能。古代天文学家所了解的以及现代航海家所使用的那些天象观测,是两球模型的逻辑结果,而不管这个模型是否被认为代表实在。科学家的态度,他是否相信概念图式的“真实性”,并不影响这个图式去提供一个有效概括的逻辑能力。但概念图式不仅有逻辑功能也有心理功能,而这些确实依赖科学家的相信或怀疑。举例来说,在第二部分中讨论的对于“家园感”(at-homeness)的心理渴求可以由一个概念图式来满足,只是因为这个概念图式被认为不只是可以方便地用来概括那些已知的东西。在古代以及中世纪末期的欧洲世界确实将这种额外的承诺赋予两球宇宙概念。科学家和非科学家一样都相信恒星确实是一个巨大球体上的亮点,这个大球对称地包围住人类的地球住所。因此,几个世纪以来两球宇宙论的确为许多人提供了一种世界观,规定了他们在被创造的世界中的位置,给他们与诸神的关系赋予了物理意义。正如我们将在第三、四 39

章中看到的，一个被相信的从而作为宇宙论的一部分发挥作用的概念图式，不只是具有科学上的价值。

信仰也会影响概念图式在科学中发挥作用的方式。经济性作为纯逻辑的功能，宇宙论的满足作为纯心理的功能，处在一个谱型相对的两端。许多其他的重要功能位于谱型中这两个极端之间，既依赖理论的逻辑结构，又依赖它在心理上的吸引力以及它博得信任的能力。举例来说，一个相信两球宇宙之正确性的天文学家会发现，这个理论不仅提供了对现象的方便的概括，而且还解释了它们，使他理解了为什么它们是其所是。像“解释”（explain）和“理解”（understand）这些词显然同时涉及概念图式的逻辑和心理的方面。逻辑上，两球宇宙解释了恒星的运动，因为这些运动可以从远为简单的模型中推出。复杂性被化简了，而这种逻辑化简是解释的一个基本的要素。但并不是只有这一种要素。从心理上讲，除非相信它是真的，否则两球宇宙没有提供任何解释。近代航海家在他们的工作中使用两球宇宙模型，但他们并不用外层天球的旋转来解释恒星的运动。他相信恒星的周日运动只是一种视运动，并且他必定把它解释成真实的地球转动的结果。

科学家乐于在解释中使用一个概念图式，表示他信任该图式，表明他相信自己的模型是唯一正确的。这种信任或相信总是轻率的，因为不管“真理”意味着什么，经济性和宇宙论的满足都不能保证真理。科学史中杂陈着各种概念图式的遗迹，它们也曾一度被人热烈地信仰，后又被不相容的理论所取代。无法证明哪个概念图式是最终的。但是无论轻率与否，这种对于概念图式的信奉是科学中的一种普遍现象，而且看上去是不可缺少的，因为它赋予了概念图式一个新的并且最重要的功能。概念图式是综合的，它们的结果并不限于已知的东西。所以，一 40
个信奉比如两球宇宙的天文学家会预期自然展现那些还不曾被发现而概念图式预言了的额外性质。对他来说，理论将超出已知的范围，成为预测和探索未知的首要的强有力的工具。它将会像以往一样影响科学的未来。

两球宇宙告诉科学家这个世界上那些他从未经历的部分（比如南半球和地极）中太阳和恒星的行为。此外，它还告诉他那些他从未系统观测过的恒星运动。由于它们被固定在恒星天球上，它们必定像其他恒星一样沿周日平行圈旋转。这是新的知识，不是首先得自观察，而是直接得自概念图式，并且这些新的知识能够引发大量的结论。举例来说，两球宇宙论认为地球有一个圆周，而且它提出了一组观察（在技术性附录的第四部分讨论），通过这组现象，天文学家可以发现地球的周长有多大。其中有一组观察（很糟糕的一组，由它导出的周长值太小了）使哥伦布相信环球航行是实际可行的，他的航行的成就已被载入史册。这些航行以及后来麦哲伦和其他人的航行为先前只是从理论导出的信念提供了可观察的证据，并且它们还为科学提供了许多未曾料到的观察。如果没有概念图式指明道路，就不会有这种航行，新的观察也不会增补给科学。

哥伦布的航行是概念图式富有成果的一个例子。它们显示了理论是如何指引科学家去认识未知事物,告诉他到哪儿找,他能预期找到什么,而且这可能是概念图式在科学中最为重要的功能。但是概念图式所提供的指导并不是像上面展示的那样直接和明确。通常概念图式为组织研究提供提示而不是明确的指导,对这些提示的深究一般要求对那些提供提示的概念图式进行扩充或修改。举例来说,两球宇宙起初主要是用来解释恒星的周日运动以及这些运动随观察者在地球上位置的变化而变化
41 的方式。但是它一经被发展出来,就很容易扩展出新的理论来给太阳运动的诸观察赋予规则和简单性。而且揭示了太阳行为的复杂性背后无可置疑的规律性之后,概念图式提供了一个框架,借助它可以研究更加不规则的行星运动。在天际的整体运动得以化简有序之前,这个问题一直是难以处理的。

本书的大部分内容将涉及特定概念图式的丰富成效,也就是涉及它们作为研究指导的成效和作为知识的组织框架的成效。下两章将特别检验两球宇宙模型在古代解决行星问题以及完全是天文学之外的问题中所发挥的作用。之后,我们会发现由哥白尼作为运动行星的地球的新概念给科学研究带来的相当不同类型的导向。然而,关于成效的丰富性最好的例子就是这整本书所讲述的故事。哥白尼宇宙本身就是一系列研究的结果,而正是两球模型使这些研究成为可能:行星地球的概念最有力地展示了与之不相容的一个独一无二的处于中心的地球概念对于科学的有效指导。这就是为什么讨论哥白尼革命必须从研究哥白尼主义使之彻底作废的两球宇宙论开始的原因。两球宇

宙是哥白尼学说的母体;任何概念图式都不会无中生有。

两球宇宙论的古代竞争者

两球宇宙概念不是古代希腊提出的唯一的宇宙论。但它是被最多的人特别是天文学家最认真看待的理论,并且它是后来的西方文明从希腊人那里首先继承下来的东西。不过,古代提出和拒绝过的另外许多宇宙论,比两球宇宙显示出与现代宇宙论的信念更接近的相似性。通过比较图式与它的某些表面看来更现代的替代物,最能清楚地展示两球宇宙论的力量、预示在推翻它的时候所遭遇的困难。

早在公元前5世纪,希腊的原子论者留基波和德谟克利特将宇宙形象化为一个无限空虚的空间,居于其中的无穷多个微小不可见的粒子或原子在所有的方向上运动。在他们的宇宙中,地球只不过是许多本质上相同的天体之一,由偶然聚合的原子所形成。它不是独一无二的,既不静止,也不处在中央。实际上,一个无限的宇宙没有中心;空间各部分处处相似;所以,聚合形成了我们的地球和太阳的原子,也必然会在空虚空间或虚空的其他部分形成为数众多的其他世界。对于原子论者来说,在恒星之中还有另外的太阳和另外的地球。 42

公元前5世纪后期,毕达哥拉斯的追随者们提出了第二个宇宙论,使地球处在运动之中并部分地剥夺了它独一无二的地位。毕达哥拉斯学派将恒星置于一个巨大的运动的球体上,但是他们在球的中心放置了地球上无法见到的一团大火,被称为“宙斯的圣坛”。火之所以不能被看到,是因为地球上住人的地方总是背朝着那团火。对于毕达哥拉斯学派来说,地球只是包括太阳在内的众多天体中的一个,它们都围绕中心火旋转。一个世纪后,庞托斯的赫拉克利德(公元前4世纪)指出,造成天空视运动的是中心地球的每日转动,而不是恒星外天球的转动。通过提出水星和金星绕运动的太阳旋转而不是独立地绕中心地球旋转(见第二章),他还削弱了两球宇宙的对称性。接下来到了公元前3世纪中叶,萨莫斯的阿里斯塔克发展了这一方案,这使他赢得了“古代的哥白尼”的美称,技术性附录中描述了他关于天文尺度的天才而有影响的测量。阿里斯塔克认为,太阳处于一个被极大地扩展了的恒星天球的中心,而地球绕太阳旋转。

这些替代的宇宙论,尤其是第一个和最后一个非常像我们现代的观点。今天我们确实相信地球只是众多行星中的一颗,围绕太阳旋转;我们确实相信太阳只是众多恒星中的一员,这些
43 恒星有些也可能拥有自己的行星。但是,尽管这些思辨的设想形成了古代有意义的少数派传统,尽管所有这些作为一个持续的源泉在思想上激励像哥白尼这样的革新者,它们一开始并未得到让我们今天信任它们的那些论据的支持,而且在缺乏这些论据的情况下,它们被古代世界的大部分哲学家和几乎所有的天文学家所抛弃。在中世纪,它们被嘲笑和忽视。拒绝它们的理由是出色的。这些替代的宇宙论违反了由关于宇宙结构的感觉所提供的那些最基本的暗示和联想。此外,这种对常识的违

背又没有被它们在解释现象方面的有效性的任何增加所补偿。与两球宇宙相比，它们并不更经济、更有效或更精确，所以它们更难令人相信。要严肃地把它们当作一种解释是很困难的。

所有这些替代性宇宙论都将地球运动作为前提，(赫拉克利德的体系除外)都让地球作为众多天体之一而运动。但是感觉所暗示的第一个差别就是天地之间的差别。大地不是天空的一部分，而是我们观天的平台。这个平台与所见到的天体没有任何共同之处。天体看上去是发光的亮点，而地球是一个由泥土和石头构成的巨大的不发光的球体。天际极少见到变化：恒星每夜都是相同的，并且在古代记录所覆盖的许多个世纪里仍然明显地保持原样。相比之下，地球是有生成、变化和毁灭的地方。植物和动物每周都有变化；文明在世纪之间兴衰；传说证明了由洪水和暴雨带来的地球上的地形变化。要把地球说成是天体看起来是荒谬的，天体最突出的特征就是那个永恒的规则性，而这在容易变化的地球上是绝对达不到的。

地球运动的观念乍看起来同样的荒谬。我们的感觉告诉我
们所有关于运动的知识，而且它们暗示地球没有任何运动。直
到被重新教化之前，常识告诉我们的都是：如果地球是运动的，
那么空气、云、鸟儿和其他没有系附在地球上面的东西一定会被
落在后面；一个纵跃的人会落到离其起跳点很远的地方，因为当
他在空中时地球会在他下面移动。岩石和树木、牛群和人都会 44
被旋转的地球甩出，就像一块石头从转动着的投石机中掷出一
样。由于没有见到这些现象，所以地球是静止不动的。观察和

推理合起来证明了这一点。

在今天的西方世界,只有孩子会这样想,而且只有孩子相信地球是不动的。在很小的年纪时,他们就会被教师、家长和书本的权威告知地球实际上是一个行星而且在运动;他们的常识被重新教化;得自日常经验的证据失去了效力。但重新教化是必需的——在没有它的情况下,那些证据是很有说服力的——并且我们和我们的孩子所接受的教育的权威性在古代人那里是没有的。希腊人只能依靠观察和推理,而这二者都没有为地球运动提供证据。没有望远镜的帮助或者与天文学并无明显关系的那些精致的数学论证的帮助,就不可能为地球是运动的行星这一论点提供有效的证据。肉眼所得的观察非常适合两球宇宙(想一想实用的航海家和测量家的宇宙),而且也没有比它更为自然的解释了。这就不难明白为什么古代人会相信两球宇宙了。问题是去发现为什么这个概念会被抛弃。

第二章　行星问题

行星的视运动

如果太阳和恒星是肉眼可见的仅有的天体，那么现代人也 45
许仍然会接受两球宇宙这套基本原则。当然，他的确一直接受它们，直到哥白尼死后半个多世纪望远镜被发明出来。但是，天空中还有其他显眼的天体，特别是行星，而且天文学家对这些天体的兴趣是哥白尼革命的主要根源。我们再一次在涉及解释性的说明之前先看看观察。并且，我们在讨论解释的时候会再一次面临在科学信念的剖析中出现的新的和根本性的问题。

行星这个术语来源于希腊语，意思是“漫游者”，直到哥白尼死后它一直被用来将那些运动或“漫游”的天体从那些相对位置固定的恒星中区分出来。对希腊人及其后继者来说，太阳也是七颗行星之一，其他六颗分别是：月亮、水星、金星、火星、木星和土星。恒星和这七颗行星是古代被认作天体的全部物体。直到 1781 年都没有发现另外的行星，而这时哥白尼理论已被接受很长时间了。古代世界为人熟知的彗星，在哥白尼革命之前并未被视为天体（见第六章）。

所有行星的行为都有点儿像太阳，虽然它们的运动一律更为复杂。所有行星都有与恒星一起的向西周日运动，又都在恒
46 星中逐渐东移，直到它们回到差不多原来的位置。行星在整个运动过程中都逗留在黄道附近，有时游逛到北边，有时在南边，但几乎从不超出黄道带——将黄道两侧各扩展 8° 而成的一条假想的天上的窄带。到此为止，行星之间的相似性结束了，对行星不规则性的研究开始了。

月亮沿黄道的运动比太阳更快，也更缺少稳定性。它经过黄道带运行一周平均要用 $27\frac{1}{3}$天，但是任何一次单独的旅程所要求的时间与平均值可以相差 7 个小时之多。另外，月盘的表观也会随其运动有明显变化。在新月时，月盘完全不可见或非常暗淡，然后，会出现一弯狭长而明亮的月牙，并在新月后的一周中渐盈，直到有半个圆面可见。大约新月后的两周，满月出现；然后，月相循环掉转过来，月亮逐渐转亏，在上次新月之后一个月再次达到新月。月相循环周期性的发生，就像月亮穿过黄道十二宫的旅程一样，但月亮的这两个循环明显不同步。新月重现的间隔平均为 $29\frac{1}{2}$天（而单个循环可能会与平均值相差$\frac{1}{2}$天之多），这比它沿黄道运行的周期多两天，所以相继的新月的位置必定会穿过星座向东挪移。如果某个月里新月出现在春分点，27 天后月亮再次回到春分点时它将继续处在渐亏状态。新月要过两天多的时间才会重现，而在这段时间里月亮已从分点向东移动了近 30°。

因为月相可以很容易被见到并且很方便地区分开来，所以

它们提供了所有历法单位中最古老的一种。星期和月的原始形式出现在公元前3000年的巴比伦历法中,这部历法将新月的第一次出现作为每月的开始,并且通过月亮周期中"弦"[①]的循环将每月在第7天、第14天和第21天进一步细分。在人类文明的黎明时分,人们一定已经计数了新月和弦以测量时间间隔,并且随着文明的进步,人们反复尝试把这些基本的单位融进一个连贯的长程历法中——这种历法将允许编纂历史记录以及签订将在未来某个指定日期兑现的契约。

但是这种简单显著的月相单位被证明是难以处理的。前后 47
相继的两个新月之间可能是29天,也有可能是30天,而且只有某种需要数代人系统地观测和研究才能得到的复杂的数学理论,才能确定未来指定的某月的长度。日、月平均周期长度的不可通约带来了其他一些困难。多数社会(但不是全部,中东部分地区仍在使用纯阴历)必须调整它们的历法以适合由太阳控制的周年气候变化,为此必须设计某种系统的方法,在有12个太阴月的基本年份(354天)中插入临时的第13个月。这可能是古代天文学所遇到的第一个技术难题。比起其他的问题来说,它们对定量的行星观测和理论的诞生起到了更为重要的作用。巴比伦的天文学家最终在公元前8世纪到公元前3世纪之间解决了这些难题,而这一时期的大部分时候希腊科学尚处于

① 弦(quarter),指月亮周期的四分之一,新月后第一周的月亮称"上弦月",新月前一周的月亮称"下弦月"。——译者注

萌芽状态。他们积累了大量的基础性资料，这些资料后来被纳入发展了的两球宇宙结构中。

与月亮和太阳不同，其他五颗行星仅仅是空中的亮点而已。一个未经训练的靠肉眼观察的观测者只有通过一系列揭示出它们沿黄道的缓慢运动的观察，才能确信将它们与恒星区分开。通常行星穿过星座向东运动：这被称为“正常运动”。水星和金星每次完成黄道循环平均需要 1 年时间，而火星的运行周期平均是 687 天；木星的平均周期为 12 年；土星是 29 年。但所有的这些情形中，某一单圈的旋转时间与平均值可以相差很大。甚至在向东穿过恒星时，行星也并不保持同一速率。

它们的运动也不是一直向东的。除太阳和月亮以外的所有行星的正常运动，都时不时被短暂的西向移动即“逆行”运动所打断。比较图 15 中火星在金牛座的逆行和图 9 中太阳穿过金牛座的正常运动。火星以正常（东向）的运动进入图中，但随着它继续运动，火星逐渐慢下来，直到最后，它转过头开始向西运
48 动，发生逆行。其他行星也以十分相似的方式运行，每颗行星都会在恒定的时间间隔之后重复间歇性的逆行运动。水星每 116 天会在恒星中短暂地反转运行一次，金星每 584 天发生逆行，火星、木星、土星发生逆行的时间间隔分别是 780 天、399 天和 378 天。

在它们逐渐的向东运动被周期性的西向逆行所打断方面，这五颗漫游星的行为是很相似的。但它们运动的另一个特征将其分为两组：这就是它们的位置与太阳位置的相互性。水星和

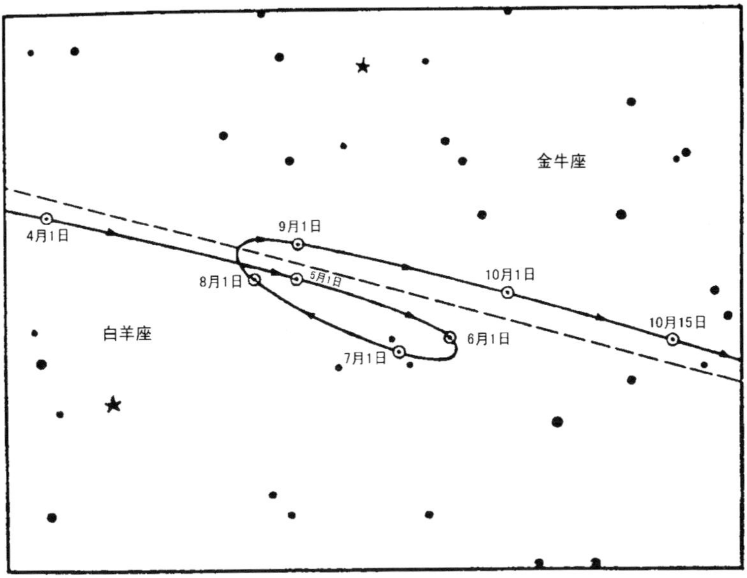

图 15　火星白羊座和金牛座逆行。这部分星空与图 9 中显示的是同一部分，也是图 8 的星图中小方框内的部分。虚线代表黄道，实线是行星的运动轨迹。注意火星并不在黄道上，而且虽然它的总体运动是相对恒星向东，但在 6 月中旬至 8 月初的这段时期内它却向西运动。火星的逆行都差不多是这种形式和这种持续时间，但并不总是发生在同一日期或天空中同一区域。

金星，两颗所谓的内行星，从不会远离太阳。水星总可以在运动的日盘周围 28° 以内找到，而金星与太阳的最大“距角”是 45°。两颗行星总是持续缓慢地来回穿梭，前前后后地跨过运动着的太阳；有一段时间它们随太阳向东，然后逆行穿过日盘，最终掉 49
过头来再次追上太阳。当处在太阳的东边时，这两颗内行星作为“暮星”出现，它们在日落后的短暂时间内可以见到，但很快便随太阳一起落到地平线以下。在逆行穿过日盘之后,它们变成了“晨星”,在黎明即将到来时升起,并在日出后的强烈日光下消失。在这期间它们接近太阳,水星和金星都完全看不到。因此,一直到它们的运动被相对于恒星天球加以分析为止,当它们作为晨星或暮星出现时,没有一个内行星被认作同一个天体。几千年来,当它在黎明将至的东方升起时,金星有一个名字,而几周后它在日落之后再次短暂出现在西边的地平线上时又有另一个不同的名字。

与水星和金星不同,作为外行星的火星、木星和土星并不局限于跟太阳同处一个天区。有时它们与太阳非常接近即与之相“合”,有时它们又以 180° 与太阳相对即与之相“冲”,在这两个时刻之间它们可以处在所有的中间位置。尽管位置并无限制,但它们的运行还是依赖于与太阳的关系。外行星只有在冲的时候才会发生逆行现象。并且,当它们在天空中相对太阳逆行时,外行星会显得比任何其他时刻都更明亮。这种亮度的增加通常被解释(至少从公元前 4 世纪开始)成显示了行星与地球的距离缩短,在火星的情形中,这种现象格外显著。火星平时是相对不太引人注目的行星,而在冲的时候常常会比夜空中除月亮和金星以外的其他天体都要亮。

人们对这五个漫游星的兴趣决不像对太阳和月亮的关注那样久远,也许是因为这几颗漫游星对古代人的生活没有明显的实用意义吧。然而,对金星出没的观察早在公元前 1900 年的美索不达米亚就有所记载,可能是被作为未来吉凶的预兆,就像从

献祭绵羊的内脏中读出的征兆一样。这些零散的观测预示了很
久以后系统的占星术的发展，这种预言的工具与行星天文学发
展的紧密关系将在下一章中讨论。对预兆同样的关注明显地促 50
进了对公元前 8 世纪中期以后巴比伦观测者所汇集的蚀、逆行
及其他显著的行星现象作更加系统和完整的记录。作为古代天
文学第一人的托勒密后来抱怨说即使是这些记录也还是零碎
的，但无论零碎与否，当行星问题在公元前 4 世纪后的希腊被发
展出来时，这些记录提供了能够全方位地确定行星问题的第一
手材料。

上面几页勾勒出的行星运动的描述只是部分地给出了行星问题。复杂多变的行星运动如何才能还原为简单和重复出现的规则？为什么行星会逆行，怎样解释其正常运动的不规则速率？这些问题为从柏拉图时代到哥白尼时代两千多年中的大部分天文学研究指明了方向。但由于前面对于行星的描述几乎全是定性的，所以没有充分给出问题。它表述的是一个简化了的问题，并且在某些方面是有误导性的。我们很快将会看到，一种在定性方面让人满意的行星理论很容易构造：以上的描述可以有好几种方法归序。然而，另一方面，天文学家的问题绝不是这么简单。他不仅仅要解释叠加在经过恒星的总体东向运动之上的间歇性西向运动的存在，更要说明在长时期内不同的年、月、日每颗行星在恒星中间出现的精确位置。行星真正的问题，也即最终导致哥白尼革命的那个问题，乃是在用计量弧的度和分列出每颗行星位置变化的冗长表格中所描述的定量问题。

行星的位置

上一章阐述的两球宇宙并没有提供有关七颗行星的位置和运动的明确信息。甚至连太阳的位置都没有讨论。太阳要出现"在"春分点(或恒星天球上任何其他的点)上,只需处在从观察者的眼睛到恒星背景中适当点的连线或其延长线上的某个位置
51 就可以了。像其他行星一样,它可能在恒星天球的内部、上面甚至外面。尽管两球宇宙未能明确指出行星轨道的形状和位置,但它的确使得对位置和轨道的某些选择比其他的似乎更真实,因此它直接指引和限定了天文学家研究行星问题的途径。这个问题是由观测结果提出的,但从公元前 4 世纪开始,它却一直在两球宇宙论的概念环境中被探讨。观察和理论都对它做出了实质性的贡献。

举例来说,在两球宇宙论中,行星轨道如果可能的话会维持并扩展最初的两球所包含的基本对称性。因此,行星轨道理想地应是以地球为中心的圆,并且行星在这些圆上的旋转应该与恒星天球的旋转体现相同的规律性。这种理想与观测并不是非常吻合。就像我们现在要看到的,位于黄道面上以地球为中心的圆形轨道为太阳的周年运动提供了很好的说明,而类似的圆形轨道也可为规律性稍差一些的月球运动提供近似的说明。但要解释从其他五颗漫游"恒星"的运动中观察到的诸如逆行等大体的无规律性,圆形轨道连提示一下都办不到。尽管如此,相

信两球宇宙的天文学家还是可以认为,在好几个世纪里也确实认为,以地球为中心的圆是行星的自然轨道。至少这些轨道可以解释总体上平均向东的运动。观测到的与平均运动的偏离——包括行星运动的方向和速率的变化——显示出行星本身偏离了它还会重新回来的天然的圆形轨道。在这种分析中,行星问题简化成为:按照每一行星对其单一的圆轨道相应的偏离,来解释所观测到的对通过恒星的平均运动的偏离。

接下来的三部分,我们将考察古代对这些偏离的几种解释,但首先要注意,正如古代人也注意到的,靠忽略行星的不规则性并简单地假定所有的轨道都至少是近似的圆形,究竟可以走多远。几乎可以肯定的是,在两球宇宙中,行星运行在地球与恒星之间的区域。恒星天球本身通常被视为宇宙的外边界,所以行星不可能越出它;行星与恒星运动之间的区别表明行星很可能 52
并不位于天球上,而是处于某中间区域,在那里它们被某种对恒星天球不起作用的因素所影响;月亮表面细节的可见性给整个论证增强了说服力,它是可据以推定行星至少应比恒星更近的证据。因此,古代天文学家把行星轨道放置在地球和恒星天球之间广阔的原本空无一物的空间中。到公元前 4 世纪末,两球宇宙不断被填满。此后它变得更加拥挤。

一旦了解了它们轨道的一般位置和形状,就有可能对行星的排列次序做出似乎合理和令人满意的推测。像土星和木星这样的行星,它们向东的运动很慢,因而其整体运动几乎与恒星同步,所以被假定为靠近恒星天球而远离地球。另一方面，月亮在它的运动中每天比恒星慢 12° 以上，必定更接近于静止的地球表面。一些古代哲学家通过想象行星漂浮在一个巨大的以太漩涡中，漩涡的外表面同恒星天球一起迅速旋转，而内表面则静止于地球表面，似乎为这种假想的排列做出了辩护。被卷入这个漩涡中的任何行星越是接近地球就会相对于恒星天球落下更大的距离。其他一些哲学家通过另一种不同的论证得到了相同的结论，这论证后来被罗马的建筑师维特鲁维（公元前 1 世纪）记录下来，至少是记下了要点。在分析不同行星沿黄道运行所需时间的差异时，维特鲁维提出了一种很有启发性的类比：

> 将七只蚂蚁放在比如陶工使用的转轮上，轮上围绕中心刻有 7 道圆形凹槽，其周长依次增加；假设蚂蚁被迫在这些槽中做环形运动，同时转轮向相反的方向旋转。尽管不得不沿与转轮相反的方向运动，但蚂蚁必然会在反方向上完成它们的旅程，并且最靠近中心的蚂蚁必定最快地完成一周，而在轮盘外边缘移动的蚂蚁由于它的环形路线的长度一定会更慢地完成这个过程，即使它与其他蚂蚁运动速度一样快。这些努力在天空逆行的星星以相同的方式在它们自己的路径上完成其轨道运行；但是因为天空的旋转，它们在每天的运动中后掠一段。[1]

53 在公元前 4 世纪末之前，像上面那样的论证导致了一种类似于图 16 所勾勒出的宇宙图像；像这样的图表或与它们对等的文字表述，直到哥白尼去世很久后的 17 世纪早期，仍然在天文学和宇宙论的入门读本中流行。地球处在恒星天球的中心，恒星天球是宇宙的边界；紧靠着这一外层天球的是土星的轨道，它沿黄道运行花的时间最长；接下来是木星，然后是火星。到此为止次序是明确的：行星按照轨道运行周期递减的次序从最外层开始排列；用同样的方法，月球轨道被放置得最接近地球。但剩下的三颗行星出现了问题：太阳、金星和水星都以相同的平均时间，即一年，完成它们绕地球的旅程，所以适用于其他行星的那种机制无法决定它们的次序。实际上，在古代关于它们三者的
顺序存在许多争论。直到公元前 2 世纪，大部分天文学家将太 54
阳轨道紧挨着置于月球轨道的外侧，金星又在太阳的外侧，然后是水星，然后火星。然而从公元前 2 世纪以后，图中显示的次序——月亮、水星、金星、太阳、火星等——却越来越流行。特别是它为托勒密所采纳，而他的权威又将这种次序强加给他的大多数继承者。因此，本书前几章将保留这一标准次序。

即使作为结构性的示意图，图 16 仍是非常粗糙的。它没有就各轨道的相对尺度给出有意义的说明，而且它没有尝试去规定那些观测到的行星的不规则性。但该图中所体现的宇宙观念在天文学和宇宙论接下来的发展中有两个重要的功能。首先，这张图包含了地心宇宙的大部分结构信息，这曾经是非天文学家的共同见解。我们马上就要讲到，古代天文学的进一步的成就过于数学化，以致大部分外行人都不能理解。正如下两章更加完整地说明的，古代和中世纪发展出来的最有影响的宇宙论，

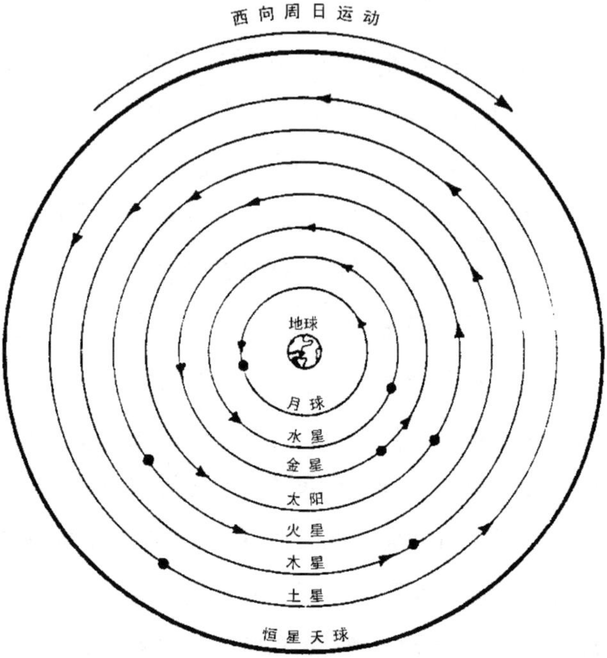

图 16　两球宇宙中近似的行星轨道。最外层的圆是恒星天球在黄道面上的横截面。

离开这一点之后并没有追随古代天文学多远。天文学这时变得深奥难懂;它的进一步发展并不给人亲切感。

此外,图 16 中的结构性示意图尽管粗糙,依然是天文学研究中非常有力的工具。对许多用途来说,它已被证明既经济又富有成效。举例来说,在公元前 4 世纪,图中所体现的概念为月相和月蚀都提供了完整的定性解释;在公元前 4 世纪和 3 世纪,同样的概念带来了一系列对地球周长相对准确的测定;在公元前2世纪,它们为估算太阳和月亮的大小和距离的一种天才的构思提供了基础。这些解释和测量,特别是测量,代表了古代天文学传统的巨大的独创性和力量。但在这里,还是要把它们留到技术性附录中讨论(第三、四部分),因为天文学理论在哥白尼革命中的变化并没有影响到它们。尽管如此,它们还是与这场革命相关。发达的两球宇宙模型解释并最终预测诸如蚀等显著天象的能力,以及它确定天空区域的某些线性尺度的能力,不可估量地增加了两球宇宙概念图式在天文学家和外行人心中的影响力。

然而这些成就并没有触及行星持续的不规则运动所带来的 55
根本问题,而正是这个问题为哥白尼革命的根本性转向提供了支点。像古代天文学的许多其他问题一样,它大概首次出现在公元前4世纪,那时用于解释周日运动的两球宇宙使希腊天文学家第一次将剩余的行星无规则运动抽离出来。接下来的五个世纪中,为解释这些无规律性做出的不懈努力造就了具有空前准确性和说服力的几种行星理论。但这些努力也只是古代天文学中最深奥难解和最数学化的部分,因此与本书同类的书籍通常都会将它们略过。尽管古代行星理论的一个简化的纲要对于理解哥白尼革命是最低的要求,但一些读者可能更愿意跳过下面三个部分(特别是第一部分,其中的技术性陈述尤为密致),直接去阅读本章最后关于科学信念的讨论。

同心球理论

哲学家柏拉图所探讨的问题支配了后来大部分的希腊思想,他可能也是第一个阐明行星问题的人。据说在公元前 4 世纪早期,柏拉图就曾问道:“通过假设什么样的均匀而有秩序的运动可以解释行星的视运动呢?”[2] 他从前的学生欧多克斯(约公元前 408—约前 355 年)给出了这个问题的第一个解答。在欧多克斯的行星体系中,每颗行星都被放置在一组由两个或更多相互连接的同心天球的内层天球上,这些同心天球绕不同轴的同时旋转,产生了行星被观测到的运动。图 17(a)就显示了两个如此相互连接的天球的横截面,它们共同的中心是地球,它们相接触的点是内部天球倾斜轴的端点也即支点。外层的天球是恒星天球,或者至少与恒星天球有着相同的运动;它的轴穿过
56 南北天极,它绕此轴向西每 23 小时 56 分旋转一周。内层天球的轴与外层天球相接于两个对径点,与南北天极相差 $23\frac{1}{2}^{\circ}$;因此尽管两个天球都在旋转,但从地球上看,内层天球的赤道总是落在恒星天球的黄道上。

如果太阳被放置在内层天球的赤道上某一点,并且当外层天球绕轴每天旋转一周时,内层天球也绕自己的轴缓慢向东每年旋转一周,那么将两种运动合在一起就再现了太阳的视运动。外层天球产生的是造成太阳升落的向西周日运动;内层天球产生的是太阳沿黄道向东缓慢的周年运动。同样,如果内层天球

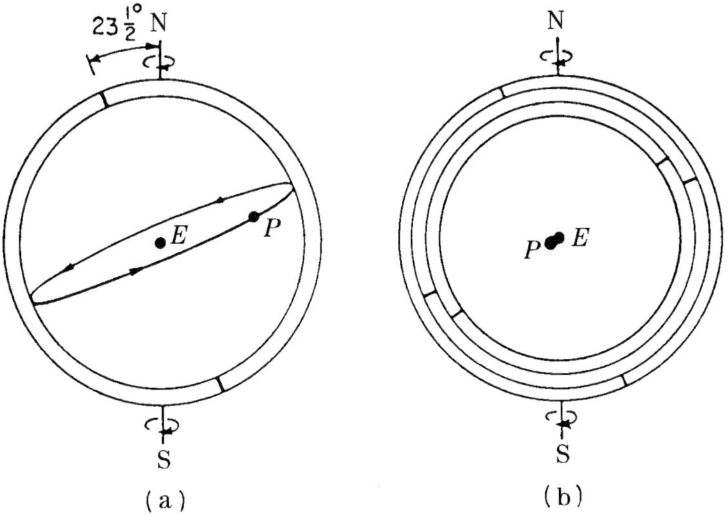

图 17　同心球。在两球系统(a)中最外层的球产生周日旋转,内层的球推动行星(太阳或月亮)沿黄道稳定地向东运动。在四球系统(b)中,行星 P 处在纸平面之外,几乎处在从地球 E 到读者眼睛的那条直线上。两个最内层的天球产生图 18 所示的环形运动,两个外层的天球既产生了周日运动也产生了行星向东的平均移动。

向东旋转一周用时 27⅓天,并且月亮被放置在这个天球的赤道上,那么内层球的运动就会产生月球沿黄道的平均运动。月球朝黄道南北方向的偏离以及月球相继的运行周期的不规则性,可以通过在系统中再加入一个运动非常缓慢的天球来逼近。欧多克斯也使用了(尽管不必要)第三个天球来描述太阳的运动,这样一来描述太阳和月亮总共需要六个天球。

图 17(a)所示的诸天球被认为是同心球,因为它们有一个

共同的中心,即地球。两到三个这种天球就可以近似地描述太阳和月亮的全部运动,但没法描述行星的逆行运动,而欧多克斯作为几何学家最伟大的天才之处就体现在他为了处理其余五颗行星的视运动而对系统作的改进。对它们中的每一颗他都使用了四个天球,图 17(b)画出了它们的截面图。两个外层的天球与图 17(a)中天球的运动相似:最外层的天球做恒星天球的周日运动,(从外向里数)第二个天球在行星沿黄道运行完一周的平均时间内向东旋转一周(例如,木星的第二个天球旋转一周用 12 年)。第三个天球在黄道(也就是第二个天球的赤道)上两个对径点与第二个天球相连,并且第四层天球或最内层的天球的轴以某个角度与第三层天球相连结,这个角度取决于所描
57 述的运动的特征。行星本身(如上面例子中的木星)固定在第四层天球的赤道上。

现在假定两个外层天球固定不动而两个内层天球以相反的方向旋转,每个天球在行星前后两次逆行的间隔中(木星是 399 天)完成一次绕轴旋转。如果一个观测者注视这颗行星相对于暂时静止的第二层天球的运动,将会看到它以 8 字形缓慢地移动,8 字的两个环都被黄道二等分。这个就是图 18 所示的运动;行星缓慢地沿环形路线由点 1 到 2、2 到 3、3 到 4……,在每个标有数字的点和下一个点之间用去相同的时间,并在经过逆行之间的间隔之后回到起始点。在它从 1 到 3 到 5 的运动期间,行星沿黄道向东移动;在另一半时间内,也就是行星从 5 到 7 再回到 1 期间,它向西运动。

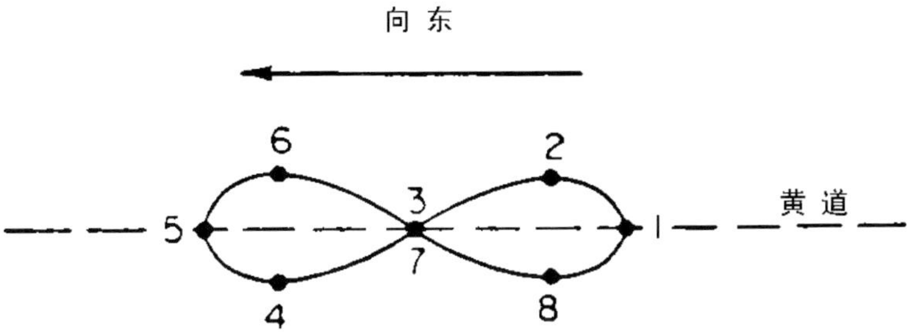

图 18　由两个最内层同心天球生成的环形运动。在完整的四球系统中,这个环形运动与第二层天球稳定的向东运动组合到一起,后者自身带动行星以恒定的速率沿黄道运行。当环形运动增加进来后,行星总体运动的速率发生变化,而且不再限定在黄道上。当行星在环形上从 1 到 5 运动时,它的总运动就比由第二层天球产生的平均向东运动更快;当它在环形上从 5 回到 1 运动时,它的向东运动会慢于由第二层天球导致的向东运动,并且当它接近 3 的时候,它实际上会向西运动,发生逆行。

现在让第二层天球向东旋转,带动两个旋转着的内层天球, 58
并且假设行星的总体运动以暂时保持静止的第一层天球上的恒星为背景被观测。行星总是随着第二层球的运动向东移动,在一半的时间中(当它在图 18 中从 1 到 5 移动时)行星还有来自两个内层天球的额外的向东运动,因此它的净运动是向东的,且比单独的第二层天球的向东运动要快。但在另一半时间内(当行星在图 18 中从 5 到 1 运动时)第二层天球的向东运动和两个内层天球造成的向西运动方向相反,当这个向西的运动最快时(图 18 接近 7 处)行星相对于恒星天球的净运动实际上会逆行向西。这正是欧多克斯努力在他的模型中再现的行星视运动的特征。

用四个同心天球组合起来的系统模拟了木星的逆行运动，再一组四个天球可以解释土星的运动。剩下三颗行星中的每一个，都需要五个天球（公元前330年前后欧多克斯的后继者卡里普斯作了这一扩充），而对合成运动的分析相应地变得更为复杂。幸好我们无须进一步追究旋转天球的复杂组合，因为所有的同心球体系都有一个严重的缺陷，导致了它们在古代的早夭。
59 由于欧多克斯的理论把每个行星都放置在以地球为中心的天球上，所以行星与地球的距离无法变化。但行星逆行时会显得更亮，从而看上去离地球更近。在古代，同心球体系因无法解释行星亮度的变化，常常受到指责，并且一旦出现一种对此现象更恰当的解释，该体系就立刻被大部分天文学家所抛弃。

尽管作为一个重要的天文学方案很短命，但同心球理论在天文学和宇宙论思想的发展中扮演了一个主要的角色。由于历史的偶然，把同心球理论看作是为行星运动提供了最有前途的解释的那个世纪，正好涵盖了希腊哲学家亚里士多德的大半生。亚里士多德将它们纳入到古代世界发展起来的最全面、最详细也最有影响的宇宙论中。没有任何类似完善的宇宙论曾经整合过本轮与均轮的数学体系，而这一体系在亚里士多德死后的数个世纪中一直被用来解释行星运动。行星被安置在与地球同心的旋转球壳上的观念直到17世纪早期都是宇宙论思想中被公认的部分。甚至哥白尼的著作也显示出这个观念的重要痕迹。在哥白尼的伟大著作 *De Revolutionibus Orbium Coelestium*（《天球运行论》)的标题中,“orbs”(天球)并非是行星本身而是指行星和恒星被安置其上的同心球壳。①

本轮和均轮

在解释行星运动的细节方面取代同心球模型的那种设计的起源虽不清楚,但它的特点很早就被两位希腊天文学家兼数学家阿波罗尼和希帕克斯研究并发展起来。他们的工作跨越了公元前 3 世纪中期到公元前 2 世纪末这段时间。在其最简单的形式[如图 19(a)所示]中,行星新的数学机制包括一个称为本轮的小圆,它绕另一个旋转的圆(即均轮)的圆周上一点匀速旋转。行星 *P* 位于本轮上,均轮的中心与地心重合。

本轮-均轮体系只为解释相对于恒星天球的运动。图 19 60
(a)中的本轮和均轮都画在黄道平面上,所以恒星天球的旋转带动整个图形(除中心地球外)每天旋转一周从而产生行星的周日运动。如果图中的本轮和均轮是静止的,没有自己额外的运动,那么行星就固定在黄道平面上,从而有着黄道上的恒星同样的运动,每 23 小时 56 分向西旋转一周。以后只要提到本轮

---

① 中文一直译成《天体运行论》,直到最近由陕西人民出版社和武汉出版社联合出版的新译本(叶式辉译,易照华校,2001 年版)还是如此冠名。尽管这个译自英文本的中译本保留了英译者的序言,而该序言中明确表示 Orbium 并不是“天体”,而是“天球”,但中译者未对“天体运行论”这个中译名做任何解释和说明。——译者注

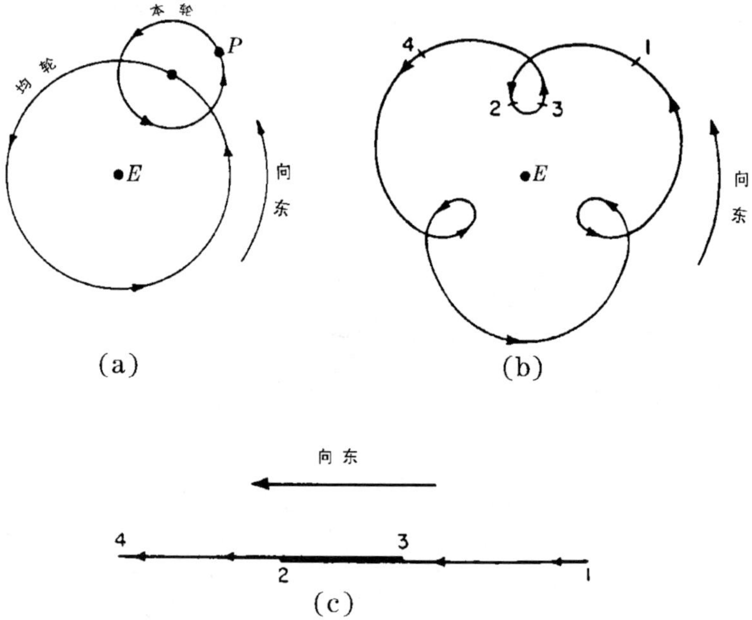

图19　基本的本轮-均轮体系。(a)为典型的均轮和本轮;(b)展示了它们在黄道面上生成的环形运动;第三幅图(c)显示了中心地球 E 上的观测者所看到的(b)中(1—2—3—4)这一部分的运动。

和均轮的运动,都是指这些圆在黄道平面上的额外运动。天球和黄道面的周日旋转则被视为理所当然。

举例来说,假设均轮一年向东旋转一周,太阳处于均轮上被本轮中心占据的位置,而本轮本身被去掉,那么均轮的旋转就带动太阳沿黄道做它的周年运动,这样一来,借助黄道面上的单个均轮的运动,太阳的运动就至少被近似地加以解析了。这就是在图 16 中解释行星的平均运动时得到认可的技巧。

现在想象太阳被移走，本轮回到它在均轮上的位置。如果当均轮旋转一圈时本轮绕其运动着的中心旋转恰好三圈，且二者朝同一方向旋转，那么由本轮和均轮的联合运动产生的行星在恒星天球内的总运动就是图 19(b)所示的环形曲线。当本轮的旋转将行星带到均轮之外时，本轮和均轮的运动联合使行星向东运动。但当本轮的运动使行星进入均轮里面时，本轮带动行星向西，与均轮的运动方向相反。因此当行星离地球最近时，两种运动合成向西的净运动即逆行运动。在图 19(b)中，只要行星处在小环形靠里的部分就发生逆行；在其他地方行星都向东正常运动，但速率是变化的。

图 19(c)显示的是地球上的观测者以恒星天球为背景观察 61
到的行星经过环形之一的运动。由于观测者和环形都处在同一平面，即黄道面上，所以观测者看不到这个展开的环形本身。他所看到的仅仅是行星以黄道作为背景的位置变化。因此当行星在图 19(b)和图 19(c)中从位置 1 运动到位置 2 时，观测者看到它沿黄道向东运动，当行星接近位置 2 时，看起来运动得更慢，在 2 停留片刻，然后当它从 2 向 3 移动时，即沿黄道向西运动。最后，黄道面上的向西运动暂停，行星再度向东，离开环形上的位置 3 向位置 4 移动。

因此，单本轮和单均轮的体系带动一颗行星以一定的时间间隔绕黄道运动，这个时间间隔平均起来恰好等于均轮旋转一周所需要的时间。然而，向东的运动是间断的，行星以规则的时

间间隔短暂地向西运动，这个时间间隔等于本轮旋转一周所需
62 时间。本轮和均轮的旋转速度可以调整以适合任一行星的观测结果，从而产生行星在恒星之中运行时被观察到的间歇性东向运动。此外，本轮-均轮体系还能再现行星现象的另一个重要的定性特征：仅当行星运行到最接近地球时才发生逆行，并且在这个位置上行星应该而且确实看起来最亮。巨大的简单性加上对行星亮度变化的新颖解释，正是新体系战胜旧的同心球体系的根本原因。

图 19 描绘的本轮-均轮体系加入了一种特殊的简化，任何行星运动都不具有这种简化特征。均轮每旋转一次，本轮恰好旋转三次。因此，每当均轮完成一次旋转时，本轮都使行星回到旋转开始时所占据的同一位置；逆行环总是在相同的位置出现；并且行星总是以相同的时间完成它沿黄道的旅行。然而，当本轮-均轮体系被设计用来适应真实行星的观测结果时，它们从未以这种方式奏效。比如，我们观测到水星沿黄道完成一次旅行平均需要一年时间，每 116 天发生一次逆行。因此当均轮旋转一周时，水星的本轮的旋转必定会超过三周一些；本轮 348 天完成三次旋转，比均轮旋转一周所用的一年时间要短。

图 20(a) 显示一颗行星沿黄道运行一周的路径，带动它的本轮在它的均轮的每次旋转中转过三圈多一点。行星从一个逆行环的中央开始，在均轮完成第一个整圈之前走完自己的第三个环；因此行星每次沿黄道的运动平均都比完成三个逆行环多一些。如果图 20(a) 的运动再继续进行第二圈，那么新的一组

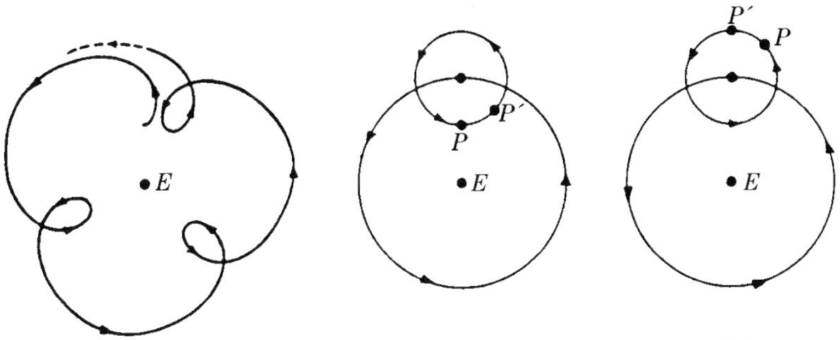

图 20　当均轮每转一周本轮旋转略多于三次时本轮和均轮所产生的运动。(a)显示在单个完整的旅行中行星穿过恒星的路径。如(b)中所示,这个旅程需要均轮多于一周的旋转,图中显示了在均轮第一圈的旋转中行星的起点 P 和终点 P' 的位置。图(c)显示稍后的一次均轮旋转中行星起点和终点的位置,这次旋转带动行星沿黄道旋转多于一周。

逆行环会落在比第一圈产生的逆行环略微偏西的位置。在接下来的运行中,逆行不会发生在黄道上相同的位置,这正是观察到的行星沿黄道运行的特征。

图 20(b)显示了由本轮产生的运动的另一特征:均轮每转一周本轮旋转的次数不是整数。图中行星在 P 点距地球最近, 63
图 20(a)所描述的运动就是从这点开始的。均轮旋转一周后,本轮将转过略多于三周,行星将到达 P' 点,所以这时它出现在起始点以西。均轮必须向东旋转超过一圈才能带动行星走完整个黄道;因此,相应的穿过星座的旅程所需时间比平均时间更长。不过,也有的所需时间更短。均轮经过多次旋转,每次结束

时行星都会离地球更远一些,行星可能会在图 20(c)中的新位置 P 开始新的旅行。均轮再一次旋转将带动行星到达 P 点以东的 P'点。因为本轮此次旋转带动行星沿黄道完成了多于一周的旅程,所以这次旅行非常快。图 20(b)和图 20(c)非常接近地代表了沿黄道运行一周所需时间的两个极端值;介于其间的旅行花费的时间介于两极值之间;平均起来,一次沿黄道的旅
64 行需要的时间与均轮旋转一周的时间相等。但是本轮-均轮体系允许前后两次旋转之间有差异。它再次为观测到的行星运动的不规则性提供了一个经济的解释。

要描述所有行星的运动就要为每颗行星设计一套独立的本轮-均轮体系。太阳和月亮的运动通过单独的一个均轮就可近似地处理,因为它们不发生逆行。太阳的均轮每年旋转一周;月亮每 $27\frac{1}{3}$天旋转一周。水星的本轮-均轮体系很像上面讨论的情况;均轮旋转一周用一年时间,本轮旋转一周用 116 天。利用本章前面记录的观测,可以为其他行星设计类似的体系。其中大部分都会产生像图 20(a)所显示的那种环形行星路径。如果本轮相对于均轮更大的话,环形的尺寸就会增加。如果本轮相对于均轮旋转速度更快的话,那么在沿黄道的一次旅行中会出现更多的环形。木星一次旅行大约出现 11 个环,而土星约为 28 个。简言之,适当改变本轮和均轮的相对尺寸与相对速度,这个合成的圆周运动系统就可以被调节得近似地模拟大量各种各样的行星运动。设计得当的圆周组合甚至可以很好地定性解释非正常行星(如金星)极不规则的运动(见图 21)。

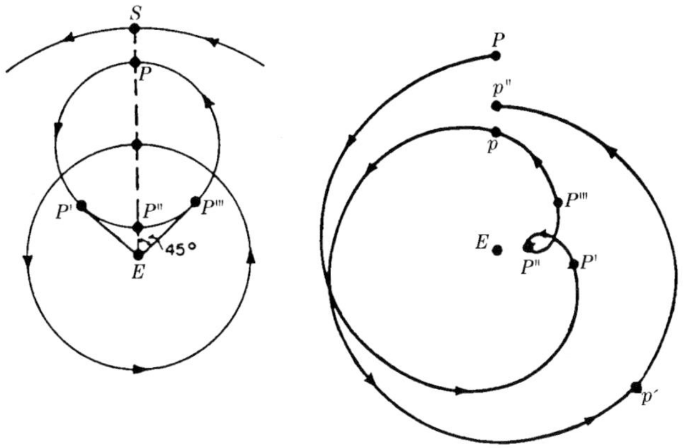

(a) (b)

图 21 (a)金星的单本轮单均轮体系,(b)它在黄道面上产生的运动。 65

在(a)中,注意这种设计的以下特征:均轮每年旋转一次,所以如果本轮的中心一旦与地球中心 E 点和太阳的中心 S 点共线,那么它将永远共线,并且金星决不会远离太阳。$\angle SEP'$ 和 $\angle SEP'''$ 是太阳与金星之间可能出现的最大角度,这些角的大距[①]为 45° 这个条件完全决定了本轮和均轮的相对尺寸。本轮每 584 天旋转一周,因此若金星从靠近太阳的 P 点开始运动,219 天(⅜圈)后将到达 P' 点(作为暮星的大距点);292 天(½圈)后到达 P'' 点,365 天(⅝圈)后到达 P''' 点(作为晨星的大距点)。

第二幅图显示了由(a)中的圆带动金星所走的路径。跟第一幅图一样,P 是起始点;P' 点是金星处于东大距的位置(219 天);P'' 是行星位于逆行环的中途位置(292 天);P''' 点是西大距的位置(365 天)。金星沿黄道的第一次旅行于 406 天(注意这个长度)后在 p 点结束,包含了一次逆行和两次大距。下一次旅行(p 到 p' 到 p'')仅需要 295 天,其间上述特征现象都不出现。在 p' 点金星又一次离太阳最近,这是在本轮的一次完整旋转(584 天)后到达的位置。这就至少定性地描述了金星的运行方式。

---

① 大距(maximum elongation),是指从地球上看内行星与太阳的最大角距离。——译者注

托勒密天文学

前一部分的讨论展示了本轮-均轮系统作为整理和预测行星运动的一种方法有着怎样的威力和多能性。但这仅仅是第一步。一旦这个系统能够说明行星运动最明显的不规则性——逆行和相继沿黄道的两次运行占用不同的时间——如下事情就开始变得明显:还有其他的尽管小了很多的不规则性要被考虑到。

正像为周日运动提供了精确机制的两球宇宙模型使对行星主要不规则性的详细研究成为可能一样,本轮-均轮系统通过提供对主要的行星运动的解释,也使对更小的不规则性的独立观察成为可能。这是概念富有成效性的一个首要的例子。当由单
66 本轮单均轮体系所预言的运动与观察到的具体某个行星的运动相比较时,行星并不总是出现在模型的几何学所告诉我们的它应该在的位置。如果观察精确的话,金星并不总是达到它与太阳之间最大的45° 偏离;一个行星相继两次逆行的间隔并不总是相同;除太阳以外没有任何行星在其运动过程中一直处在黄道上。所以,单本轮单均轮体系并不是行星问题的最终解答。它只是一个有希望的开始,它适合得到迅即而又持久的发展。在从希帕克斯到哥白尼的17个世纪中,所有最富于创造性的技术天文学的研究者都致力于发明一些新的细微的几何修正,以使基本的单本轮单均轮技术更精确地符合观测到的行星运动。

在古代的这些努力中最伟大的要算是天文学家托勒密在公元 150 年前后所做的工作了。因为他的工作取代了前人,并且因为他的所有继承者包括哥白尼在内都是模仿他来开展工作,所以由托勒密提供原型的整个一系列的尝试在今天通常被总称为托勒密天文学。“托勒密天文学”一词是指解决行星问题的一种传统方法,而不是指被托勒密本人、其前辈或后继者提出的任何一种特殊的解答。每一种特定的解答,特别是托勒密本人的,无论技术上还是历史上都具有极大的重要性;但是无论是特殊的解答还是这些解答的历史关联都太复杂了,以致无法在这里考究。我们不打算描述各种托勒密行星体系的一般发展过程,而是简单地考察一下基本的本轮-均轮体系从公元前 3 世纪首次被发明出来直到它被哥白尼的追随者们抛弃这段时期中所遭受的几种主要的修正。

尽管它们最重要的应用对象是行星的复杂运动,但是古代和中世纪对本轮-均轮体系主要的修正在它们偶尔运用于太阳和月亮这种明显更简单的运动中可以得到最简单的描述。例如,太阳并不逆行,所以它的运动不需要上一节描述的那种大本轮。但把太阳固定在以地球为中心而匀速转动的均轮上时,并 67
不能给出太阳运动的定量化的精确解释,因为,通过重新考察在第一章列出的至点和分点的日期我们会看到,太阳从春分点运动到秋分点(黄道上 180°)要比它再从秋分点回到春分点(另一个 180°)多用差不多 6 天。太阳沿黄道面的运动在冬天要比在夏天更快一点,并且这种运动不可能由以地球为中心的均匀旋转的圆周上的一个固定的点产生出来。考查一下图 22(a),其中地球处在一个匀速转动的均轮的中心,恒星天球上的春分和秋分的位置由带破折号的 VE 和 AE 所指示。均轮的匀速转动带动太阳 *S* 用相同的时间从 VE 到 AE,再从 AE 回到 VE,而这只近似地与观察相符合。

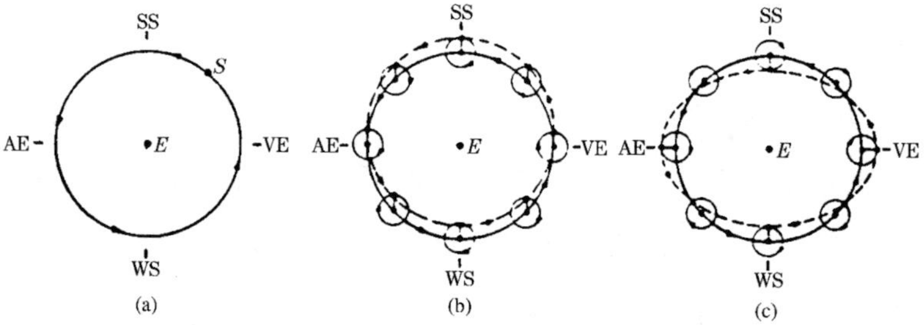

图 22　小本轮的功能。在(a)中,太阳由一个单独的以地球为中心的均轮带动,它从 AE 到 VE 和从 VE 回到 AE 的时间相同。在(b)中,均轮和一个小本轮的联合运动带着太阳沿虚线运动,使得从 VE 到 AE 的时间比从 AE 返回 VE 的时间要长。图(c)显示了当小本轮以图(b)中的本轮两倍的速度旋转时所产生的曲线。

假设太阳从均轮上移开并放置在一个小的本轮上,均轮每向东旋转一周,本轮向西旋转一周。图 22(b)显示了在这样的体系中太阳的八个位置。很明显,均轮旋转的夏季那半部分没有带动太阳走完从 VE 到 AE 的全部距离,而冬天那半部分却带动太阳走了比从 AE 到 VE 更长的距离。所以本轮的效果是增加太阳从 VE 到 AE 那 180° 上所用的时间,而减少黄道上另一
68 半从 AE 到 VE 间所用的时间。如果小本轮的半径是均轮半径

的0.03倍,那么太阳在黄道上冬夏两个部分时间之差就会是所要求的6天。

上述讨论中为了修正太阳运动的一处细微不规则性所引入的本轮相对较小,而且它不产生逆行环。因此它的功能与上一节讨论的较大的本轮完全不同,尽管托勒密天文学家们并不加以区分,但将二者区分开还是会显出便利性。以下将用“大本轮”一词指用于产生逆行运动定性现象的大个儿的本轮,而用“小本轮”一词指用来消除理论与观测之间细微的定量差别的附加圆。托勒密体系的所有版本,无论是托勒密以前的还是以后的,都只有五个大本轮,这正是哥白尼的改革所要剔除的。相反,用以解释量上的细微偏差的小本轮和类似的部件的数目,只取决于可得到的观测数据的准确度以及取决于在预测精度方面对体系的要求。因此,托勒密天文学的不同版本之间小本轮的数量相差很大。使用6到12个小本轮的体系在古代和文艺复兴时期并不少见,因为通过对小本轮尺寸和速度的适当选择,几乎所有微小的不规则性都可以得到解释。我们将会看到,这就是为什么哥白尼的天文学体系和托勒密体系几乎一样复杂的原因。尽管哥白尼的改革消除了大本轮,但他仍然像他的前辈一样依赖小本轮。

一种不规则性可以借助图22(b)中的小本轮来处理;图22(c)显示的是另一种,这里的均轮向东旋转一次时,小本轮向西旋转两次。这两种转动合成一个沿扁圆的总体运动(图中虚线所示)。沿此曲线运动的行星在夏至点和冬至点附近比在春分

和秋分点附近运动得更快,用时更短。如果均轮旋转一圈而本
轮旋转略少于两圈,那么行星在黄道上视速度最大的那些位置
69 会在相继的绕黄道的行程中发生变化。如果在一圈时它于夏至
点附近最快,那么在下一圈它会在达到其最大速度之前经过夏
至点。类似于这样的其他变化可以随意构造出来。

小本轮的用途并不仅限于那些无逆行的行星,如太阳和月亮。一个小本轮还可以被放置在一个大本轮之上并用以预测更为复杂的行星运动;实际上,行星运动提供了小本轮天文学用途的主要用武之地。图 23(a)显示的是这样的一个均轮之上的本轮之上的本轮的组合。如果当均轮旋转一周时,大本轮向东转八周而小本轮向西转一圈,那么行星在恒星天球上描出的路径就如图 23(b)所示。它有八个普通的逆行环,但是这些环在黄道上由春分到秋分的这一半比由秋分到春分的一半更为密集。如果此时小本轮的旋转速度翻一倍,行星所描出的路径是如图 22(c)一样的扁圆。这些图开始显示小本轮能够带来的路径的复杂性。

小本轮并不是用于修正单本轮单均轮体系和观察到的行星
70 行为之间微小偏差的唯一装置。再看图 22(b),其中由均轮向
东旋转一周小本轮向西旋转一圈所产生的效果,也可以由单独
一个圆心移离地心的均轮来等效地达到。图 24(a)显示的正是
这种被古代天文学家称为偏心圆(eccentric)的偏移圆。如果地
球 E 到偏心圆的圆心 O 的距离是偏心圆半径的 0.03 倍,那么
这个偏移的圆就解释了太阳在春秋分之间所用的那额外六天。

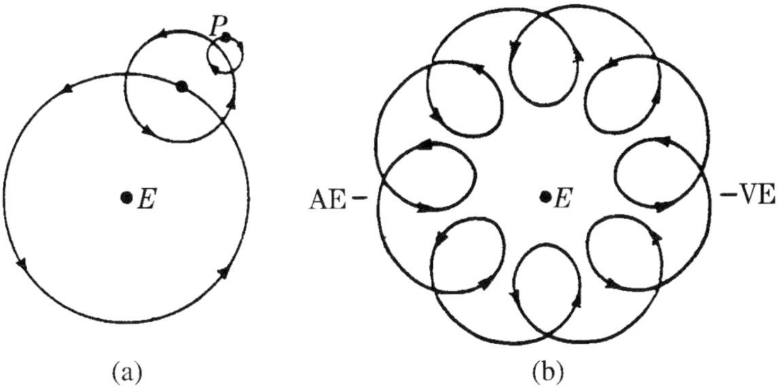

图 23 (a)是一个在均轮之上的本轮之上的本轮,(b)是由这一合成的圆周体系所产生的穿过空间的标准路径。出于简化,路径被显示成与自身光滑地闭合,而这种情况不会发生在实际的行星运动中。

这是托勒密在描述太阳运动时所使用的特殊方法。用于联结一个或更多本轮的其他的 EO 距离值,将解释其他细小的行星不规则性。通过把偏心圆的圆心放在一个小的均轮上[如图 24(b)]或放在次一级更小的偏心圆上[如图 24(c)],我们可以得到额外的效果。对于在一个均轮上的小本轮和下一级偏心圆上的小本轮来说,这两种方法在几何上是完全等价的,并且大部分托勒密派天文学家更喜欢使用小的中心圆而不是小本轮。在所有的情况下,人们可能添加一个或更多的本轮,而这些圆中的一部分或全部会倾斜成不同的平面,以解释行星与黄道或南或北的偏差。

古代还发展了一个装置,偏心匀速点(equant),以帮助调和

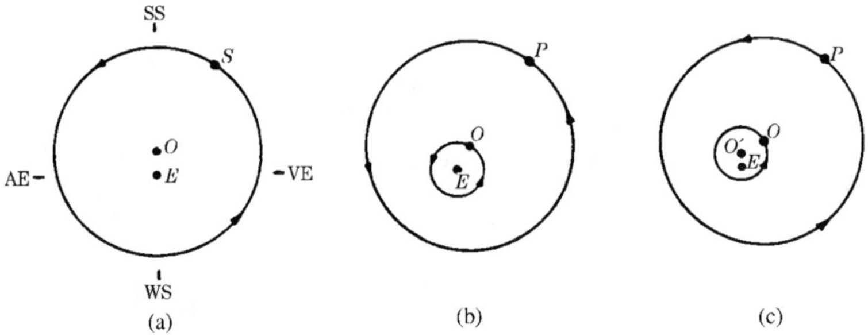

图 24　(a)偏心圆,(b)均轮上的偏心圆,(c)偏心圆上的偏心圆。

本轮理论与实际观察结果。这个装置之所以格外重要是因为哥白尼从美学上对它的反对为他否定托勒密体系以及寻找一个完
71 全新型的计算方法,提供了一个基本的动机。哥白尼像其古代的前辈一样使用本轮和偏心圆,但他没有使用偏心匀速点,并且他感到他的体系中没有这些正是其最大的优点,也是其真理性最有力的论据。

图 25 展示的是一种偏心匀速点,在这里是为解释太阳的不规则性而设计。太阳均轮的中心像前面一样与地球的中心 E 重合,但现在均轮的旋转不是相对于它的几何中心 E 而是相对于偏心匀速点 A 保持匀速,在本例中 A 向夏至点方向偏离。也就是说,太阳与夏至点在偏心匀速点 A 所形成的夹角 a 要以恒定的速率变化。如果这个角在某个月里增加了 30°,那它必须在每个同样天数的月份中都增加 30°。图中太阳处于春分点 VE。要到达秋分点 AE,太阳必须完成一个半圆,这将使角 a 的

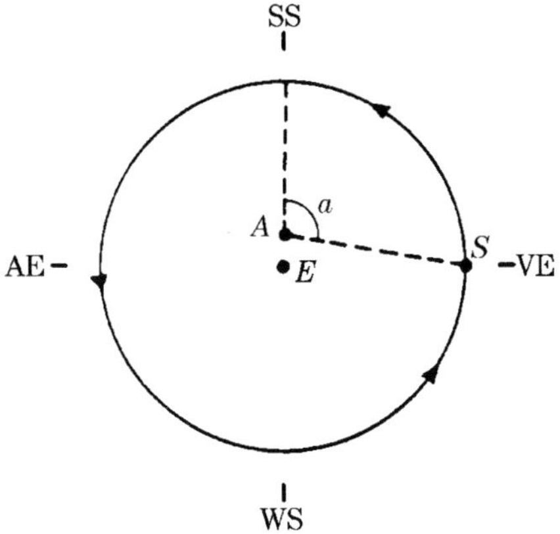

图 25　偏心匀速点。太阳 S 在以地球为中心的圆上运动，但运动速度不规则，其不规则性由角 a 随时间均匀变化这个条件所规定。

改变超过 180°，而从 AE 返回 VE 必须完成另一个半圆，但角 a 的改变小于 180°。由于角 a 每增加 180° 需要相同的时间，所以太阳在从 VE 到 AE 比从 AE 回到 VE 需要更长的时间。因此，从离开偏心匀速点 A 来看，太阳以不规则的速率运动，在冬至点附近最快，在夏至点附近最慢。

这就是偏心匀速点的定义特征：均轮或别的行星轮的转速要保持恒定，但不是相对于它的几何中心，而是相对于偏离中心的偏心匀速点保持恒定。从均轮的几何中心观察，行星似乎是以不规则的速率运动或摇摆不定。因为这种摇摆不定，哥白尼感觉偏心匀速点不能作为合法的装置应用于天文学。对他来说，旋转表观上的不规则性违背了均衡的圆周对称性，而正是这种对称使得本轮、均轮和偏心圆体系极具说服力和吸引力。由于偏心匀速点同样经常用于偏心圆，并且由于类似的装置也偶尔使本轮也发生摇摆，所以不难想象哥白尼会怎样地把托勒密天文学的这一部分视为不正常。

72 前面几页勾勒的数理装置并非一下子全都发展起来，也不全是由托勒密发展起来的。阿波罗尼在公元前3世纪就知道了大本轮[图19(a)]和中心在运动的偏心圆[图24(b)]。在以后的世纪里，希帕克斯又为天文学的武器库增加了小本轮和固定中心的偏心圆。另外，他还将这些装置组合起来，为太阳和月亮运动的不规则性提供了第一个定量化的恰当解释。托勒密自己增加了偏心匀速点。在他的时代与哥白尼时代之间的13个世纪中，先有穆斯林天文学家后有欧洲天文学家，一直使用圆的其他组合——包括在本轮上安一个本轮[图23(a)]和在偏心圆上安一个偏心圆[图24(c)]——来解释更多的行星运动不规则性。

但是托勒密的贡献是杰出的。解决行星问题的这全套技巧恰如其分地以他的名字而流传，是因为正是托勒密首先将一组特别的组合圆放在一起，不仅用来解释太阳和月亮的运动，而且解释在所有七颗行星的视运动中观测到的定量的规则性与不规则性。他的《至大论》[①](*Almagest*)浓缩了古代天文学最伟大的

① 该书传入我国后有多个译名，利玛窦将其译作《多禄谋大造书》，徐光启译为《大辑》，近人又有译作《天文集》《天学大成》和《天文集成》，等等。——译者注

成就,是第一部为所有天体运动提供**完整、详尽和定量**解释的系统的数理论著。其效果如此之好、方法如此之有力,以致在托勒密死后行星问题采取了新的形式。为提高行星理论的准确性和 73
简单性,托勒密的后继者们在本轮上添加本轮,在偏心圆上添加偏心圆,充分开发托勒密的基本技术中多种多样的功能。但他们极少或从不试图对这一技术做根本的修改。行星问题变得只不过是一个设计问题,一个主要从已有元素的重新排列着手的问题:均轮、偏心圆、偏心匀速点和本轮之间什么样的特殊组合可以最简单、最精确地解释行星运动?

我们无法进一步追究由希帕克斯、托勒密及其后继者对这个问题作出的具体定量的解答。整个定量体系在数学上过于复杂。托勒密《至大论》的大部分内容由三角表、图形、公式和证明组成,充满了冗长的演示性计算以及大量观测数据表。然而,引发哥白尼去探索行星问题新的解决途径的那些问题,以及他所宣称的源自他的新体系的那些优点,都在这种深奥的量化理论内部。哥白尼并未攻击两球宇宙,尽管他的工作最终推翻了它;他也没有放弃使用本轮和偏心圆,尽管这些同样被他的后继者抛弃。哥白尼所攻击的以及引发天文学中的革命的,是包含在托勒密及其后继者复杂的数学体系中看起来琐碎的某些数学细节,例如偏心匀速点。哥白尼与古代天文学家之间最初的较量就是在本节所介绍的这些技术性细节方面进行的。

剖析科学信念

前两节简述的本轮-均轮方法因为设计精巧，适应性强，结构复杂，功能强大，在科学史上直至近代之前一直无出其右。在它最发达的形态中，组合圆体系是一项令人惊叹的成就。**但是它从来没有完全解决问题**。阿波罗尼最初的概念解决了行星基本的不规则性——逆行、亮度变化和在黄道上相继两次旋转时
74 间的变化等——这种解决方法非常简单迅捷。但它也揭示出残留着的次要的不规则性。其中一部分经由希帕克斯提出的更精致的组合圆体系解释过去了，但这个理论仍然不十分符合观测结果。甚至连托勒密将均轮、偏心圆、本轮和偏心匀速点复合起来，也未能使理论与观察精确地相符，而且托勒密的理论既不是最复杂的也不是体系的最终形式。托勒密的许多后继者，先是在伊斯兰世界，后来在中世纪的欧洲，着手处理托勒密遗留的问题，徒劳地寻找托勒密所没有找到的解答。哥白尼仍然是在跟同样的问题交手。

除了托勒密自己体现在《至大论》中的体系外，托勒密体系还有很多变种，其中一些在预测行星位置方面达到了相当的精确性。但这种精确性的取得总是以复杂为代价——增添新的小本轮或相当的装置——而不断增长的复杂性只能为行星运动提供更好的近似，而不能最终解决。体系的任何一种形式都没能彻底经受住更精密的观测的检验，这种失败，再加上概念经济性

总体上的消失，最终导致了哥白尼革命，而这种经济性曾经使更粗糙的两球宇宙模型都能令人信服。

但是这场革命却经历了令人难以置信的长久时间才到来。从阿波罗尼和希帕克斯的年代到哥白尼出生的将近 1800 年间，地心宇宙中的组合圆轨道的观念主宰了针对行星问题的所有技术上的发展，并且在哥白尼之前有许许多多这样的解决方式。尽管发达的托勒密体系具有微小却为人公认的不精确性和明显地缺乏经济性（对比第一章中介绍的早期两球宇宙），但它却有一个漫长的生命跨度，这个宏大却具有明显缺陷的体系竟能如此长寿，这给我们提出了一对密切相关的难解之谜：两球宇宙和相伴的本轮-均轮行星理论如何能够紧紧地束缚天文学家的想象力？对传统问题的这一传统解决途径造成的心理上的束缚一旦形成又是如何松开的？或者把问题提得更直接一些：为什么 75
哥白尼革命这么晚才发生？它最终是怎样发生的？

这是一套特定的观念的历史问题，作为历史它们会在后面详尽地加以探讨。但是它们又更一般地跟概念图式的本性和结构有关，跟一种概念图式取代另一种的过程有关。因此首先简要地回顾一下第一章倒数第二部分引入的抽象逻辑的和心理学的范畴，对于处理这些问题是具有启发性的。我们在那里曾经考察了一个概念图式的功能，我们现在要问，像早期两球宇宙那样的一个平稳运作的图式如何能够被取代。首先考察这种现象的逻辑。

从逻辑上讲，总存在多种可供选择的概念图式能够为任意**指定**的观测现象清单带来秩序，但是这些替代图式对清单上没有的现象的预测是不相同的。哥白尼体系和牛顿体系都能解释对恒星和太阳的肉眼观测,跟两球体系一样充分;赫拉克利德的体系也能做到,哥白尼的继承者,第谷·布拉赫发展起来的体系也可以;除此之外,理论上存在无穷多种替代图式。但这些替代图式主要是在已做出的观测上互相一致。它们并不对所有可能的观测给出同一解释。例如,哥白尼体系与两球宇宙的区别在于:前者预言恒星的周年视运动,要求大得多的恒星天球直径,提出对行星问题的一种新解答(尽管不是哥白尼自己的)。正是因为有类似于这样(还有更多)的区别,一个科学家必须信仰他自己的体系,然后才能把它确立为对**未知事物**富有成效的探索的一种指导。不同的供选择的图式中仅有一个能够**可信地**代表实在,探索新领域的科学家必须确信他已经选择了这个可信的图式或者现有的各种近似图式中最接近它的一个。但科学家信奉某个特定的可选择的图式是要付出代价的:他可能会犯错。只要有一个观测现象与他的理论不相容就会证明他一直使用的是错误的理论。他的概念图式就要被抛弃和取代。

76 这就是科学革命的概要的逻辑结构。一个因其经济性、富有成效性和宇宙论的令人满意而被相信的概念图式,最终却导致了与观察不相容的结果;信念于是必须被放弃,新的理论被采纳;之后上述过程重新开始。这个概要很有用处,因为理论与观察的不相容性是科学中每次革命的根本来源。但历史上,革命的过程从来不是,也不可能是像逻辑概要所说的那么简单。正如我们已经开始发现的,观察从不会与一个概念图式**绝对地**不相容。

对于哥白尼来说,行星的行为与两球宇宙模型不相容;他感到,在增加越来越多的轮子的过程中,他的前辈只不过在修补和扭曲托勒密体系以强行使之与观察相符;而且他相信,正是这些修补和扭曲的必要性,清楚地证明了我们迫切需要一种全新的方法。但是,使用着完全相同的工具和观测结果的哥白尼的前辈们,对相同的情况却做出了非常不同的估价。在哥白尼看来是修补和扭曲的东西对于他们却是调整和拓展理论的自然过程,就像早期把太阳运动纳入到最初是为地球和恒星设计的两球宇宙中的过程一样。哥白尼的前辈丝毫不怀疑这个体系最终会成功。

简言之,尽管当一个概念图式与观察产生不可调和的矛盾时,科学家会毫不迟疑地抛弃它,但是对逻辑不相容性的这种强调掩盖了一个本质性的问题。是什么把看起来是暂时的偏差转变成不可避免的矛盾?一代人褒扬为设计精巧、适应性强和结构复杂的一个概念图式,如何可能在后来的一代人那里变得晦涩、暧昧和笨拙?为什么尽管存在偏差但科学家还要坚持那些理论,已经坚持了又为什么要放弃它们呢?这就是在剖析科学信念时要面对的问题。它们是下面两章主要关注的内容,正是它们为哥白尼革命搭建了特有的舞台。

我们目前的问题是分析天文学研究的古代传统对人类思想所施加的束缚。这个传统如何能够提供一组心理成规来引导天文学的想象,限制研究中可用的概念,使得某些创新难以理解更难以接受呢?我们已经严格的在天文学方面讨论过,至少是隐 77

含地讨论过这个问题。两球宇宙以及与之相联系的本轮-均轮技术最初都具有很高的经济性,特别富有成效;它们最初的成功似乎已经确保了这种方法基本的有效性;当然只需要极小的调整就可以使数学预测与观察保持一致。这种信念很难打破,特别是当它一旦贯彻在整整一代天文学家的实践中时更是如此,而他们又将它口传笔授给后继者。这就是科学思想领域里的乐队花车效应①。

不过,这种乐队花车效应并不是对天文学传统的影响力的完整解释。在努力去达到完全解释的过程中,我们会暂时把天文学问题全部抛开。两球宇宙对天文学之内和之外的问题的解答都提供了富有成效的指导。到公元前 4 世纪末,它不仅用于行星问题,还用于解决地上的问题,如树叶的下落和箭矢的飞行,也用于精神上的问题例如人与诸神的关系。如果说两球宇宙,特别是地心和地静的观念,看起来是所有天文学研究无可置疑的起点,这主要是因为若不把物理学和宗教一并颠覆,天文学家就无法推翻两球宇宙。基本的天文学概念已成为更为庞大的思想结构的组成部分,而且,就束缚天文学家的想象力而言,非天文学因素与天文学因素一样重要。因此,哥白尼革命的故事就不仅仅是一个关于天文学家和天空的故事。

---

① band-wagon effect, 原指在竞选中选民倾向于支持有获胜把握的竞选人的现象,就像游行时众人追逐领头的乐队花车(band-wagon)一样。又译"跟随潮流效应"。——译者注

第三章　亚里士多德思想中的两球宇宙

亚里士多德的宇宙

在古代的世界观中，天文学和非天文学概念被编织在一个单一而连贯的概念织品中，为了审视它，我们必须颠倒年代的顺序，暂时回到公元前4世纪中期。那个时候，对于行星问题的技术性发展几乎尚未开始，但引导了行星天文学家之数学研究的两球宇宙论，已经获得了基本的非天文学功能。它们可以在希腊最伟大的哲学家和科学家亚里士多德（公元前384—前322）的卷帙浩繁的著作中找到，他有着巨大影响力的观点后来为中世纪绝大部分的宇宙论思想和相当多的文艺复兴时期的宇宙论思想提供了起点。 78

亚里士多德的著作只以不完整的和高度编纂的形式流传到今天，它所涉及的科学主题如今被称为物理学、化学、天文学、生物学和医学，非科学的领域则被称为逻辑学、形而上学、政治学、修辞学和文学批评。对于其中的每一门学科，特别是生物学、逻辑学和形而上学，他都贡献了许多独属于他自己的新思想，但与其零散的实质性贡献相比，更为重要的，是他把所有的知识组织成了一个系统和连贯的整体。他并不是非常成功;要在亚里士多德的著作中找出不一致和偶尔的矛盾之处并不困难。但是,在他关于人与宇宙的观点中,有一种基本的统一性,这种统一性从此再也没有在哪种规模和原创性可与他相比的综合中达到过。这就是他的著作为什么会有如此巨大的影响的一个原因;
79 其他的原因我们将在本章最后加以考察。我们首先需要对亚里士多德宇宙作一个简明的结构化勾画,然后对亚里士多德思想中赋予地球和天球的多种功能做更详尽的讨论。

对于亚里士多德来说,整个宇宙被包含在天球之内,或更精确地说,在天球的外表面之内。天球内部的每一点都有某种物质——在亚里士多德的宇宙中不可能存在空洞或真空。在天球之外什么也没有——没有物质,没有空间,什么都没有。在亚里士多德的科学中,物质和空间是合在一起的,它们是同一个现象的两个方面;真空概念完全是荒谬的。这就是亚里士多德设法对宇宙的有限尺寸和唯一性做出的解释。物质和空间必须同时终止:人们不必建造一面墙来围住宇宙,然后再来琢磨是什么东西围住了这面墙。正如亚里士多德在他的《论天》中写道:

> 很明显,在天之外,没有、事实上也不允许有任何有形物质。作为整体的世界是由全部所有的物质所构成……并且我们可以得出结论,现在没有、从未有过、也不可能有多个世界。世界是单一的、仅有的、完全的。此外亦很明显,在天之外既无处所也无虚空,因为在所有的处所中,都有物

体存在的可能性，而虚空按其定义就是能够包容物体，虽然目前没有包容它……[1]

像第一章曾部分简要地介绍过的柏拉图宇宙一样，亚里士多德的宇宙是自我包容和自给自足的，在它自身之外别无一物。但亚里士多德在宇宙内部的区分上比柏拉图更为细致。宇宙内部的绝大部分由单一的一种元素以太所填满，它聚集成一系列层层相套的同心球壳，形成了一个巨大的空心球，其表面正是恒星天球的外层，而同心球的内表面带动最低的行星即月亮。以太是天上的元素，在亚里士多德的著作中是一种水晶固体，尽管它的固体性经常被他的后继者所置疑。与地球上所知的实体不同，它纯净、不可变易，透明而又无重量。行星和恒星以及那套同心球壳均由它制成，同心球壳的转动解释了天体的运动。

在亚里士多德和哥白尼之间的年代里，对推动天体的那些天球的形式和物理实在性，有过许多不同的观点。亚里士多德 80
的观点是其中最详细和最明确的。他相信有恰好55个由以太构成的真实的水晶球壳，而且这些球壳把欧多克斯及其后继者卡里普斯所发展的同心球数学体系，体现在一个物理机制上。亚里士多德几乎把早期数学家所使用的天球数量增加了一倍，但是他所添加的那些球在数学上是多余的。它们的作用是为保持整套同心球壳的旋转提供必要的机械联结；它们把整套天球转变为由恒星天球驱动的巨大的天钟的一部分。由于宇宙是充满的，所以所有的天球都相互接触，球与球之间的摩擦带动了整个系统。恒星天球带动与它最接近的内部邻居，即七个同心球壳中最外面的那个推动土星的天球。这个球壳又带动它下面的内邻，以此类推，直到运动最终传到带动月球的最低天球。这是以太壳层的最内层，是天界或月上天的最低边界。

出于数理天文学的目的而替代同心球的本轮和均轮装置，与亚里士多德所提出的这些水晶天球并不能很好地吻合。结果，为本轮运动寻求机械解释的尝试在公元前 4 世纪后经常被忽略，而水晶天球的真实存在性只是偶尔被质疑。举例来说，从《至大论》中我们看不出托勒密是否相信它们。但从托勒密到哥白尼的这段时期里，包括天文学家在内受过教育的人似乎至少相信某种不纯粹版本的亚里士多德天球理论。他们承认恒星有一个球壳，每颗行星各有一个球壳，并且假设每个行星的球壳足够厚，刚好使得行星在最接近地球的时候处在球壳的内表面，在最远离地球的时候处在球壳的外表面。这八个球一个套一个充满了整个天区。恒星天球的运动为恒星的周日运动提供了精确的解释。七个行星天球的连续旋转解释了行星的平均运动，
81 但也仅仅是平均运动而已。不知道或不关心行星运动不规则性的人的确可以接纳厚厚的天球：每颗行星都被固定在它的天球上并由它带动旋转。行星天文学家使用本轮、均轮、偏心匀速点和偏心圆来解释每颗行星在它们厚球壳内的运动。对他们来说，这些球壳通常至少有比喻意义上的实在性，并且他们几乎不为球壳内行星运动的物理解释而烦恼。

在亚里士多德死后的五个世纪或更长的时期内，这个层层

相套的厚球壳的概念为后托勒密时代的天文学增加了一项重要的技术成分。它使天文学家去计算单独行星天球的实际大小，以及宇宙作为一个整体的大小。对穿梭于恒星中的行星运动的观察只能让天文学家决定它的本轮和均轮的**相对尺寸**或它的偏心率的**相对数值**。收缩或扩大行星的组合圆体系并不改变行星在黄道上的位置，只要本轮、均轮和偏心圆的相对尺度保持恒定。但是，如果每个球壳都必须厚到足以使行星在离地球最近和最远时都被包含在里面，那么关于本轮、均轮以及诸如此类的相对尺度的知识就能够决定每个天球壳内外直径的比率。进而言之，如果这些天球必须被一层套一层地充满整个天界，那么一个天球的外直径就必定等于下一个的内直径，并且所有跨球壳边界的距离比率可以被计算出来。最终，通过使用在公元前 2 世纪被确定下来的月球天球的距离，这些相对尺度可以被转化为绝对尺度。技术性附录的第四部分讨论了确定月球天球距离的方法。

充满空间的天球球壳之大小正好容纳每一行星的本轮及其他圆轮装置，基于这种概念对天球大小的估计直到托勒密去世都没有在天文学文献中出现，这也许是因为第一批行星天文学家们对这些天球的实在性均表示怀疑。但公元 5 世纪之后，这类估计变得相当普遍了，并且它们再一次使整个宇宙论看起来是真实的。一个广为人知的宇宙论尺度是由阿拉伯天文学家阿尔法加尼提出的，他生活在公元 9 世纪。根据他的计算，月球天球的外表面到宇宙中心的距离是地球半径的 64 ⅙倍，水星天

球到中心的距离是地球半径的 167 倍;金星是 1120 倍,太阳是
82 1220 倍,火星是 8867 倍,木星是 14405 倍,土星是 20110 倍。由于阿尔法加尼给定的地球半径是 3250 罗马里①,所以他把恒星天球放在距地球 7500 万罗马里以外的地方。这是一个巨大的距离,但从现代的理论来看,它几乎比地球与最近恒星间的距离小了 100 万倍。

看一下阿尔法加尼的测量就知道,地界即月球天球内面之下的空间,仅仅是宇宙中一个微小的部分。大部分的空间是天界,大部分的物质是水晶天球中的以太。但是月下天尺寸较小并没有令它不重要。甚至在亚里士多德的版本中,以及在更大的范围里,在中世纪基督教版的亚里士多德宇宙论中,宇宙微小的中心核是核心,其余的都是为它而造。它是人类的栖居地,它的特性与它之上的天界极为不同。

月下天并不是被一种而是四种(或者,按照后来的著作者,数目更小)元素充满,而这四种地上元素的分布,尽管理论上简单,事实上却格外复杂。根据下面将要讨论的亚里士多德的运动定律,如果没有任何外在的推拉作用,这些元素将会安置成四个同心球壳的系列,就像包围着它们的第五元素形成的以太球壳一样。土,是最重的元素,它会自然地运动到处于宇宙的几何中心的球上。水也是重元素但不如土那样重,它会安放在一个以土为中心区域的球壳中。火是最轻的元素,会自然而然地升

① 1 罗马里等于 1618 码,而 1 英里是 1760 码,长度相当。——译者注

起形成一个紧靠月球天球以下的壳层。气也是轻的元素，将填充水和火之间的壳层从而完成整个结构。达到这些位置后，诸元素会静止而又保持其元素的完全纯粹性。听其自然，不受外力的干扰，月下天将是一个反映了天球结构的静止的区域。

但是地界从来不是未受干扰的。它被运动的月球天层所包围，而这个外围的运动持续地推动着它下面的火元素壳层，在整
个月下世界激起了将各种元素推撞、混合的潮流。因此，这些元 83
素从未能够以其纯粹的形式被观察到。这个一环推动一环的链条直接得自月球天球，而最终来自恒星天球。它把诸元素混合成不同的而且变化着的比例。不过，壳层结构仍然近似地保留着；相应的元素仍然在相应的区域占有主导地位。但每种元素都至少包含了一点点其他的元素，而这些其他元素改变了它的特性，并且按照混合比例的不同，导致了在地球上可以发现的所有各种各样的物质。因此，正是诸天的运动引发了在月下世界可以见到的所有变化和几乎所有的种类。

前面的简述并没有再现亚里士多德宇宙的范围和充足性，但我们必须在它之中探究前哥白尼天文学传统的威力所在。为什么天文学家不顾托勒密体系所遭遇的实际困难，如此长时间持续地假定地球是宇宙的静止中心，至少，是行星平均轨道的静止中心？对这个问题的一种熟悉的回答已经有了：亚里士多德，古代最伟大的哲学家-科学家，已经宣布地球不动，而且他的话被他的后继者们赋予无比的重要性，对他们中的许多人来说，他

是“哲学家”[1]，是在科学和宇宙论的所有问题上的第一个权威。

但是，亚里士多德的权威性尽管重要也只是一个答案的开始，因为亚里士多德曾经说过的许多事情被后来的哲学家和科学家没怎么费力就给否定了。在古代世界还有科学思想和宇宙论思想的其他学派，明显地不受亚里士多德观点的影响。甚至在中世纪后期，当亚里士多德确实成了科学问题上占支配地位的权威时，有学识的人对其理论的许多孤立部分做重大改变时并没有犹豫不前。由后期的亚里士多德主义者引入对亚里士多德原初教导的修正几乎没完没了，而且这其中的有些修正远不是细节上的。正像我们将在下一章见到的，亚里士多德的后继者针对他的许多批评，在哥白尼革命中发挥了直接而又决定性的作用。

可是却没有一个后来的亚里士多德主义者提出地球是一个
84 行星或者它不处于宇宙的中心。这种革新被证明对于一个亚里士多德主义者来说是特别难于理解和接受的，因为一个独一无二的中心地球概念与亚里士多德思想织品中太多的重要概念交织在一起。一个亚里士多德的宇宙可以由三种或五种地上元素所构成，就像四种一样，用本轮构成也差不多跟用同心球构成一样，但是它不可能也没有在经受了把地球作为行星这样的修正

① 这里的“哲学家”(the Philosopher)大写，是特称。在超常的崇敬之下，人们会把一个通名特别赋予被崇敬的人物，使之变成专名。比如管毛泽东叫“主席”，管周恩来叫“总理”。——译者注

之后还幸存下来。哥白尼试图去设计一个地球在运动但在本质上又是亚里士多德的宇宙，但他失败了。他的追随者们看到了他的革新的全部后果：亚里士多德的整个结构崩溃了。地心和地静的概念，是一个编织严密而又高度融贯的世界观中少数主要的创设性概念之一。

亚里士多德的运动定律

亚里士多德对地上运动的解释为天文学和非天文学思想结成一体提供了第一个例子。我们已经注意到，亚里士多德相信，在缺乏最终来自诸天的外在推动时，每一种地上元素都将在天然归属它的地界上保持静止。土天然地静止在中心，火在外围，等等。事实上，诸元素及由它们构成的物体一直被驱离它们的天然位置。但这要求施加一个力。元素总是抵抗这种位移，而且一旦位移，就总是努力通过最短路径重新回到它的天然位置。拾起一块石头或其他土性物质，感觉它在拖着，想回到它在宇宙几何中心的天然位置上去。或者在清朗的夜里看着火苗往上跳跃，就像它们努力想回到它们在地界最外围的天然位置上去。

我们后面将考察亚里士多德对地上运动这一解释的心理根源及影响力。但我们先看看从地上物理学提取的这些理论为天文学家的地心宇宙提供的防御。在《论天》的一个重要段落里，亚里士多德由它们得出了地球的球形、静止性和中心位置。我们先前已经看到了推出它们的天文学论据，但注意天文学的考虑如何在这里只起次要的作用。

85 大地作为整体的天然运动与它的部分的运动一样，都朝向宇宙的中心：这就是为什么它现在处在中心的原因。也许有人会问，既然两个中心都是同一个点，重物或大地各部分的天然运动有多少是指向这个中心，它究竟是宇宙的中心还是地球的中心。但它必定朝向宇宙的中心……事情是这样的：地球和宇宙有着同一个中心，重物确实也朝向地球的中心，但只是偶然的，因为地球的中心就在宇宙的中心……

从这些考虑来看，地球不运动，也不待在别处，而就在中心。此外，它静止不动的理由从我们的讨论中也看得十分清楚了。如果土的内在本性是由四面八方向中心运动（正如观察所显示的），而火的本性是由中心向极外端运动，那么大地的任何一部分都不可能由中心运动开，除非被迫……如果任何特定的部分都不可能移离中心，那么大地作为一个整体就更不可能，因为对整体来说，处在所有的部分都自然回归的位置是自然的……

它的形状必须是球形的……为了理解这里的含义，我们必须想象大地的诞生过程……很显然，开始的时候，如果微粒从四面八方奔向一个中心点，所造成的合成物必定是各个方向都相似；因为如果各方所添加的量相同，最外层与中心的距离就必定一样。这样的形状就是球形。即使大地的各部分从各方奔向中心的速度不同，也不会改变这个论

> 证。更大的合成物肯定总是推动在它前面的小合成物，如果两者都倾向于非来到中心不可的话，而且较重者对较轻者的推动坚持指向那个中心点……
>
> 从感觉证据中可以得到进一步的证明。(I)如果大地不是球形，月蚀就不会像它所显示的那样显出弧形形状……(II)对恒星的观察也表明大地不仅是球形的，而且尺寸也不大，由于我们的位置向南或向北的一个小变动就明显地改变了地平圈，所以我们头顶的星星可观地改变它们的位置，我们在向北或南移动时看到的不都是同样的恒星。有些恒星在埃及和塞浦路斯的附近可以见到，但更北的地方就见不到，而在北边的国家一直可以见到的恒星在别的地方却被观测到下落了。这就证明了不仅大地是球形的，而且它的周长不大，因为若不然的话这么小的位置变化不会有这样直接的效果。因为这一原因，那些设想海格里斯柱①附近的地区与印度相接从而认为海洋只有一个的人们，看来并不是在提出一些完全不可信的东西。[2]

这几段表明天文学和地上的物理学并不是相互独立的科学。属于其中之一的观察和理论也与另一个密切地纠缠在一 86
起。因此，尽管解答行星问题的困难也许已经为天文学家提供

① 海格里斯柱(Pillars of Heracles)，古代欧洲人传说位于大西洋上，是世界的边界。——译者注

了一个动机，让他**在天文学中**拿运动地球的概念做实验，但在尚未推翻被接受的地上物理学的基础之前，他不可能那么做。这种运动地球的观念不可能出现在他那里，因为从他的非天文学知识所得来的理由，这个概念看上去太难以置信。这看来就是托勒密及其后继者的意思：他们后来把阿里斯塔克、赫拉克利德和毕达哥拉斯派的天文学假设视为“荒谬的”，尽管在天文学上是合适的。

举例来说，我们考察一下从《至大论》中摘抄出的下面这段话，在这里托勒密反驳了赫拉克利德的理论，这个理论认为恒星天球是静止的，而它表观的向西周日运动是由于中心地球真正的向东周日运动造成的。托勒密开始论证地球的球形和中心位置，很像前面引用的那段文字中亚里士多德所给出的论证。然后，他继续说道：

> 某些思想家，尽管他们没有反对以上的论证，他们却编造出了一个他们认为更易接受的图式，并且他们认为没有什么证据可以反驳他们，如果他们这样论证的话：天不动但地球绕一个相同的轴自西向东旋转，差不多每天完成一周……
>
> 然而这些人忘记了，当然，就星空的表现而言，对这一理论也许不会有什么异议，……但是根据影响我们自身以及我们上空的东西的[**地上的**]条件来判断，那这样一个假说肯定被看成是太荒谬了……[**如果地球**]在如此短的时

> 间内完成如此巨大的回转而再度回到相同的位置……那么并未实际立在地球上的每一样事物必定会看起来做一种与地球相反的运动,云以及任何飞着的或可能被抛出的东西,决不会被见到向东运动,因为地球总会先它们一着,领先它们的向东运动,如此一来,其他所有的东西都会看上去向西后退,向地球落在它后面的那些部分后退。[3]

托勒密论证的要点与亚里士多德的相同,中世纪和文艺复
兴时期的许多其他论证也从相同的原则得出。除非被推动,否 87
则一个物体会直奔其天然位置然后在那里静止下来。这些天然位置以及物体移向它们的路线,完全由一个绝对空间的内禀几何性质所决定,在这个空间中无论某位置是否被占据,每一位置和方向都被固定地标记出来。因此,正像亚里士多德在其《论天》的其他地方所说的:"即或地球被移到月亮现在所处的位置,它的可分开的各部分也不会跟着整体运动,而是奔向整体现在所处的位置[中心]。"[4] 一块石头的天然位置仅由空间决定,与石头和其他物体的关系无关。因此,一块垂直上抛的石头离开和返回沿着的直线在空间中一旦固定就永远如此,如果石头在空中时地球运动,石块就不会在它离开时的那个点上与地球再会。基于同样的理由,已经占据了它们的天然位置的云彩在地球转动的时候会落在后面。只有运动着的地球带着空气一起走,云彩和石头才有可能跟着地球,而且就是空气的运动也不见得足以推动石头跟上地球转动的步伐。

当然,亚里士多德的这种运动理论中存在着困难,其中的一些以后会在哥白尼革命中起到重要的作用。但是,就像两球宇宙自身一样,亚里士多德的运动理论是迈向理解运动的出色的第一步,而且它的确使一个处于中心的静止地球成为必要。行星地球的鼓吹者于是需要一个新的运动理论,而且直到这样的理论被发明出来之前,关于地上物理学的知识在中世纪就束缚着天文学的想象力。

亚里士多德的充实性(plenum)

天文学和非天文学知识内在的相互作用为天文学家安上了眼罩,亚里士多德关于充满的宇宙或充实性(plenum)的概念对此提供了第二个例证。这个例子比前面的更为典型,因为与前面展示的相比,知识中各种线索之间的联结在这里更多而且约束性更少。亚里士多德思想的复杂格局现在开始浮现出来。

88 古代关于宇宙充满的概念经常诉诸“厌恶真空”(horror vacui),即自然厌恶真空。作为一条说明性原则,它可被意译为:自然总是会有所行动以避免真空的形成。以这种方式,希腊人从大量的自然现象中得出了它,并使用它反过来解释这些自然现象。水不会从一个敞开的细颈瓶中流出,除非在瓶子上凿第二个眼,因为如果没有第二个眼让空气进入,流出的水就会在它的后面留下真空。虹吸管、水钟和水泵可以据同样的原理被经济地解释,都可以用这种原理简要地说明。一些古代思想家将

“厌恶真空”应用到对附着力的说明和对热空气和蒸汽动力的设计上。这个原则的实验基础不会受到挑战。没有那些希腊人完全不知道的仪器,在地球上不可能制造出令人信服的近似真空。直到16世纪深层采矿的大规模发展,人们发现水泵不能将水提升超过30英尺,这时才有气体力学现象来挑战那条原则。抛弃“厌恶真空”必然意味着毁掉一个对大量的地上现象所作出的完全令人满意的科学说明。

然而,对于亚里士多德和大部分后继者来说,“厌恶真空”不只是在地表或近地表适用的一个成功的实验原理。亚里士多德主张,不仅地上世界**事实上**不存在真空,而且宇宙的任何地方都“**原则上**”不存在真空。真空的概念对他来说完全是用词矛盾,就像“方的圆”一样。今天,当人见过真空管和听到过真空泵后,亚里士多德对于虚空不可能性的逻辑证明便几乎没有人相信了,尽管很难在他的论证中发现漏洞。但是在缺乏我们今天拥有的相反的实验证据时,它们看起来很可信,因为它们来自我们在讨论物质和空间问题时所用语词内在的真实的困难。很显然,空间只能由物质所占据的体积来规定。没有物质物体,对空间的规定就没有凭借;空间很显然不可能因其自身而存在。物质和空间是不可分割的,是同一硬币的两面。没有物质就没有空间。用亚里士多德更烦琐的话来说:“有维度但又不是物质实体的维度,没有这样的东西。”[5]

宇宙充满理论因之与逻辑和实验的权威结合在一起进入了 89
古代科学,并且立即成了宇宙论和天文学理论的一个基本的成分。比如,它被包括在亚里士多德对于恒星天球内运动的持续性的解释中。如果任何一个天球层或地界的壳层被一个真空所替换,该壳层以内的所有运动就会中止。壳层与壳层之间的摩擦制造了所有的运动,除了回归天然位置外,而真空会中断这个推动链条。还有,正如我们已经指出的,真空的不可能性是宇宙有限性的基础。在恒星天球外既无空间也无物质,什么也没有。如果没有一个物质和空间不可拆解地结合在一起的观念,亚里士多德派就会被迫承认宇宙的无限性。物质可能被虚空所包围,而虚空反过来又可以被物质所包围,但不可能有终点,不可能有最后的边界,在这里宇宙一劳永逸地止步。

但是,因为两个原因一个无限的宇宙不可能是一个亚里士多德的宇宙。一个无限的空间没有中心:任何一点与其边界上的所有点有着相同的距离。如果没有中心,就没有重元素土得以聚集的最佳点,也就没有什么内在的“上”和“下”以确定一种元素回到其恰当处所的天然运动。事实上,在一个无限的宇宙中没有什么“天然处所”,因为每一处所与其他的处所都相同。就像我们在后面会更完整地看到的,整个亚里士多德的运动理论无可救药地被限定在一个有限和充满的空间概念中。两者共存亡。

这些也不是空间的无限性为亚里士多德主义者带来的仅有的困难。如果空间是无限的,如果没有什么特定的中心点,说宇宙中所有的土、水、气和火都会往一个而且仅仅一个点上会聚,那是根本不可信的。在一个无限的宇宙之中,很自然会假定有其他的世界散布在全部空间的这儿和那儿。也许在这些其他的世界上也有行星、人类和动物。于是，地球的独一无二性消失了；驱动着整体的外层力量一起消失了；人类和地球不再处在宇宙的中心。在古代和中世纪，大多数像原子论者这样一些相信宇宙是无限的哲学家们都感觉他们被迫同时接受虚空的实在性和世界的多样性。直到17世纪，信奉这一套概念的人都没有构 90
造出在解释日常的地上现象与天象方面能与亚里士多德相匹敌的宇宙论。无限宇宙在今天可能是一个常识宇宙，但今天的常识已经被改造了。

亚里士多德思想中充满宇宙(full universe)概念所扮演的多种角色，是我们关于宇宙论或世界观之融贯性的一个正式的范例。充实性(plenum)包含在气体力学、运动的持续性、空间的有限性、运动定律、地球的独一无二性之中。这个单子还可以扩充。注意，充实性并不逻辑地要求地球的独一无二性，或中心位置，或静止性。它只是装进了一个融贯的模式之中，独一无二的、居中的、静止的地球是这个模式里第二条主线。反过来，地球的运动也并不必然要求真空的存在或宇宙的无限性。但是，自哥白尼理论获胜之后这两套观点很快赢得了赞同，这不是偶然的。

哥白尼自己并不相信这两套观点。我们会看到，他试着保留亚里士多德和托勒密宇宙论的大多数核心特征。但是通过给地球一个绕轴运动，他使恒星天球不动了，剥夺了它的物理功能。而通过给地球一个轨道运动，他使天球的尺寸极大地增加成为必要。于是，哥白尼的宇宙论在行星际问题中去掉了它的许多基本的亚里士多德功能，而同时要求它有更多的功能。他的后继者们很快砸碎了如今无用的天球，把恒星散布在空间各处，承认恒星之间有真空或某种非常像真空的东西，并且幻想在我们太阳系之外巨大无边的太空中的其他世界上也住着其他人类。“厌恶真空”作为地界的原理也没有持续很久。在新的宇宙中，科学家非常容易意识到，矿工们一个世纪来已经在过长的水泵的顶部制造了地界真空。在 17 世纪的气体力学概念中，大气压力很快取代了真空。在气体力学的修正中，许多别的力量发挥了根本的作用——这个故事比较复杂——但哥白尼的新天文学是这个故事情节中一个必要的因素。天文学理论再一次展示了它与其他科学理论之间内在的纠缠，而这些其他的科学再一次制约了天文学的想象力。

91

天的威严

天文学理论与天文学之外的纠缠并不限于其他的科学。正像我们以前对天象观察的动机的讨论所一再暗示的，古代的天文学传统的存在，部分得益于一个普遍存在的原始感觉，即上天的威力和稳定与地上生命的脆弱和不安全之间的强烈对比。通过绝对地区分月上天和月下天，这同一感觉被整合进了亚里士多德的宇宙论之中。但在亚里士多德表达力极强的版本中，这个区分变成既明确地依赖地球的中心位置，又依赖造成恒星和行星运动的诸天球的完美的对称性。

按照亚里士多德,月亮天球的内侧将宇宙分成截然分开的两个区域,充填着不同种类的物质,服从不同的规律。人类所居住的地界是多样和变化、出生和死亡、产生和消灭的区域。天界相反,是永恒和不变的。所有元素中只有以太是纯粹和不朽的。只有相互联结着的天球天然地、永恒地做圆周运动,从不改变它们的速率,总是占据着空间中相同的区域,永远地回到自身中来。天球的物质和运动是唯一与上天的永恒性和威严相配的物质和运动,正是上天制造和控制着地上的一切多样性和变化。在亚里士多德对宇宙的物理描述中,跟任何原始宗教一样,环绕着的上天是地上生命所依赖的完美和力量的所在地。《论天》清楚明白地阐述了这些:

> 前面已经清楚地说明了,为什么这种原初物体[**就是天的质料**]都是永恒的,且不增不减,万古长存,既不可改变也不受损害。我也认为这个论证证实了经验,又被经验所证实。所有人都有神的概念,所有人都把最高处所分配给神性,无论是野蛮人还是希腊人,凡相信神的人都很显然地认定,不朽的东西总与不朽的东西密切联系在一起。他们认为,不可能是别的样子。如果说有,并且确实有,某种 92
> 神性的东西存在的话,那么我们关于原初的物质实体所说的[**也就是说它无重量、不可毁灭、不可变易,等等**]就说得不错。从感觉证据上看,它的真理性也是清楚的,至少足以

保证人类信仰的赞同;因为在所有过去的时间里,按照一代代流传下来的记录,我们在整个外层天际还是在它的任何一个部分,都没有发现变化的痕迹。此外,这个第一物质的名字似乎也是经由古人流传到今天的……他们相信原初物质是某种与土火气水不同的东西,给最高天区命名为以太,这个名称来自如下事实:它"总是在运转"而且永恒地运转。[6]

亚里士多德自己并没有将天界的威严和神性概念推进多远。上天的物质和运动都是完美的;所有地上的变化都由一系列推动所导致和控制,这个系列是由对称地包围着地球的诸天球的匀速运动所发动。关于地球独一无二的中心位置的一个重要的非科学论据已经显而易见了,并且在亚里士多德死后的数个世纪,这一论据通过完善上天完美的概念,以及将它整合进另外两个本来毫不相干的信念系列中,而得到加强。这些发展之一——亚里士多德宇宙论与基督教神学详尽地综合——依照它在历史年表中的恰当位置,我们必须留待下一章叙述。它使得宇宙的每一细节结构都同时携带着宗教和物理学的意义:地狱在几何中心;上帝的宝座在恒星天之外;每一行星天球和本轮由一个天使推动。但是,另一种对天威概念有意义的运用——占星术科学——比基督教-亚里士多德宇宙论更古老,而且它对天文工作者们有着更为直接的影响。由于它从专业上影响他们,占星术也许已经是将天文学家约束在地球独一无二这一概念之上的最重要的力量。

我们已经注意到占星术信仰的主要根源以及它们与亚里士多德的上天威力概念的关系。距离和不变性使上天成了看来可信的诸神的处所，而诸神可以随意介入人类的事务。天界规则 93
性的破坏——特别是彗星和蚀——很早就被看作是不寻常的吉凶征兆。另外，有很好的观察证据表明天至少控制着某些地上的事件。当太阳处在巨蟹宫的时候气候很热，而它在摩羯宫的时候气候很冷；潮汐的高度随月相的变化而变化；地球上所有女人的月经周期与一个朔望月的长度相等。当一个时代的人们需要理解和掌握远超出他的物理工具和智识工具之上的命运时，这种天威的明显证据就会自然而然地扩展到天空中其他的漫游者身上。特别是在亚里士多德提供了一个物理机制——摩擦驱动——之后（通过这个机制，天体可以产生地上的变化），如下的信念看起来似乎有了一个基础：预测天象之未来构型的能力，可以使人预言人类和民族的未来。

公元前2世纪以前，古代记录中几乎没有什么迹象表明有通过观察和计算恒星与行星位置来预言地上事件的充分发达的尝试。但从这个相对晚一些的时候开始，占星术与天文学有1800年不可分割地联系在一起；它们一起构建了一个单一的职业追求。从星相来预言人类未来的占星术是众所周知的军国占星术；由星星的现在和过去预言它们未来的天文学，则被称为自然占星术；那些在一个分支有了名望的人通常在另一个分支也声名卓著。托勒密的《至大论》以其最发达的形式展示了古代的天文学，他同样也因他的《占星四书》（*Tetrabiblos*）而闻名，这是古代对军国占星术的经典贡献。像布拉赫和开普勒这些欧洲天文学家在文艺复兴后期把哥白尼体系转化为非常类似于现代的形式,但他们在财力上和智力上都受到支持却是因为他们被认为在计算最好的算命天宫图。

在本书剩下的部分所关注的那段时期中,占星术对大部分受过教育、有文化的欧洲人的思想产生了巨大的影响。中世纪早期它有时会受到教会的压制。教会的教义主张人是自由地选
94 择基督的善,而这与占星术严格的决定论不相容。但是在基督诞生前后的五个世纪内,以及后来的中世纪晚期与文艺复兴时期,占星术是国王及其臣民的指导,而这些时期正是地心天文学最快速发展的时期并非偶然。从古代到文艺复兴时期由行星天文学家发展的精致的行星位置表以及复杂的计算技巧,是占星术预测的主要的先决条件。直到哥白尼死后,这些天文学研究的主要产物才有其他重要的社会功用。占星术提供了解决行星问题的主要动机,所以,占星术也成了天文学想象力的一个特别重要的决定因素。

然而,如果地球是一颗行星,占星术以及对上天威力的感知就失去了相当的可信性。行星地球可以有力地作用于土星,就像土星作用于它一样;相同的论证也适用于其他行星;地和天的二分被打破了。如果地球是一个天体,那么它一定分享着天界的不变性,同样反过来天界也必定分享地球的易朽性。占星术对人类心灵的束缚终于恰恰在哥白尼的理论首次获得接受的时期被解除,这不可能是偶然的。更有意义的是,哥白尼,这位从

根本上剥夺了上天特别威力的理论的作者,属于文艺复兴时期不计算天宫图的小部分天文学家之一。

占星术和上天的威严为地球的静止性和独一无二性的直接结果提供了不止一个例证,这种结果已经在我们对亚里士多德世界观中地心地静观念的多种功能的扩展讨论中一再得到了展示,但绝没有被穷尽。当然,正是这些结果以及类似于它们的东西使哥白尼革命成为一场革命。把由哥白尼发起的革新描述成地球和太阳位置的简单置换,只是在人类思想发展史这座大山中刨出了一小点泥土。如果哥白尼的计划没有天文学以外的影响,它就不会拖如此长的时间,并受到如此强烈的抵抗。

透视亚里士多德世界观 95

亚里士多德的世界观是天文学实践的前哥白尼传统最为重要的资源和支撑。但是亚里士多德的时代与我们今天不同,因此在处理亚里士多德的著作,特别是那些与物理学和天文学有关的著作时,我们需要有一个真正思想上的转换。没有这种转换就会牵强和歪曲地解释亚里士多德物理学在古代和中世纪的持久影响。

举例来说,我们经常被告知只是因为中世纪科学家更相信文字的权威,特别是古代的权威,胜过相信他们自己的眼睛,他们才可能持续地接受亚里士多德重物比轻物下落得快的荒谬论断。按照这种流行的解释,现代科学是从伽利略否定书本而偏爱实验,并且观察到不同重量的两个物体从比萨斜塔的顶端落下而同时着地开始的。今天,每个学生都知道轻重物体一齐下落。但是学生们都错了,这个故事也错了。正如亚里士多德所见到的,在日常生活中重物确实比轻物落得快。这是一种原始的感知觉。伽利略的定律比亚里士多德的定律对科学更为有用,并不是因为它更好地表达了经验,而是因为它由感觉揭示的运动的表面规则性走到了背后更本质的但被隐藏着的方面。为了用观察来验证伽利略的定律需要特定的仪器;孤立的感觉不会产生也不会确认它。伽利略自己并非从观察得到这个定律,至少不是从新的观察,而是由我们将在下一章考察的一个逻辑推理链条得出的。或许他并没有在比萨斜塔演示这个实验。它是由他的一个批评者演示的,其结果支持了亚里士多德。重物确实先触及地面。

伽利略否定亚里士多德的这个流行故事很大程度上是一个神话,是由于缺乏历史眼光而引起的。我们往往忘记,我们相信的许多概念其实是在我们年轻的时候被很痛苦地反复灌输进来的。我们也容易把它们看成从我们自己孤立的感知觉得出的自然而又毋庸置疑的结果,容易把与我们自己不同的概念当成植
96 根于无知和愚蠢并因盲从权威而持久的错误而不予理会。我们自己的教育将我们与过去隔开。特别是,它将我们与亚里士多德的物理学隔开,经常使我们错误地解释亚里士多德对后来无数代之巨大影响的本质和根源。

亚里士多德著作的权威性部分得自他自己原创性思想的卓

越不凡，部分得自它们广阔的范围和逻辑融贯性，这些即使在今天看来也给人留下深刻印象。但我认为，亚里士多德之权威性的原始根源在于他的思想的第三方面，而这一方面对现代心灵来说是更难体会的。亚里士多德有能力以一种抽象和逻辑一致的方式表述许多关于宇宙的自发的感知觉，这些感知觉在他给予它们一个合乎逻辑的说法之前已经存在了数个世纪，而教化则将它们从18、19和20世纪的成人世界里抑制掉。今天，受过教育的成年人的自然观很少与亚里士多德有重要的相似之处，但孩子的观点、原始部落成员的观点以及许多非西方人的观点以惊人的频率与他相似。这些相似之处通常很难发现，因为它们被亚里士多德的逻辑方法以及他精致而抽象的术语所掩盖。这些就是亚里士多德辩证法的要素，而它们对原始人和孩子的心灵是完全陌生的。它们在今天只留下了一个模本。但是，与它表述和诉诸文字的方式相反，亚里士多德那些实质性的观念确实显示了重要的原始性的残余，除非我们对这种残余有所警觉，否则我们有可能觉察不到亚里士多德理论中重要片断的意义，而且肯定觉察不到它们的说服力。

这些原始残余的本性以及它们受亚里士多德辩证法的影响而被转化的方式，在亚里士多德对空间和运动的讨论中清楚地展示出来。原始社会和孩童的世界观往往是万物有灵论的。也就是说，原始人和儿童并不像我们那样在有机物和无机物、有生命者与无生命者之间做严格和迅速的区分。有机界具有概念上的优先性，云彩、火以及石头的行为往往用内在驱动力和愿望这

样的术语来解释，人，大概还有动物，都是因此而运动。当问气球为什么会上升时，一个 4 岁的孩子回答说，“因为它们想飞起
97 来”。另一位 6 岁的孩子对气球上升的解释是，因为“它们喜欢空气，所以当你让它们走，它们就走到天上去”。当问为什么一个盒子会掉到地上，5 岁的汉斯回答说，“因为它想到那儿去”。为什么？“因为这（它待在那儿）是一件好事情”。[7] 原始人经常给予类似的解释，尽管他们经常很难搞得清楚，因为以神话的方式表述，所以不可能搞得很精确。我们已经考察过，埃及人把太阳的运动解释成一位神驾着他的船穿过天空。

亚里士多德的石头是没有生命的，尽管他的宇宙经常看起来是有生命的，至少在隐喻意义上。（亚里士多德著作有些段落使人想起第一章曾经引用过的柏拉图《蒂迈欧篇》中的一些段落）但是他关于石头跳离人手到达它在宇宙中心的天然处所这种感知觉，与小孩感觉气球喜欢空气或盒子落在地面是因为它待在地上比较好，并无太大的区别。词汇是变了，概念按照大人的逻辑巧妙地处理，万物有灵论被做了变换。但是，亚里士多德理论大部分的吸引力必定在于作为理论之基础的感知觉的自然性之上。

然而，万物有灵论并不是亚里士多德对运动所作说明的全部心理学基础。我认为一个更加精妙而且更加重要的因素来自亚里士多德对原始空间知觉的变换。原始空间与牛顿空间完全不同，我们大家在后者中被培养长大，通常对前者一无所知。后者是物理中性的。一个物体必定**在**空间**中**并且**穿过**空间运动，

但空间的特定部分以及运动的特定方向对物体施加不了任何影响。空间对所有的物体都是一个不起作用的底基。任一位置和任一方向都与其他的相同。用现代的术语说,空间是均匀且各向同性的;它既没有“顶”也没有“底”,既没有“东”也没有“西”。

与之相反,原始空间更接近于一个生活空间:一个房间里的空间,或者一个屋子里的空间,又或者一个社区的空间。它拥有“顶”和“底”、“东”和“西”(或“前”和“后”——许多关于方向的原始语词出自描述物体各部分的词,反映了这些部分的内禀性差异)。每一位置都是某些客体的“专属位置”,或者某些特定的活动的“发生位置”。每一区域和空间的每一方向相互之 98
间都有特征性的区别,并且这些区别部分地决定处在这些区域中的物体的行为。原始空间是日常生活的活跃有生命的空间;不同的区域有着不同的特征。

埃及宇宙论提供了一个例子:拱极星的区域是永恒生命的区域,在那里不会有死亡。一个类似的空间知觉提供了占星术思想的一个重要来源。行星的本性和力量依赖于它们在空间中的位置。一个古老的巴比伦文本写道:

> 当马杜克(Marduk)星[木星]处在上升星位[就是说,在东方地平之上]时,那它是内博神(Nebo)[墨丘利神]。当它上升……[数字被遗漏了]几个小时之后,它是马杜克神[朱比特神]。当它处在中天时,它是内贝鲁神(Nibiru)

[最高的全能的神]。每颗行星在天顶都变成它。[8]

内在于亚里士多德的空间概念之中的原始残余很少这样清楚。但可以看看出自亚里士多德《物理学》中的对运动的如下讨论：

> 基本自然物——也就是火、土等等——的标准运动，不仅显示出处所是某种东西，而且显示出它发挥某些影响。如果它们不受阻碍的话，每一个都被带向它们自己的处所，一个向上，一个向下……不是任何偶然的方向都是“上”，只有火以及轻的东西被带向的方向才是；同样，“下”也不是任何偶然的方向，而是重的东西以及由土构成的东西被带向的方向——意思是，这些处所并不只是在相对位置上相区别，而且拥有不同的潜能。[9]

这一段是对亚里士多德运动解释背后的空间概念的一个几乎完美的概括：“处所……发挥某些影响”；“处所不只是在相对位置上相区别，而且拥有不同的潜能”。这些就是在物体的运动中发挥积极地动力学作用的空间中的处所。空间本身提供动力，驱动火和石头回到它们在外层和中心的天然静止的处所。物质和空间的相互作用决定了物体的运动和静止。对我们来说，这是一个非常陌生的概念，因为我们是哥白尼革命的后继者，而正是这场革命要求抛弃和替换亚里士多德的空间概念。
99 但这个概念并非难以置信。也许更巧的是，体现在爱因斯坦广义相对论之中的空间概念，在其重要的诸方面更接近亚里士多德德而不是牛顿。而且爱因斯坦的宇宙,更像亚里士多德的而不像牛顿的,可能是有限的。

亚里士多德的世界观并不是古代创造出来的唯一的世界观,它也不是唯一拥有追随者的世界观。但亚里士多德的世界观比其古代的竞争者们更接近原始的世界概念,并且它与独立的感觉知觉的证据更密切地相吻合。这是它为何特别在中世纪后期具有如此大影响的另一个原因。把它的吸引力至少部分地隔离出来之后,我们就能够更好地评鉴亚里士多德宇宙论带给古代天文学传统的那些力量。现在,我们必须去发现这个传统中究竟发生了些什么而为哥白尼开辟了道路。

第四章　重铸传统:从亚里士多德到哥白尼时代

直到13世纪的欧洲科学与学术

100 亚里士多德是古代最后一位伟大的宇宙论者,而生活在亚里士多德之后差不多五个世纪的托勒密则是古代最后一位伟大的天文学家。直到哥白尼于1543年去世之前,这两个人的著作一直统治着西方的天文学和宇宙论思想。哥白尼仿佛是他们的直接继承者,因为从托勒密去世到哥白尼出生之间的13个世纪中,并没有对他们的著作进行任何大幅度而且持久的修改。由于哥白尼的工作始于托勒密止步的地方,所以许多人推断他们之间的几个世纪并不存在科学。实际上,那时存在尽管断断续续但相当强烈的科学活动,它在为哥白尼革命的兴起和胜利准备条件方面起到了必不可少的作用。

如果说这里有自相矛盾的话,那只是表面上的。13个世纪断断续续的研究并没有给研究者牢固的信念带来实质性的改变。哥白尼的老师仍旧相信宇宙的结构大致就是亚里士多德和托勒密描述的样子,他们的信念将他们置于古代传统之中。但

他们对那些信念的态度不再是古代的。概念图式随着目睹它的
人一代代更替而变得老旧。16 世纪初,人们对宇宙的古代描述
信奉依旧,但评价却不同了。他们的概念没变,但他们在这些概
念中看到了新的优缺点。正如我们已经探索了古代天文学传统
的起源和力量一样,我们必须发现在这个传统变老时发生了什
么。我们必须首先探明古代传统是如何丧失又如何重见天日
的,因为欧洲人对待这一传统的态度的第一次转变正是源自它 101
的复苏的必要性。

古代科学在西方的丧失分两个阶段发生,首先是科学活动质和量的缓慢衰退,其次是传统学术的真正消失。公元前 2 世纪之后,地中海文明日益被罗马统治,并且在基督纪元的头几个世纪中随着罗马霸权的衰落而衰落。天文学家托勒密和医学家盖伦是古代科学最后的伟人,他们都生活在公元 2 世纪。在他们的时代之后,西方主要的科学著作就都是注释性和百科全书式的了。当公元 7 世纪穆斯林侵入地中海盆地时,他们只找到古代学术的文献和传统。科学活动已经普遍停止了。欧洲进入了黑暗时期。

伊斯兰的入侵使欧洲基督教世界的地理中心由地中海向北转移,并且加剧了西方学术的继续衰落。到了 7 世纪,欧洲人连那些体现着古代研究传统的典籍都丧失殆尽。人们仅能通过 6 世纪早期波埃修斯整理的不完整的拉丁译本来了解欧几里得;这个版本只陈述了较为重要的定理而没有证明。托勒密显然完全无人知晓,亚里士多德只在一些关于逻辑的著作中出现。由

波埃修斯和塞维亚尔的伊希多尔等人所进行的百科全书式的收集保留了古代科学的残篇，但就连这些残篇也往往错误百出，水平低劣，掺假严重。各种学术活动一点不剩。欧洲基督教世界的经济水平仅能维持生计。科学特别不受重视，因为天主教教会从一开始就敌视它，这在下一部分会看到。

在欧洲的学术跌落到最低点的几个世纪里，伊斯兰世界出现了科学的伟大复兴。7 世纪中期以后，伊斯兰世界从阿拉伯半岛上的小小绿洲迅速扩张成环地中海的庞大帝国，这个新帝国继承了基督教世界遗失的手稿和传统。穆斯林学者首先将原始希腊文本的叙利亚文版本译成阿拉伯语而复原了古代科学；
102 然后他们增加了完全属于他们自己的成就。在数学、化学和光学等方面他们都做出了独创性和基础性的发展。在天文学方面，他们为计算行星位置贡献了新的观测数据和新的技巧。但穆斯林在科学理论方面并非激进的改革者。尤其是他们的天文学，几乎全部在古典时期建立的技术传统和宇宙论传统内部发展。因此，从我们现在有限的观点来看，伊斯兰文明之所以重要，主要是因为它为后来的欧洲学者保存和扩充了古希腊科学的记载。基督教世界最早就是从阿拉伯人那里重新获得古代学术，而且多得自阿拉伯语译文。使我们了解托勒密主要工作的《至大论》这个书名根本不是它的希腊名字，而是一位 9 世纪穆斯林译者取的阿拉伯文书名的缩写。

欧洲人从伊斯兰世界重新发现古代学术是在欧洲全面恢复时期，全面恢复使中世纪晚期的生活进程与黑暗时期大不相同。

欧洲生活各方面的节奏逐步变快，这种变快从 10 世纪缓慢开始，直至在著名的 12 世纪的复兴中达到顶峰。基督教徒首次获得了相对的政治保障；随之而来的是人口和贸易的大发展，包括与穆斯林世界的贸易。在贸易发展的同时也增进了与伊斯兰世界的学术往来。新发现的财富和安全感为探索新打开的学术视野提供了闲暇。首批译自阿拉伯语的拉丁文译著在 10 世纪完成，随后几个世纪译著的数量迅速增长。11 世纪后期，来自欧洲各地的学生开始非正式地集中起来听老师朗读和评论新翻译的古代文本，参加的人数稳步增加。到了 12、13 世纪，这些原本非正式的团体变得十分庞大，需要规章和统治者发给特许状，这就正式转变为大学——欧洲土生土长的一种崭新的学术机构。从作为口头传授古代学术的中心开始，这些大学很快变成欧洲学术中一种原创传统的发源地，这就是被称作经院哲学的挑剔而好斗的哲学传统。

古代天文学的再度发现是对古代世界的科学与哲学更大范 103
围的再回收的一部分。最早被欧洲人广泛采用的天文星表是 11 世纪从托莱多（Toledo）引进的。托勒密的《至大论》和亚里士多德的大部分天文学、物理学著作在 12 世纪被拉丁化，在下一个世纪里它们虽有所选择但还是慢慢被整合进中世纪大学的课程中。15 世纪末哥白尼在那里学习了这些著作，他向这些古代科学经典的回归使他成为亚里士多德和托勒密的继承人。但是他们可能都认不出哥白尼接手的遗产正是他们自己的著作。古老的问题尽管尚未解决却已经消失了，新的问题尽管有时只是伪问题却已经取代了它们。另外,复苏后的学术传统的目标和方法跟曾经引导古代学者们的那些有着重大的差别。

有些新问题纯粹源自文本。古代文本是零零散散地被重新发现的,大多以偶然的顺序而非逻辑顺序。阿拉伯文手稿很少完全忠实于它们的希腊文或叙利亚文原稿;它们被转译为中古拉丁文,而这种语言最初并没有足够的词汇以表达它们技术化和抽象化的主题材料;经过不完全理解它们的人不断转译,即使最好的译文也会不可避免地变质。要发现亚里士多德和托勒密对一个特定问题的回答常常十分困难,有时甚至不可能。但中世纪的学者再三强调在冒险做出自己的判断之前一定要先重建古代思想。这些意外的遗产体现出的光辉、眼界和一致性使刚刚挣脱黑暗时代的人们眼花缭乱;他们很自然地认为首要的工作是去吸收这些遗产。因而关于诠释和重新整合这些遗产的问题在经院学者的思想中显得极为重要。

由于一种近大远小的历史透视,中世纪学者的任务被进一步和人为地复杂化了。他希望仿照亚里士多德来重建一套广泛而又一致的知识体系,但他并不总是意识到作为这个体系之源头的"古代"在大量的细节性问题上已经有许多不同见解。尽管经院学者们发现这很难辨识(经常把此归之于传播和翻译造
104 成的错误),然而亚里士多德自己并不总是一致的。他的同时代的人也没有接受他全部的观点。时不时出现的模棱两可和自相矛盾从一开始就是古代传统的特征。而其范围又被希腊化时期和伊斯兰的注释者极大地扩宽,这些人在从亚里士多德到其

欧洲门徒之间的 15 个世纪中写下的著作，跟大师的作品同时甚至更早被发现。对我们来说，传统中的这些不一致之处是其演变和传播过程中的自然产物，但是对于中世纪学者来说，它们往往是作为一个独立知识体——假设的“古代智慧”的单元——的内部矛盾出现的。部分由于这种混淆，对于相互冲突的权威的比较与调和成了经院思想与众不同的特征。我们会在本章后面的部分更具体地看到，复苏的学术传统与古代相对应的传统相比，更少经验性，更拘泥于文字、逻辑性和合理性。

内嵌在这个传统中的一处矛盾对天文学发展起到了特别重要的作用，这就是亚里士多德宇宙论中的天球和托勒密天文学中本轮与均轮之间的明显冲突。尽管前面没有提到过，但它们的确是两种截然不同的古代文明的标志性产物：即希腊文明和希腊化文明。希腊文明在希腊人统治地中海地区的时期以希腊本土为中心。它发展起来的科学在方法上以定性方法为主导，在倾向上以宇宙论为主导。亚里士多德是希腊文明最伟大也是最后的一个代表。就在他死之前希腊科学的发展过早地停止了，当时亚历山大大帝征服了希腊，将它并入包含小亚细亚、埃及、波斯直到印度河流域的大帝国之中。希腊化文明出现在亚历山大的征服之后，以亚历山大里亚那样的商业性和国际性大都市为中心。在那里，来自不同民族和种族的学者将他们各自不同的文化要素融合起来造就了一种科学，它跟其希腊前辈相比展现出较少的哲学性，更多数学性（mathematical）和数量化（numerical）。天文学极好地显示了这一反差。古代天文学的宇宙论框架主要是希腊传统的产物,它在亚里士多德的著作中达到顶峰。希帕克斯和托勒密的数理天文学属于希腊化传统,这个传统在天文学中只在亚里士多德死后的两个多世纪兴盛过。

105 希腊化天文学家测量宇宙、为恒星编目、尽力解决行星问题,对他们的希腊先哲们发展起来的宇宙论显然并非漠不关心。但是他们也不太关注宇宙论的细节。他们嘲笑跟既定标准完全不同的那些宇宙论的作者,偶尔也写一些自己的短篇宇宙论文章。托勒密本人就写过严格意义上的宇宙论著作《行星假说》(*Hypotheses of the Planets*),其中包括一个很不令人满意的本轮运动的物理机制。但当设计数学系统来预测行星位置时,希腊化天文学家并不计较为他们的几何构造构建机械对应物的可能性。对他们来说,球壳的物理实在性和维持行星在其中运行的机制至多也只能成为次要的问题。简而言之,希腊化时期的科学家默认了天文学和宇宙论的局部二分而没有感到明显的不适;一个用于预测行星位置的令人满意的数学技巧并不一定要完全符合宇宙论上合理性的心理要求。

在16世纪,这种二分为哥白尼提供了重要的先例。因为他也把天文学看作本质上是数学性的,运动的本轮存在于诸天球构成的宇宙中,这在物理上的不协调隐约预期了运动的地球这样一种物理不协调性。但这还不是这种二分的首次贡献。早在四个世纪之前,亚里士多德和托勒密刚刚被欧洲人再度发现的时候,它就已经开始帮助铺设通向革命的道路了,尽管是以一种非常不同的方式。因为对前几个世纪的无知压缩了经院学者们的历史感,他们几乎把亚里士多德和托勒密看成同一时代的人。他们都作为同一传统——“古代学术”——的代表而出现,他们的体系之间的差异变得非常像是同一学说内部的矛盾。一些变化在托勒密看来是从亚里士多德到他那时的五个世纪之中知识的自然演进,而在经院哲学家看来却常常是矛盾,这些矛盾提出了新的有关调和的问题。由于时间的流逝证明了这种调和十分
困难而又毫无结果,所以像中世纪思想中的其他冲突一样,这些 106
明显的矛盾最终促使人们对整个传统产生怀疑。

古代学术传统在中世纪复苏时面貌一新,而前面几页中显示了,某些重要的新鲜之处仅仅源自复兴的必要性。不过在复苏的传统中也有较为实质性的变化,这些变化是由中世纪和文艺复兴时期的固有特征产生出来的。例如,尽管科学在中世纪晚期的思想中起了相当大的作用,但是起支配地位的思想力量仍然是神学上的,并且在神学环境中的科学工作使科学传统的强势和弱势都有所转移。此外,中世纪科学本身并不是静态的。亚里士多德的经院批评家为他的某些学说提出了重要的替代理论,其中一些在为哥白尼铺筑道路的过程中起到了重要的作用。到16世纪为止还有其他的力量——思想的、经济的和社会的——在起作用,在它们当中有一些直接涉及天文学和地球运动的问题。这些变化需要独立地分析处理,下面就开始。

天文学与教会

在整个中世纪和文艺复兴的大部分时期，天主教会都是统治全欧洲的思想权威。中世纪的欧洲学者都是神职人员，而汇集和研究古代学术的大学都是教会学校。从4世纪到17世纪，教会对科学的态度和对宇宙结构的态度是天文学进步或停滞的决定性因素。但是教会的态度和所采取的措施在这几个世纪中并不是固定不变的。在黑暗时代之后，教会开始支持那种世界上已知的抽象、精巧和严密的学术传统。但在10世纪之前和16世纪之后，教会的影响总的来看是反科学的。哥白尼的理论在一个由教会赞助并支持的学术传统中发展起来；哥白尼本人是一位主教的外甥，也是弗劳恩堡（Frauenburg）大教堂任职的教士；但是在1616年，教会却禁止了一切拥护地球运动之实在
107 性的书籍。教会对科学压倒性的影响不能用某个一般概括来描述，因为这种影响会随着教会境况的变化而变化。

在基督时代的开始几个世纪，教父们为着新信仰而四处讨伐和劝诱皈依，为这种信仰的存在而战斗。他们的使命本身就要求他们反对其前辈的异教学术，并且通过迅速收缩学术界来给予基督教神学问题以最大限度的关注。另外，他们深切地相信在《圣经》和天主教对它的诠释中包含了救赎所必需的所有知识。对他们来说，科学是世俗的学问。除了日常生活必需的时候外，它最好也只不过是毫无用处，而最糟的还有着迷惑世人

的危险。因此，最具影响力的早期教父圣奥古斯丁在他的《小教理问答》（*Enchiridion*）也就是基督徒手册中，向信徒做出了如下的忠告：

> 当被问及关于宗教我们相信什么东西时，没有必要去探求事物的本性，而这种对本性的探求被希腊人称为自然哲学；我们也不必为基督徒应该对元素的力量和数量以及下列事物保持无知而感到惊慌：天体的运动、秩序和蚀，天的形状，动物、植物、石头、泉水、溪流、山川的种类和自然本性，有关年代与距离，即将到来的暴风雨的信号，还有那些哲学家已经发现的或者他们认为他们已经发现的许许多多其他事物……对于基督徒来说，相信所有造物——无论是天是地，是可见的还是不可见的——的唯一原因是造物主这个真正的上帝的恩赐就足够了；除了“他自身”之外没有他物存在，而“他自身”的存在并非来自“他”。[1]

这种态度并不与那种值得赞赏的古代学术知识相矛盾，至少在穆斯林入侵之前是这样。圣奥古斯丁本人也用心地阅读过希腊科学，并且他的著作也证明了他对希腊科学的精确性和广度的赞叹。但他的态度与对科学问题的积极探求不相容，并且这种态度也很容易参与对细节工作的进一步否定。在少数开明的圣奥古斯丁的同代人和后继者的作品中，对异教科学精神的贬低通常伴随着对其内容的全盘否定。由于与占星术联系紧密，天文学受到了特别的轻视，因为占星术明确的决定论使之看上去与基督教教义格格不入。

108 举例来说，在4世纪初，君士坦丁大帝儿子的私人教师拉克坦修在他《神圣构造》(*Divine Institutions*)一书的第三卷中专门讨论了“哲学家错误的智慧”，并且在其中一章中嘲笑球形大地的概念。因为在他看来，只要指出有的地区人头朝下是荒谬的，天在地的下面是不可能的，就足够了。在这个世纪后期，伽巴拉主教从《圣经》的证据中得到了相同的结果。天空并不是一个球形，而是一个天篷或是帐篷，因为“是上帝……铺张苍穹如幔子，展开诸天如可住的帐篷”(《以赛亚书》40:22)。有“空气之上的水”(《创世记》1:7)。地球是扁平的，因为“当罗得(Lot)到了琐珥(Zoar)，日头已经从地上出来了”(《创世记》19:23)。到6世纪中叶，亚历山大里亚的修道士科斯马斯(Kosmas)已可以用基本得自《圣经》的详尽的基督教宇宙论来取代那种异教体系。他的宇宙形似上帝指导摩西在荒野上搭建起来的帐篷。它具有一个扁平的底部，垂直的侧面和一个半圆柱形的屋顶，就像一个老式的旅行箱。地球作为上帝的脚台是一个矩形平面，长是宽的两倍，它被置于宇宙扁平的底部之上。太阳在晚上并非运动到地球之下，而是藏在了地球最北部的后面，那里比南方地区更高。

但拉克坦修和科斯马斯等人的宇宙论从未成为正统的教会教义。它们并没有完全取代古代的球形宇宙，而球形宇宙在中世纪更博学的百科全书中以残缺不全的描述保存了下来。在中世纪的前半期，基督徒对宇宙论并没有完全一致的看法。科学和宇宙论也没有重要到足以有这种要求。不过,尽管这些由幼稚的感官感觉和一点点《圣经》知识混合而成的宇宙论从来不是正统的学说,但却具有代表性。它们展示了作为黑暗时代之标志的世俗学术的衰落,也让我们心里有所准备,何以 11、12 世纪基督教学者带着那样的惊奇和崇敬之情欢迎古代知识的重新发现。

直到基督教欧洲与拜占庭的东部教会及西班牙、叙利亚和非洲的穆斯林重新建立商业和文化的联系,教会对于异教智慧的态度才发生了改变。欧洲大陆的主要地区已经皈依;教会在 109
思想和精神上的权威已经完成;教会管理中的等级制度被固定下来。异教和世俗的学问不再成为一种威胁,教会可以通过吸收它们来维持自己在思想领域的领导地位。因此,神职人员就利用由新的繁荣所带来的闲暇致力于研究那些重新发现的知识。通过扩大基督教学术所能接受的知识范围,他们使得天主教对学术的垄断维持了五个多世纪。在 12 世纪,包括天和地在内的"事物的本性"再度成了适合深入研究的主题。到了 13 世纪,如果不是更早的话,两球宇宙的主要轮廓在受过教育的基督徒们的讨论中再一次被视作理所当然。在中世纪的最后几个世纪,基督徒的生活背景,包括天界和地界,都完全是一个亚里士多德式的宇宙。

我们已经把基督徒发现他们生活在一个亚里士多德宇宙的过程称为古代学术的复苏,但"复苏"显然是一个不恰当的词。实际所发生的更近乎基督教思想和古代科学传统中的一场革命。从4世纪开始，亚里士多德、托勒密和其他希腊作者由于其宇宙论与《圣经》相冲突而受到了教会人员的攻击。这些冲突在12、13世纪仍然存在，并且人们也认识到了。1210年，巴黎的地方主教会议禁止讲授亚里士多德的物理学和形而上学。1215年，第四次拉特兰（Lateran）主教会议颁布了一份类似的但更为严厉的反亚里士多德法令。在整个13世纪又有其他一些禁令由教皇颁布出来。它们并不成功，只是口头上得胜，但却并非没有意义。这些命令证明了要把古代世俗的学问简单地加在已有的中世纪神学体系之上是不可能的。在创造一套新的融贯的基督教教义方面，古代文本和《圣经》都需要修正。一旦新的体系完成，神学就成了保卫古代地心地静概念的一道重要的屏障。

新的基督教宇宙的物理结构和宇宙论结构主要是亚里士多德的。圣托马斯·阿奎那（1225—1274）这位为这个体系的最
110 终构型做出最大贡献的经院学者，描述了天体运动的完美性和恰当性，其所用的词句除了更清晰外，很可能被认为是亚里士多德自己写的：

> 因此，很明显，天的材料就其本性来说不会为生成和衰亡所影响，因为它是可改变物体的基本类型，并且其本性最接近于那些本质上不可变易的物体。[**在基督教宇宙中唯一真正不变的就是上帝，由他引出天上地下所有的变化**]这就是为什么天经历最小变化的原因。运动只是他们所经

历的唯一一种变化，而且这种变化［不像尺寸、重量、颜色等等的变化］一点儿也没有使固有的本性发生变化。进而言之，在所有它们可能经历的诸种运动中，它们的运动是圆周运动，而圆周运动产生的变动最小，因为球形作为一个整体并没有改变处所。

亚里士多德并不总能像这样一字一句地被接纳下来。比如说，许多经院学者感觉不得不放弃他关于虚空的绝对不可能性的证明，因为它看上去武断地限制了上帝的无限能力。没有基督徒能够接受亚里士多德关于宇宙一直存在的观点。《圣经》的第一句话就是："起初，上帝创造天与地。"除此之外，在天主教徒对罪恶的存在性的解释中，创世是一个必不可少的组成部分。在这种重要的问题上，亚里士多德不得不让步；宇宙是在一个确定的第一时间点上被创造出来的。但在更多的时候，《圣经》要妥协，通常对它采取一种隐喻的解释。例如，在讨论《圣经》的这一段："诸水之间要有空气①，将水分为上下"（《创世记》1:6）时，阿奎那首先勾勒了一个维护这段文字字面意义的宇宙理论，然后说：

然而，有很强的理由可以显示这个理论是错误的，所以它不可能是《圣经》本来的意义。它更应当被看作是摩西对愚民所说的话，看作是他屈尊俯就他们的缺点从而只把

① 英文本用的是 firmament，而非 air。——译者注

> 那些对感觉而言明显的东西摆在他们面前。就是今天大多数受过教育的人也可以由他们的感觉知道土和水是有形物，而气也是有形物这一点并非对所有人都十分明显。……当摩西清楚明白地提到水和土的时候，他并没有清楚明确地提到气的名字，以避免在愚民面前摆出一些超出他们知识的东西。[3]

111 通过将“水”读成“气”或是“透明物质”，这才维护了《圣经》的完整性。但这样一来，《圣经》在某种程度上成了对蒙昧听众进行宣传的一种工具。这个策略很有代表性，经院哲学家便一再地使用它。

从阿奎那和他的同代人在《圣经》对耶稣升天的解释中所发现的困难，可以看出他们所要进行的调和工作是何等的艰苦。根据《圣经》的说法，基督“远升诸天之上要充满万有”(《以弗所书》4:10)。阿奎那成功地在这一点上使基督教历史与球形宇宙相适应，但为了做到这一点他还不得不去解决其他各种各样的问题，下面就是其中的一部分：

> 看上去基督升入天堂并不合适。因为哲学家[**亚里士多德**]说(《论天》第二卷)一个处于完善状态的事物不运动而拥有它们的善。但是基督处在完善状态，……所以他不运动并具有自己的善。但升天是运动。因此基督升天是不合适的……
>
> 进而言之，在天之上没有任何处所，这在《论天》的第

一卷已被证明。但是每个物体必须占据一个处所。所以，基督的躯体没有上升到诸天之上……

再进一步，两个物体不能占据相同的处所。由于除非通过中间空间，从处所到处所并没有通道，所以基督看起来不可能升上诸天之外，除非［水晶天球］天裂开，而这是不可能的。[4]

我们不必关心阿奎那是如何回答的。正是这些反驳本身令人惊异，特别是因为耶稣升天仅仅是基督教历史中带来问题的诸多方面之一，也因为阿奎那仅仅是众多关心这些问题的神职人员中最伟大的一位。前面所引的文献多出自阿奎那的《神学大全》（*Summa Theologica*），这本书通常印成12大卷，是基督教知识的概要总结。在所有这些卷册中，亚里士多德的名字（或者他的更具启发性的名字"哲学家"）一再出现。只有通过这样大量的著作，古代学术特别是亚里士多德的学术才可能再度成为西方思想的基石。

阿奎那和他13世纪的同僚们证明了基督信仰与许多古代学问的一致性。通过使亚里士多德成为正统，他们特许他的宇宙论成为基督教思想中的创造性因素。但正是他们著作的详尽 112
和博学遮蔽了中世纪后期出现的这个新的基督教宇宙的整体结构。如果我们要去理解包括地心地静的这个宇宙对于中世纪和文艺复兴思想的支撑的丰富含义，那我们就必须有一个更加全面的观点。而这种更为宽泛的视角在13世纪是找不到的。它只是在亚里士多德确立其地位后才发展起来，也许最早但肯定最具影响力的表现在意大利诗人但丁的作品，特别是他的伟大的叙事诗《神曲》中。

借助文学手段，但丁的叙事诗描述了诗人穿越宇宙的旅程，而这个宇宙是14世纪的基督徒所构想的宇宙。这个旅程开始于球形地球的表面；然后逐渐下降到地下的九层地狱，而这与地上的九重天球镜像对称[①]；接下来到达所有区域中最坏、也是最堕落的地方，即宇宙的中心，这里是魔鬼及其队伍的所在地。然后，但丁又从与其进入点相对的另一点返回地球表面，在那里他见到了炼狱山，它的底部位于地球，而其顶端伸进上面的天界。通过炼狱，又穿过地界的气圈和火圈，诗人到达了上面的天界。最后，他依次通过了每一个天球，并与居住在上面的灵魂进行交谈，直至结束，他在最高天的最后一个天球凝视着上帝的王座。《神曲》的场景是文学化了的亚里士多德宇宙，该宇宙是与希帕克斯的本轮以及神圣教会的上帝相适应的。

但是对于基督徒来说，新的宇宙就像具有文学意义一样具有象征性，并且但丁最希望表达的也正是这种基督教的象征意义。通过寓言的方式，他的《神曲》给人这样的印象，似乎中世

① 出现在整个中世纪天文学中的九重天，是穆斯林天文学家为了解释春秋分的岁差以及天极的运动（见技术性附录的第二部分）而在古代宇宙论的八个天球的基础上添加的。在穆斯林宇宙体系中，第九个天球每24小时旋转一周，正如旧体系中的恒星天球那样。

纪的宇宙只能有着亚里士多德-托勒密式的结构。正像他所描绘的，球形的宇宙同时反映了人们的愿望和命运。无论是物理 113
上还是精神上，人类都在这个宇宙中占据着一个至关重要的中间位置，而这个宇宙实际上由一个等级化的实体之链所充填，链条由中心的惰性泥土伸展到最高天的纯粹精神。人是物质躯体和精神性灵魂的混合：所有其他的实体或者是物质的，或者是精神的。人类的位置也是居中的：地球的表面靠近它品质低劣和物质的中心，同时也处在对称地包围着它的天界的视野之中。人类生活在一个肮脏无常的地方，而且非常接近地狱。但他的中心位置十分关键，因为他到处处在上帝的目光之下。人的双重本性和他的居中地位强化了选择的意义，而基督教这幕戏剧就是从这个选择中构思出来的。人可以跟随他的物质的、土性的本质下降到他在堕落的中心处的天然位置上，也可以跟随灵魂上升，穿过前后相继的精神性天球直到他接近上帝。正像一位但丁的评论者所指出的，在《神曲》中，“在众多的主题中，人类的罪恶与拯救是最大的主题，它是与宇宙的伟大设计相适应的”[5]。一旦这种适应被成功地达到，宇宙设计中的任何变化都不可避免会影响到基督徒生与死的那幕戏剧。使地球运动就会打破造物的连续链条。

中世纪思想中最难以把握的方面，就是把人之本性和命运（即小宇宙）反映在宇宙结构（即大宇宙）之上的那种象征性。也许我们不可能把握住这一象征包裹在亚里士多德天球之上的完全的宗教意义。但是我们至少能够避免把它仅作为隐喻打发掉,也不会假定它对基督徒的非天文学思想无丝毫的积极作用。但丁有一些散文作品部分是用以向同代人解释其诗歌的技术性手册,下面这段引文就是其中之一,它包含了对在中世纪天文学中使用的天球和本轮的一种文学式的物理描述:

> 天主教徒把最高天置于所有这些[水晶天球]之上……;他们认为其保持不动,因为它在自身中的各处拥有了它的质料所要求的东西。这就是原动天(Primum Mobile)[或九重天]以巨大的速率运动的原因;因为它的所有部分热切地渴望与这个最宁静的天堂结合在一起,致使它以一种几乎无法理解的速率旋转。这个安静平和的天堂是最高神的住所,他只注视着他自身。[6]

114 在这一段中,天文学家规划了上帝住所的位置(在别处还有尺寸)。他们也变成了神学家,并且在13、14世纪,天文学家在神学上的作用并不止于对天的测量。但丁和他的许多同代人也转向天文学,以发现上帝的精神性领地中居住的天使的种类,偶尔甚至也去发现它们的数量。

但丁自己在《宴饮》(*Banquet*)的一节中勾勒出了中世纪典型的精神性等级与众多天球之间的关系理论,这段话直接接着前面提到的那段对天球的描述:

> 由于在前面的章节中已经证明了天是什么和它如何在自身中被归置,剩下的就是显示是哪些东西在推动它。因此我们就知道了,首先,它们是些从物质中分离出来的实

> 体,即智慧体,普通人称其为天使……[**这些天使的**]数量、种类和等级由九重能运动的天球描述;第十重宣示了上帝的统一性和稳定性。因此,赞美诗的作者说,“天空记述了上帝的荣耀,苍穹展示了其双手的杰作。”
>
> 因此有理由相信月球天的动力[**也就是推动天球运动的那些存在物**]差不多就是天使(Angels);水星天是大天使(Archangels);金星天是第三级王座使……这些被指派控制[**金星**]天的王座使在数量上不多,尽管所有人都同意他们的数量等于旋转的次数,但占星家[**或天文学家**]按照他们对[**这个天球**]旋转次数的不同看法而对天使的数目有不同看法;根据《星星汇编》(*Book of the Aggregation of the Stars*)是三个:一个使恒星在其本轮内旋转,第二个使本轮以及整个金星天与太阳同步旋转,第三个使所有的天球跟着恒星天球自西向东每百年1度地进动。所以这三种运动是三种动力[**即王座使等级中的三个成员**]。

当天使成为本轮和均轮的动力时,上帝队伍中的精神性造物的种类就会随天文学理论的复杂性而增多。天文学不再与神学截然分开。移动地球就必须移动上帝的王座。

亚里士多德的经院批评者 115

中世纪学术的影响并不都像大综合使神学成为球形宇宙的

保护伞那样保守。亚里士多德和他的注释者们是经院研究一成不变的起点,但他们也只是起点而已。对亚里士多德文本的高强度研究使得该理论或证明中的不一致性迅速地暴露出来,而这些不一致往往是重要的创造性成就的源泉。中世纪的学者几乎没有一个瞥见了由其16、17世纪的后继者所提出的新天文学和新宇宙论,但是他们扩展了亚里士多德的逻辑,发现了他的证明中的谬误,并且由于与经验检验不符而否定了不少他的解释。在这个过程中,他们提炼出了许多概念和工具,而这些概念和工具被证明对于哥白尼和伽利略等人的成功是至关重要的。

举例来说,可以在14世纪巴黎唯名论学派的成员奥瑞斯姆(Nicole Oresme)对亚里士多德《论天》的批评性注释中找到对哥白尼思想的重要预示。奥瑞斯姆的方法是典型经院式的。在他长长的手稿中,亚里士多德的文本被分成若干片段,每段有几个句子,这些片段都配有长长的评论和说明性的注释。读者读完后发现奥瑞斯姆几乎同意亚里士多德除创世以外的所有基本观点,但是他赞成的理由并不明确。奥瑞斯姆精彩的评论摧毁了亚里士多德的许多证明,并对许多亚里士多德的观点提出了重要的替代。这些替代理论很少被经院学者自己所采纳,但中世纪学者继续讨论它们,而这种讨论帮助制造了一种舆论氛围,在其中天文学家有可能想象对运动地球概念进行实验。

例如,奥瑞斯姆对亚里士多德关于地球唯一性的主要论证做了彻底的批判。[8] 亚里士多德说如果空间中有两个地球(并且当地球成为一个行星时,就会有六个“地球”),那么它们均会落到宇宙的中心并结合在一起，因为地（土）自然地向中心运动。奥瑞斯姆说这个证明是无效的，因为它预设了一个自身无法证明的运动理论。也许土并不是天然地向中心运动，而只是简单 116
地移向其他邻近地球的地方。我们的地球有一个中心，它可以是松动的石头所要返回的中心，而不管这个中心处在宇宙的什么地方。在这个替代理论中，一个物体的天然运动不是由它在绝对的亚里士多德空间中的位置所控制，而是由它相对于物质其他部分的位置来决定。类似于这样的理论是16、17世纪新宇宙论的前提条件，在新宇宙论中地球既不是唯一的，也不在中心。类似的理论以不同的外貌与哥白尼、伽利略、笛卡尔和牛顿的工作相通。

对哥白尼论证更为重要的预示出现在奥瑞斯姆批判亚里士多德对赫拉克里德的驳斥时，赫拉克里德这位毕达哥拉斯主义者通过假设位处中心的地球有一个向东的绕轴旋转解释了恒星的周日运动。奥瑞斯姆并不相信地球旋转，至少他是这么说的，但他关心的是展示出在静止和旋转的地球中做出抉择必须要基于信仰。他说，没有任何论据，无论是逻辑的、物理的甚至《圣经》的，可以反证地球周日旋转的可能性。例如，从恒星的视运动中得不出任何东西，因为，奥瑞斯姆说：

> 我假设仅当一个物体改变它相对于另一个物体的位置时，位移运动才可能被觉察到。于是，如果一个人在一艘平滑行驶、其运动或快或慢的船 a 中，只能见到另一艘与船 a

> 以同样方式行驶的船 b……那我说，对他来讲两艘船都没有运动。如果 a 静止 b 运动，而对他来说似乎是 b 在动；而当 a 运动 b 静止时，对他来说仍然像是 a 静止 b 在运动……因此我说，如果前面提到的宇宙的两个部分中更高的[**或天上的**]部分在今天就像看到的那样进行了周日运动，而较低的[**地下的**]部分保持静止，如果明天相反，较低的部分周日运动，而另外的部分即天体静止，那么我们也无法看出有任何变化，今天和明天的每样事物看上去都是相同的。对我们来说自始至终都是我们的位置静止而宇宙的其他部分运动，正如在运动着的船上的人看到船外的树在运动一样。[9]

这种来自视觉相对性的论证对哥白尼和伽利略的著作有重大的影响。然而，奥瑞斯姆并没有止步于此。他的论文继续直接推翻了亚里士多德的一个甚至更为重要的论证，这个论证给
117 出了地球的不动性，因为垂直上抛的物体总是回到地球上它离开时的点上：

> [在对亚里士多德和托勒密论证的回应中]人们会说直射向空气中的箭[**也**]会跟着它所穿过的空气以及上述宇宙的最底部的[**或地上的**]整体块一起迅速向东移动，这个整体[**地球、空气和箭**]做周日的转动。因此，箭会返回到被射出时在地面上的那点。通过类比这看起来是可能的：如果一个人在一艘快速向东运动的船中，而未意识到船

> 的运动,如果他迅速把他的手向下拉,靠着桅杆画出一条直线,那么对他来说他的手只有一个垂直运动;相同的论证显示了为什么箭对于我们来说好像是直上直下的。[10]

在伽利略对于哥白尼体系的著名辩护《两大世界体系的对话》(*Dialogue on the Two Principal Systems of the World*)中,充满了与这种形式相同的论证,而且伽利略可能已经反复思考过来自包括奥瑞斯姆在内的那些哥白尼的经院前辈们所给出的暗示。但这并没有使奥瑞斯姆成为哥白尼。他甚至没有得出地球周日运动的结论;他做梦都没有想过围绕宇宙中心的轨道运动;同时他也没有想过假设一个运动的地球对天文学家会有什么好处。因为这些原因,他甚至不具有像哥白尼那样的动机,但正是这种动机的缺乏使他的工作更为令人惊讶。当奥瑞斯姆的论证在哥白尼和伽利略的作品中再度出现时,它们拥有了一种不同的并更具创造性的功能。后来的科学家希望表明地球可能运动是为了拓展在天文学上的优势,如果事实上它确实运动的话。奥瑞斯姆希望表明的只是地球可能运动;他只是在研究亚里士多德的证明。像经院科学的其他许多最有成果的贡献一样,他的哥白尼式的论证是中世纪后期思想与亚里士多德相符合的最卓越的成果。同意亚里士多德之结论的人们研究他的证明,仅仅是因为它们是由大师所做的证明。尽管如此,他们的研究往往帮助确保了大师的最终被推翻。

我们当然不能肯定哥白尼或伽利略读过奥瑞斯姆。要求学

者和科学家指明其思想出处的传统直到16、17世纪的科学革命
118 之后很久才建立起来。但是亚里士多德有许多经院哲学的评论者,并且他们写了大量的手稿,这些手稿在他们死后的岁月里被不断地复制。在奥瑞斯姆的评论写成后的五个半世纪中,仍然有六种保存下来的中世纪手稿复写本,有些标明是奥瑞斯姆死后的15世纪。在哥白尼诞生的那个年代,肯定还要更多。此外,经院批评传统是一个连续的传统。发源于14世纪巴黎的关键概念可以追溯到同一世纪的牛津和15、16世纪的帕多瓦。哥白尼在帕多瓦学习过,而伽利略曾在那里任教。尽管我们不能肯定哥白尼在《天球运行论》中任何特定的论证得自特定的经院批评,但我们不能怀疑这些批评作为一个整体,促成了那些论证的产生。至少它们创造了一种舆论氛围,使像地球运动这样的题目成为大学讨论的合法主题。哥白尼的一些关键论证非常可能借自更早期和未被公认的资源。

前面对于奥瑞斯姆的讨论展示了最典型的经院批判类型:检验亚里士多德的证据,研究可能的替代理论,一旦它们的逻辑可能性被证明,通常就被放弃了。但并不是所有的中世纪科学都是这种有限地批判就转瞬即逝的。经院哲学家也将一些新的研究领域和一些持久的理论修正引进亚里士多德的科学传统中。在它们当中最重要的是在运动学和动力学方面,它们的主题是地上和(中世纪以后)天上重物的运动。伽利略的某些最重要的贡献,特别是他关于落体的工作,可以被近似地看作是对从前那些零零散散的由中世纪学者艰难获得的物理和数学洞察

的一种创造性的重新整理。但即使在 17 世纪伽利略把这些东西编织成一个新的动力学之前,运动的冲力(impetus)理论也已经对天文学思想有了重要的虽然非直接的影响。

冲力理论是在亚里士多德物理学体系中最薄弱的解释之一——即抛物运动的解释——的瓦砾之上建立起来的。亚里士
多德相信除非有一个外在的推动使它运动,否则一块石头会保 119
持静止或是朝向地球中心作直线运动。这是对于大量现象的一种自然的说明,但它并不能很容易地说明观察到的抛物的行为。当石块从人手中或投石机中飞出后,石头并不是径直地掉在地上。它会继续朝其开始被推动的方向运动,甚至在其脱离开原初的抛掷者(手或投石器)时也是这样。亚里士多德作为一个敏锐的观察者,知道抛射物是怎样运动的,而且他修补了他的理论,他设想在脱离第一推进者后被扰动的空气作为仍使抛射运动得以持续的推力来源。他好像对这种解决方案也不是非常满意,因为他至少提供了两种不相容的版本,并且在这一点上他总是有一点儿争议。但对他来说,这并不重要;他的主要兴趣在别处;他把抛射问题只是当作一句离题的话,而且明显只是因为它有可能给他的理论制造麻烦。

它确实制造了许多麻烦,显然差不多是直接的麻烦。6 世纪的基督教注释家菲罗波努(John Philoponus),记录了现存最早的对亚里士多德理论的反驳,而且把自己不完全的冲力理论方案归于希腊化时期的天文学家希帕克斯。其他大部分注释者都至少被亚里士多德思想的这一方面所困扰。也许没有人,包

括它的作者在内,把以空气作为推动者这种说法当真。但是直到 14 世纪,当亚里士多德文本中的困难成了独立的问题时,通过对亚里士多德理论的实质性修正,抛物问题得到了完全的正视和解决。尽管它开始是一个地上的问题,但那种修正被证明对天文学有着直接的影响。

问题及其中世纪的解答均可以从奥瑞斯姆的老师让·布里丹的《亚里士多德物理学八卷中的问题》(*Questions on the Eight Books of Aristotle's Physics*)(这是一个典型的经院科学的标题)中找到精彩的细节性原貌:

> 要探讨的是在离开抛射者的手之后,抛射物是被空气推动还是被推动它的东西所推动……我认为这个问题非常困难,因为亚里士多德好像还没有很好地解决它。因为他……[**在一点上**]主张,抛射物急速地离开它曾经所处的位置,而自然不允许出现虚空,就迅速地将后面的空气填充
> 120 虚空。空气以这种方式运动冲击抛射物,推动其向前进。这个动作反复持续相当的路程……[**但是**]对我们来说,好像有许多经验显示出这种推进的方法是无效的……
>
> [**举例来说,这是布里丹所给出的众多例子中的一个**]一个有着与其前端同样尖的锥形尾部的矛被抛出后,与没有尖的锥形尾部的矛应该同样迅速地运动。但可以肯定的是,其后的空气必定不能以这种方式推动尖锐的尾部,因为空气会很轻易地被锐利的部分分开[**相反它能推动一个钝

的尾部，因此也使具有钝的尾部的矛飞得更远]……

所以，我们能够也应该说，在石头或其他抛射物中具有某种传递的东西，作为抛射物的推动力。这明显要好于空气会[不断]推动抛射物的那种说法，因为空气看上去是起抵抗作用的……[抛射者]将一种特定的冲力或动力冲印到运动物体之中，这种冲力在推动者推动运动物体的方向上起作用，或上或下，或横向或圆周。并且，推动者通过一定量让运动物体更快地运动，通过同样的量它将在其中冲印更强的冲力。正是这种冲力使得石头在离开投掷者之后不致中止运动。但是那种冲力在空气和石头的重力的阻碍下逐渐减少，而重力使之前进的方向与冲力自然地预先安排的运动方向相反。因此石头的运动会逐渐变慢，直到冲力减少或耗尽，以致石头的重力最终获胜，并使石头落回到它的天然位置上。[11]

这还只是布里丹精彩讨论的一个片断，无数类似的处理可以在他的后继者的书中找到。到了 14 世纪末，冲力动力学以众多非常像布里丹所给出的形式之一种，在中世纪主要的科学家著作中替代了亚里士多德的动力学。这种传统一直持续着：哥白尼在帕多瓦就读期间，它被讲授；伽利略在比萨从他的老师博纳米科那里学到了它。他们两人都使用它，公然地或者含蓄地，如同他们的同代人和后继者一样。冲力理论在许多情况下，以不同的方式，在哥白尼革命中扮演了一个必不可少的角色。

我们已经见过,虽然还没有意识到这些角色。奥瑞斯姆对亚里士多德关于地球不动的核心论证的反驳,已经将冲力理论或类似的理论视为当然。在亚里士多德的运动理论中,一个被垂直抛出的石头必定会沿空间中固定的径向射线运动。如果地球运动的话,那么当石头在空气中时,石头(或箭)不可能跟随
121 它运动,于是就不能回到它的出发点。但是,如果在石头仍然与抛射者保持接触的时候,地球的向东运动赋予了石头一个向东的冲力,那么这个冲力将持续下去,并使石头即使在脱离抛射者后亦追赶地球的运动。冲力理论使得运动的地球赋予了地上的物体一个内在的推进者,这个推进者则使它们紧随着地球运动。和他的老师布里丹一样,奥瑞斯姆也相信冲力理论,尽管他在对亚里士多德的反驳中没有明确地提到这个理论,但是若没有它,反驳就没有意义。以这样那样的方式,冲力理论隐含在中世纪和文艺复兴时期的大多数允许地球运动而不致让地上物体落在后面的论证中。

一些冲力理论的拥护者直接将其由地面扩展到天界中。在这个过程中,他们向即将到来的哥白尼主义迈出了第二大步。布里丹本人紧接着前面那段出自他的《问题》的引文说:

> 同样地,由于《圣经》没有表明恰当的天使推动天体,因此可以说安置这些天使并不是必要的。因为可以[**同样好地**]回答问题:当上帝创造世界时,他按照他的喜好推动了每个天体,并且在推动它们的过程中为其冲印了冲力,使

> 上帝不用再去推动它们，除非通过普遍影响的方法，在普遍影响的时候，他与一切发生的事物同在、同时起作用。因此，在第七日，他停止了一切工作，通过委托给其他人他已经依次完成了那些行动和热情。同时，上帝冲印进天体中的冲力不会减少和衰败，因为天体没有其他的运动倾向。也没有使这个冲力受到腐蚀或抑制的阻力。[12]

在布里丹的著作中，天和地可能是第一次，至少是尝试性地服从同一套单一的定律，并且相同的见解被布里丹的学生奥瑞斯姆发展到更进一层。他认为，“当上帝创造[天]时……，他在其中给运动冲印了一种特定性质和力量，正像他为地上的物体注入重量一样……；这就像人制造钟表并让它自己运转一样。上帝使天空不断地运动……根据的是[他已经]建立的规则。”[13]
但是要设想天有着与地一样的运动机制，即类似于一只钟表，那 122
就要打破月上天与月下天之间绝对的二分。尽管冲力理论至少在中世纪并没有进一步追随这一见解，但如果地球要被看作一个行星，那么正是这个由亚里士多德和神学中引出的二分必须被打破。

地球运动的可能性、地界与天界之规律的部分统一性，是冲力理论对哥白尼革命的两条最直接的贡献。不过它的最重要的贡献是间接性的，我们会在最后一章对之进行简要的回顾。通过它在牛顿动力学的进化中所发挥的作用，冲力理论在哥白尼死后一个多世纪促成了这场革命的最终胜利。哥白尼在 16 世纪只是提供了行星运动方式的一种新的数学描述;他并没有成功地解释为何行星像他所说的那样运动。起初他的数理天文学并没有什么物理意义,它因而向他的后继者提出了新型的问题。那些问题只能由牛顿来回答,他的动力学提供了哥白尼数学体系所缺少的基石,而牛顿的动力学甚至比哥白尼天文学更依赖此前的经院哲学对运动的分析。

冲力动力学并不是牛顿动力学,但通过指出新的问题、新的修正的可能性以及新的抽象,冲力动力学为牛顿的工作铺平了道路。在冲力理论之前,不论是亚里士多德还是实验都已经证明了只有静止才能持久。布里丹和其他的冲力理论家宣称,除非受到阻力,运动一样会永远保持下去,因此他们朝着我们今天所知道的牛顿第一运动定律迈出了一大步。此外,在上面所引用的那段话被省略的部分里,布里丹将一个运动物体中的冲力的量等同于物体的速度和它的物质的量的乘积。冲力的概念变得非常像近代的动量概念,虽然不能完全等同;在伽利略的著作中,“冲力”一词和“动量”一词经常可替代地混用。另外,再给出一个具有决定性的例子,布里丹的讨论近乎在说,在相同的时间间隔内重力(或重量)会为一个自由落体的物体冲印相同的冲力(从而速度)增量。在布里丹的后继者们借助经院学者提供的其他分析工具,准确地说出以及由之推出现代意义上的下
123 落时间与距离的量化关系方面,伽利略并不是第一人。类似这些贡献给了经院科学在牛顿动力学的演化中一个重要的地位,而牛顿动力学是哥白尼及其后继者创造的新宇宙结构中

的拱顶石。

在17世纪，当经院科学全部的效用被第一次展示时，它受到了试图建立全新的思想结构的人们的猛烈攻击。经院哲学家经常被人嘲笑，而且其形象被固定。中世纪的科学家更多地在文本中而不是在自然中寻找他们的问题；这些问题有许多在今天不再被视为问题；以现代的标准看，中世纪的科学实践难以置信地低效率。但是，科学又怎么会在西方复苏呢？经院哲学时期是古代科学和哲学传统同时重构、吸收和受到充分检验的时期。当薄弱环节被发现时，它们立刻便成了现代世界第一显著的研究焦点。16、17世纪伟大的新科学理论都是发源于经院批判在亚里士多德的思想织品中撕开的裂缝。这些理论中的大多数也体现了由经院科学所创造的关键概念。并且甚至比这些更为重要的是，近代科学家从他们的中世纪前辈那里继承下来的态度：对人类理性解决自然问题的能力无限地相信。正如已故的怀特海教授所说的："在近代科学理论的发展之前就诞生的对科学之可能性的信仰，是无意识地从中世纪神学得出的。"[14]

哥白尼时代的天文学

在讨论中世纪后期对亚里士多德和托勒密传统的修正时，我们几乎未谈及发展了的行星天文学。事实上，在整个中世纪的欧洲它几乎没有发展，这一方面是因为数学文本的内在困难，另一方面是因为行星问题看上去太深奥。亚里士多德的《论

天》以相对简单的术语描述了整个宇宙；而托勒密精致的《至大论》大部分牵涉的只是行星位置的计算。因此，尽管亚里士多
124 德和托勒密的著作都在12世纪末被翻译出来，亚里士多德的逻辑学、哲学和宇宙论要比发展了的托勒密天文学更快地被接受。13世纪的形而上学在深度上可以与亚里士多德的相匹敌；14世纪的物理学和宇宙论在其理论深度与逻辑融贯性上都超过了亚里士多德。但是直到15世纪中期，如果不算后来的话，欧洲人没有创造出本土的可以与托勒密相匹敌的天文学传统。最早的广为人知的欧洲天文学论著是在1233年左右由荷里武德的约翰写成的，它毫无独创性地抄自一部阿拉伯人的初级论文，只有一章讨论行星，而托勒密用了九章讨论行星。接下来的两个世纪中，只出现了一些对荷里武德这本书的注解，以及一些不成功的反对者。直到哥白尼1473年出生前的20年，才有了充分技术化的行星天文学的具体迹象。它出现在德国人乔治·皮尔巴赫（Georg Peuerbach，1423—1461）和他的学生约翰内斯·缪勒（Johannes Müller，1436—1476）等人的书中。

因此，对于哥白尼那一代的欧洲人来说，行星天文学几乎是一个新的领域，并且它所处的思想和社会环境与以往天文学所经历的非常不同。这种差别部分是由我们在阿奎那和但丁的著作中考察过的那种神学对天文学传统的壮大所引起的。而更为基本的变化是由布里丹和奥瑞斯姆这些人的逻辑和宇宙论批判导致的。但这些都是中世纪的贡献，而哥白尼并不生活在中世纪。他生于1473年，卒于1543年，占据了文艺复兴和宗教改革

的核心时期，这个时代新颖的特征对于开创和塑造他的著作也有影响。

由于老套的东西很容易在普遍骚乱的时期被抛弃，所以文艺复兴和宗教改革时期欧洲的动荡本身就有利于哥白尼的天文学革新。一个领域里的变化降低了其他领域内旧有传统的控制力。科学中的激进变革已经一再地发生在国家或国际形势剧烈动荡的年代，而哥白尼正生活在这样的时候。再度威胁要占领大片欧洲领土的穆斯林现在受到了改朝换代的震撼，通过改朝换代，民族国家取代了封建君主政体。伴随经济体制和技术的迅速变化而出现的新的商业贵族阶级，开始挑战旧有的教会贵族和地主阶级。路德和加尔文领导了对罗马天主教宗教霸权的 125
第一次成功的反叛。在这样一个被政治、社会和宗教生活明显的翻天覆地的变化打上烙印的时代，行星天文学中的变革可能在开始时根本就不像一场变革。

那个时代的独特特征对天文学有着更为具体的影响。举例来说，文艺复兴时期也是航海和大发现的时代。在哥白尼出生前 50 年，葡萄牙人沿非洲海岸的航行开始激发了欧洲人的想象力和贪婪。哥白尼 19 岁那年哥伦布首次踏上美洲大陆，只是将此前的一系列探险推向了高潮，并且为新的系列奠定了基础。成功的航行要求改进了的制图和航海的技术，而这些又在一定程度上依赖于增加对天的了解。航海家亨利王子是早期葡萄牙航海事业的组织者和指导者，建造了欧洲最早的几座天文台之一。因此，探险事业有助于产生一种对专业的欧洲天文学家的需求,并且这样做也部分地改变了天文学家对他们领域的态度。每一次新的航行都会发现新的疆域、新的成果和新的民族。人类很快便意识到古代对地球的描述是多么错误。特别是他们知道托勒密可能犯怎样的错误,而他曾经是古代最伟大的地理学家、天文学家和占星家。天文学家意识——我们很快会在哥白尼的身上发现这种意识——即那种文艺复兴时期的人至少能够纠正托勒密地理学的意识,为他在与自身密切相关的领域里的变化做好了准备。

历法改革的鼓动对文艺复兴时期的天文学实践有着更为直接和戏剧化的影响,因为历法研究使得天文学家直接面对现有计算技术的不足。儒略历所累积下来的错误在此前更早就被意识到了,并且历法改革的计划从 13 世纪或更早就被提出。但这些计划一直无实质性影响,直到 16 世纪,此时政治、经济和行政单位不断增大的规模激励人们去找寻一个有效而统一的计算日期的方法。于是改革成为教会的官方计划,对天文学所产生的后果在哥白尼本人的传记中得到了很好的展示。16 世纪早期,
126 哥白尼被要求向教皇提供有关历法改革的意见。他倾向并极力主张历法改革应推迟,因为他感到现有的天文观察和理论还不允许设计一个真正合适的历法。当哥白尼开列当时的天文学中那些导致他考虑他的激进理论的诸方面时,他这样开始,“首先,那些数学家们对日月的运行很不了解,他们甚至连季节年的恒定长度都无法加以解释和观测。”(见后面的第 137 页)哥白尼说,历法改革要求天文学中的改革。他在《天球运行论》前言

的结尾处提出,他的新理论可能会带来一种新的历法。1582 年开始实行的格里高利历,实际上是以利用了哥白尼工作的诸多计算为基础的。

对已有天文学计算技术的不足性的认识,通过文艺复兴生活的另一侧面得到了加强。在 15 世纪,欧洲经历了与古典原型的第二次被发现相联系的第二次伟大的思想复兴。与它的 12 世纪的前辈不同,文艺复兴时期的学术复兴首先不是科学复兴。新近发现的大部分文档展示了古代的文学、艺术和建筑,这些伟大的传统在西方几乎无人知晓主要是因为伊斯兰文化对它们漠不关心。然而,在 15 世纪所发现的手稿中,的确包含一些重要的希腊化数学作品,并且更重要的是,包含大量从前只能从阿拉伯文了解的真正希腊文版的科学经典。结果,托勒密对天象运动预测的那些公认的失败之处,不再能归咎于由传播和翻译积累下来的错误。天文学家不再相信天文学自托勒密以来已经衰落的说法。

例如,皮尔巴赫就是从研究由伊斯兰传入的有关《至大论》的二手翻译来开始他自己的天文学生涯的。从它们当中,他可以重构一个比任何以前所知的都更恰当和更完善的对托勒密体系的说明。但是他的工作只是让他相信一个真正充分的天文学不可能从阿拉伯人那里得到。他感到,天文学家要从希腊原典处工作,于是在他于 1461 年去世的那一年,他打算动身到意大利去考察那里被发现的手稿。他的后继者,特别是约翰内斯·缪勒确实从希腊文本开始工作,他们于是发现即便是托勒密的原

始公式也是不充分的。通过使古代作者完善的文本变得可用，15
127 世纪的学者帮助哥白尼的直接先驱者认识到是时候改变了。

像上面讨论的那些发展有助于我们理解哥白尼革命为什么会在那个时候发生。它们是形成天文学剧变的氛围中不可或缺的部分。但文艺复兴还有其他一些更具思想性的方面在这场革命中起到过不同的作用。它们与人文主义相关，而人文主义是那个时代占主导地位的学术运动，它们对这场革命的影响更多的是规模上的而非时机上的。人文主义基本上不是一场科学运动。人文主义者自己经常强烈地反对亚里士多德、经院哲学以及整个大学学术传统。他们的资源是新近发现的文学典籍，并且和其他时期的文人一样，他们中的许多人从整体上拒绝科学事业。早期的人文主义诗人彼得拉克写过一段有代表性的注释，奇怪而又充满意味地让人回忆起奥古斯丁从前对科学的贬斥，“即使所有这些都是真的，它们对于幸福的生活也无所补益，它有利于我们的是让我们熟悉动物、鸟类、鱼类和爬虫的本性，但我们却对我们所属的人类的本性一无所知，并且不知道或不关心我们从何处来向何处去”[15]。如果人文主义是文艺复兴时期唯一的一场思想运动的话，那么哥白尼革命就会被推迟很长时间。哥白尼及其天文学同事们的工作直接属于那种备受人文主义者嘲笑的大学传统。

然而，人文主义者并未成功地阻止科学。在文艺复兴时期，大学之外的一种占主导地位的人文传统与大学高墙之内连绵不绝的科学传统比肩而立。结果，人文主义者教条式的反亚里士多德主义在科学上的第一个成效，就是方便了另一方摧毁亚里士多德科学的基本概念。第二个但是更重要的成效，是通过人文主义思想那种特有的强烈的超验世界的气质令人吃惊地为科学提供了沃土。某些文艺复兴时期的科学家如哥白尼、伽利略和开普勒，似乎已从人文主义的这一方面——这一方面的第一个线索包含在前述彼得拉克的引文中——引出了两个明确的非亚里士多德观念：一种新的信念，相信在自然中发现简单的算术 128
和几何规则的可能性和重要性，以及一个新的观点，把太阳看成宇宙中一切活力原则和力量的来源。

人文主义的超验世界来自于一个定义明确的哲学传统，它曾对圣奥古斯丁以及早期教父有着巨大的影响，但是在 12 世纪被亚里士多德著作的重新发现所暂时遮盖了。那种传统和亚里士多德的不同，要在不变的精神世界中而不是日常生活的流变事务中去发现实在。柏拉图是这种传统的最初来源，他似乎经常把这个世界中的客体看作只是一个永恒的理想客体（或存在于空间和时间之外的“形式”）的不完善的影子而不予理会。他的追随者，所谓的新柏拉图主义者，强调他们师祖思想中的这一倾向，而将其他思想排除在外。他们被许多人文主义者加以仿效的神秘哲学只承认一个超验的实在。但也正是其神秘主义，使得新柏拉图主义中包含着给予文艺复兴时期的科学以重要的新方向的因素。

新柏拉图主义者从一个可变的、易腐败的日常生活世界立刻跳跃到一个纯粹精神的永恒世界里，而数学家向他显示了如何实现这一跳跃。对他来说,数学在地上世界的不完善和变动不居的现象之中示范了永恒和真实。平面几何学中的三角形和圆是柏拉图所有形式的原型。它们不在任何地方存在——任何画在纸上的线或点都不能满足欧几里得的公设——但它们被赋予了某些永恒和必要的属性,这种属性可以被心灵所独自发现,而且一旦被发现,就可以在现实世界的客体中朦胧地发现它们的镜像。毕达哥拉斯主义者同样把现实世界设想为永恒的数学世界的影子,他们发现,长度符合简单的数字比例 1: ¾: ⅔: ½的均匀琴弦会产生和谐的声音,他们以此为地上科学的理想例证。新柏拉图主义思想中的数学偏好经常被归于毕达哥拉斯,并与新毕达哥拉斯主义相等同。

柏拉图自己强调数学在训练心灵去追求形式方面是必要的;在他的学园(Academy)门上据说写着"不懂几何学者禁止入内"[16]。新柏拉图主义者则走得更远。他们在数学中发现了开
129 启上帝、灵魂以及世界灵魂即宇宙之基本本性的钥匙。5 世纪的新柏拉图主义者普罗克鲁斯(Proclus)的一段典型的言论,极好地显示了这一神秘数学观的部分观点:

> 因此,决不能把[世界的]灵魂比作一块光滑的石碑,缺乏所有的理性;相反,她是一块被书写过的石碑,她自己在自己身上刻上了字符,这石碑是她从理智那里得到的永恒的充实……因此,所有的数学种类都在灵魂中有一个基本的实体:在可感觉到的数之前,可以在她的最幽深处找到

> 自我运动的数；活生生的图形先于表面可见的图形；理想的和谐比例先于和谐的声音；看不见的圆周轨道先于在圆周上转动的物体……[我们]必须把所有这些理解为就像可见的数字、图形、理性和运动的原型一样永远鲜活和理智的存在。在这里我们还必须追随蒂迈欧的理论，他从数学形式中获得了灵魂的起源，完成了灵魂的结构，并且将所有存在物的原因寄托在她的本性之中。[17]

普罗克鲁斯以及赞成他的理想的那些人文主义者，离物理科学还有相当的距离。但他们偶然影响到了他们更有科学取向的同代人，其结果是许多文艺复兴后期的科学家的一种新的追求，即在自然中寻找简单的几何和算术规律。哥白尼在博洛尼亚(Bologna)的好友和老师多米尼克·马利亚·德·诺瓦拉就与佛罗伦萨的新柏拉图主义者有着密切的交往，那些人曾翻译过普罗克鲁斯和他的学派中其他作者的著作。诺瓦拉自己就是首批以新柏拉图主义立场批评托勒密天文学的人，他相信如此复杂且笨拙的体系不可能反映自然的真正的数学秩序。当诺瓦拉的学生哥白尼指责说托勒密派的天文学家“看上去违背了运动均匀性的首要原则”，以及他们不能“演绎出主要的东西——即宇宙的形状和它各部分间不可改变的对称性”(见下面的第138页)时，他就参与到同一种新柏拉图主义的传统之中。这种新柏拉图主义的气质在哥白尼伟大的继承者开普勒身上表现得更为突出。我们将会见到，对简单的数字关系的追寻贯穿和促成了开普勒的大部分工作。

新柏拉图主义和太阳崇拜之关联的起源更加模糊,但是从前面所引用的普罗克鲁斯的那段话中可以找到将它们联系在一
130 起的某种提示。新柏拉图主义思想不可能完全无视现实世界。普罗克鲁斯在世界灵魂或上帝中所找到的“活生生的图形”和“看不见的圆周轨道”可能是基本的哲学实在,是仅有的拥有完全的实在性和存在性的事物。但是,新柏拉图主义者不可避免会承认由他的感官所捕捉到的不完善的物体也有某种存在性。于是他把它们看作是由“活生生的图形”产生的二手摹本。正如普罗克鲁斯所说的,决定世界灵魂之本性的数学形式也是“一切存在物的原因”。它们从它们自身纯粹的精神实体中产生出了无数有缺陷和物质化的摹本。新柏拉图主义者的上帝是一个自我复制的富有生殖力的本原,由他散发出来的非常多样的形式显示了他的巨大力量。在物质性的宇宙中,这一多产的神很适合由太阳来代表,它的可见和不可见的辐射给予宇宙以光芒、温暖和丰饶。

这种将太阳与上帝象征性的等同,可以一再地在文艺复兴的文学和艺术中找到。马西利奥·菲奇诺(Marsilio Ficino),15世纪人文主义者,也是佛罗伦萨新柏拉图学院的一位核心人物,在他的论文《论太阳》(*On the Sun*)中给了它一个典型的表述:

> 没有什么东西能比[太阳的]光更能完全地揭示出善[就是上帝]的本性。第一,光在可感觉物体中是最明亮、

最清晰的。第二，没有什么东西像光一样如此轻松、广泛和迅速地散播。第三，它就像爱抚一样无伤害地、最轻柔地穿过所有事物。第四，与它相伴的热滋养了万物而且是万有的创造者和推动者……同样地，善自身散播到各处，它抚慰和诱引万物。它不是通过强制来工作的，而是通过与之相伴的爱，就像热[伴随着光]一样。这种爱引诱所有的物体使它们自由地拥抱善……也许光本身就是上天精灵的视线，或者是它看的动作，它从遥远处运作，将万物与上天相联，但却从不会离开天也不与外物混合……看着天空，我为你祈祷，天国的子民……太阳能够向你展示上帝本身，谁胆敢说太阳是虚假的。[18]

菲奇诺与普罗克鲁斯一样，都与科学相去甚远。菲奇诺好像并不懂得天文学。他当然也不会去尝试重建它。尽管太阳在 131
菲奇诺的宇宙中有了新的重要意义，但它仍在原来的位置上。然而那个位置已经不再合适了。例如，菲奇诺写道，太阳第一个被创造出来并且居于天空的中心。当然，空间或时间中的次要位置不能与太阳的崇高和创造功能相配。但那个位置却不符合托勒密天文学，并且新柏拉图主义产生的困难可能促使哥白尼去构思一个以太阳为中心的新体系。不管怎样，它们为他的新体系提供了论据。一旦讨论太阳的新位置，哥白尼就立即谈到他的新宇宙论的恰当性（见后面的第 179 页）。他的根据直接是新柏拉图主义的：

> 太阳的王位雄踞在所有位置的中心。在这个最为壮美的殿堂里,我们还能把这个光芒四射的天体放在更好的位置使它可以立刻普照万物吗?他有权被称为神灯、心灵、宇宙的立法者;赫尔墨斯称他为看得见的上帝,索福克勒斯笔下的艾勒克塔称他为全视者(all-seeing)。所以太阳坐在神圣的王座之上,号令他的孩子,那些绕他转动的行星。

哥白尼对太阳和数学简单性的态度明显是新柏拉图主义的。在孕育了其宇宙观的想象的思想氛围中,这是至关重要的一个因素。但是通常很难说任一给定的新柏拉图主义态度在哥白尼的思想中究竟是先于还是后于他的新天文学的发明。在后来的哥白尼主义者中不存在这种类似的不确定性。比如,开普勒这位使哥白尼体系运作起来的人,对他偏爱哥白尼方案的理由是相当明确的,下面就是其中的一些:

> [太阳]是光的源泉,有丰富的热量,在视线里最为清晰、透明和纯洁,是视觉的来源,一切颜色的描画者,尽管他本身没有颜色,因其运动被称为行星的王,因其力量被称为世界的心脏,因其美丽被称为世界的眼睛,我们应该认为他配得上至高神的称号,他喜爱一个物质性的居所,并选择了一个与神圣的天使同在的地方……因为,如果德国人把他选作整个王国中最具权势的凯撒王的话,谁会犹豫把天体运动的票投给他?通过完全属于他的光的恩惠,他已经管理了所有的运动和变化……[因此]以最高的权利我们返

> 回到太阳，只有他以他的高贵和力量，显得适合这种驱动的任务，并且配得上成为上帝自身的家，虽还说不上是第一推动。[19]

直到哥白尼死之后，在开普勒的研究中表现得最突出的数学巫术和太阳崇拜，仍然是文艺复兴时期新柏拉图主义与新天文学之间明确接触的最主要的两点。但在16世纪晚期，新柏拉图主义的第三个方面与哥白尼主义相混合，并帮助重塑了哥白尼的宇宙结构。新柏拉图主义者的神的完美性是由他巨大的创造性来衡量的，与之不同，阿奎那和亚里士多德的上帝被想象成为一个设计师，他通过他的创造物的简洁和秩序来展示其完美。阿奎那的上帝很适合亚里士多德的有限宇宙，但新柏拉图主义者的上帝不那么容易被限定。如果上帝的完美性是由他所产生出的事物的广度和多样性来衡量，那么一个更大、人口更多的宇宙必定意味着一个更加完美的神。因此对许多新柏拉图主义者来说，亚里士多德有限的宇宙与上帝的完美性不相容。他们觉得，他的无限的善只能通过无限的创造活动来满足。甚至在哥白尼以前，由此而来的对一个多居民的、在广延上无限的宇宙的想象，已经是亚里士多德学说的重要分歧的来源。在文艺复兴时期，复活了的对上帝无限创造力的强调可能已成为引起哥白尼革新的舆论氛围的重要成分。当然，我们在后面会看到，它是文艺复兴之后从哥白尼的有限宇宙向牛顿世界机械的无限空间过渡中的主要因素。

至少就我们将要在这里考察的而言，新柏拉图主义为哥白尼革命搭好了概念舞台。对于一场天文学革命来说，它是令人迷惑的舞台，因为它所具有的天文学性质是如此之少。然而，正是由于它们的缺少才使得搭台变得重要。一种科学的革新并不一定完全是对这种科学内部的新生事物的回应。没有什么基本的天文学发现和新类型的天文观测来说服哥白尼相信古代天文学是不充分的或者有必要加以改变。直到哥白尼死后半个世纪，一些具有潜在革命性的变化才出现在天文学家能够得到的数据中。因此，对革命的发生时间和引发它的那些要素的任何可能的理解，必须主要从天文学以外寻找，在天文学家生活于其中的更广泛的思想环境中去寻找。就像我们在本章开始时提到
133 的，哥白尼在非常接近亚里士多德和托勒密止步的地方开始他的宇宙论和天文学研究。在这种意义上，他是古代科学传统的直接传人。但是他所继承的东西花了差不多两千年才传给他。在过渡时期，正是重新发现的过程、中世纪对科学和神学的综合、数个世纪的经院批评以及文艺复兴时期的生活与思想中的新思潮，它们联合在一起改变了人们对待从学校里学到的科学遗产的态度。在下一章当我们开始研究哥白尼的革新时，我们将发现这种根本的改变是怎样的巨大但又是怎样奇怪的不起眼。

第五章　哥白尼的革新

哥白尼与革命

1543年哥白尼《天球运行论》一书的出版，揭开了天文学和 134
宇宙论思想上一场剧变的序幕，我们称之为哥白尼革命。至此我们只介绍了这场革命的背景，为革命的发生搭好了舞台。现在我们转向革命本身，首先在这一章里介绍哥白尼对这场革命的贡献。我们将尽可能地从哥白尼的原话中寻找这些贡献，这些原话摘自给世界带来新天文学的《天球运行论》一书。我们几乎立刻就会遇到难点和矛盾，而我们对哥白尼革命的理解都依赖于它们的解决，由于这场革命在很多方面具有典型性，所以上述问题的解决也有助于理解科学中其他的重大概念变革。

《天球运行论》对我们来说是一个问题文本。其中一些问题仅仅源自它的研究主题的内在难度。除了导论性的第一卷，整本书都非常的数学化，只有精通技术性的天文学家才能读懂。就像处理《至大论》一书时所采用的办法那样，我们必须从较为非数学化的解释中去讨论它的基本技术性贡献，在此过程中，我们将避开某些困扰16世纪读者们的主要问题。假如哥白尼用我们在这一章里将要经常采取的简化形式来提出他的新天文学,它受到的对待会大不相同。比如,对一部较为易懂的著作,反对意见会汇集得更快。因此,我们最先遇到的困难是在我们与这部引发革命的著作的主要部分之间因技术上的不精通而设置的障碍。

135 虽然在技术方面的晦涩必须一开始就被意识到,但这在《天球运行论》所固有的问题中并不是最困难的,也不是最重要的。首要的、不可回避的困难来自这个文本与它在天文学发展中的地位之间明显的不相符。就其后果而言,《天球运行论》毫无疑问是一部革命性的著作。从它这里行星天文学开辟出了一条全新的途径,提出了行星问题的第一个精确而简洁的解法,而且,随着一些其他纤维加入该织品,它最终导致了一个新的宇宙论。可是,对知道这些成果的读者来说,《天球运行论》本身一定是令人困惑、自相矛盾的,因为用它所造成的后果来衡量的话,它是一本相对呆板、谨慎和保守的书。我们用来理解哥白尼革命的大多数基本要素——行星位置的方便而又精确的计算,本轮和偏心圆的废除,天球的解体,太阳成为一颗恒星,宇宙的无限扩张——这些以及其他的许多内容在哥白尼的著作中根本找不到。除了地球的运动之外,无论从哪方面看,《天球运行论》都更贴近于古代和中世纪的天文学家和宇宙学家的著作,而不像那些后继者们的著作——他们的工作建立在哥白尼著作的基础之上,并且使作者本人在著作中也未能预见到的那些激进结果变得日益明显。

所以《天球运行论》的意义不在于它自己说了什么，而在于它使得别人说了什么。这本书引发了它自己并未宣告的一场革命。它是一个制造革命的文本而不是一个革命性的文本。这样的文本在科学思想史上是相当常见而又格外重要的现象。它们可以说是改变了科学思想的发展方向的文本；一部制造革命的著作既是旧有传统的顶峰，又是未来新传统的源泉。总体上看，《天球运行论》差不多完全位于一个古代天文学和宇宙学的传统之中，但是从它那基本上古典的框架内可以找到一些新鲜的东西，这些东西却以哥白尼未曾预料的方式改变了科学思想的方向，并导致了古代传统迅速而又彻底的崩溃。从天文学史提供的视角看，《天球运行论》一书具有双重特性。它既是古代的 136
又是现代的，既是保守的又是激进的。因此它的意义只有同时从它的过去和未来，从产生它的传统和由它产生的传统中，才可能找到。

这种对单独一部著作的双重眼光正是本章的关键问题。究竟哥白尼和培养了他的古代天文学传统之间有什么联系？更确切地说，究竟是这个传统的哪些方面使他相信天文学上的某些革新十分必要，而古代宇宙学和天文学的某些方面必须扬弃？再者，虽然他已经决心打破这个传统，究竟在多大程度上仍然不得不受到它的束缚，因为它是天文学实践所要求的思想工具与观测工具的唯一来源？进而言之，哥白尼与现代行星天文学和宇宙学传统的关系又是如何？受到古典天文学的训练以及工具的局限，他的著作中能有什么样的创造性革新呢？这些最终导致了全新的天文学和宇宙学的革新在一开始如何可能嵌入到占主导地位的经典框架中去？这些新鲜的东西又如何可能被他的后继者们意识到并予以采纳？这些问题及其必然的结果正是《天球运行论》或任何类似的科学著作——即从一个科学思想传统中产生，又成为颠覆它的新传统的来源——的真正难点的症状。

革新的动机——哥白尼的序言

哥白尼是为数不多的一群最早复兴整个希腊化技术性的数理天文学传统的欧洲人之一。这一传统在古代由托勒密的著作推至顶峰。《天球运行论》不仅模仿《至大论》，而且它差不多只是针对当时一小群有能力阅读托勒密论著的天文学家。经由哥白尼，我们首次回到在第三章探讨发展了的托勒密体系时所遇到的那类技术性的天文学问题。事实上我们回到的是相同的问题。《天球运行论》正是为解决在哥白尼看来托勒密及其继承
137 者尚未解决的那些行星问题而著。在哥白尼的著作中，地球运动的革命性观念最初只不过是这位熟练而又忠实的天文学家试图改良计算行星位置的技巧时一个反常的副产品。这是《天球运行论》中第一个重要的不协调之处：激发哥白尼之革新的目标同革新本身之间的不相称。这一点差不多在序言性的信的开头就可以看出来。哥白尼把它加在《天球运行论》的前面是为

了概述他的科学工作的动机、根源和性质。[1]

献给至圣之主,教皇保罗三世

尼古拉斯·哥白尼为《天球运行论》作的序言

教皇陛下,我完全可以设想,某些人在听到我在此书中将苍穹的旋转归因于地球的运动之后,就会大叫大嚷,说既然我主张这样的观点,就应当立即被哄下台来。我对自己的著作还没有偏爱到这种程度,以致不顾别人的看法;而且尽管我知道哲学家的深思与俗众的看法相去甚远,因为他的目的就是在上帝所允许的人类理性所及的范围内探寻万物的真理,但我还是主张那些相当错误的意见应当予以摆脱。

我深深地意识到,由于人们因袭很多世纪以来的传统观念,对于地球居于宇宙中心静止不动的见解深信不疑,所以我把运动归之于地球的想法肯定会被他们看作是荒唐之举。因此我犹豫了很长时间,不能决定到底是应该公开阐明我所写的证明地球运动的《提纲》,还是仿照毕达哥拉斯学派和其他人那样,习惯于只向亲朋好友传授他们的哲学奥秘,而且只是口授不见诸文字,就像吕西斯给希帕克斯的信所证实的那样。[哥白尼曾打算将这封信收入《天球运行论》中,它记述了毕达哥拉斯学派和新柏拉图学派关于不准把自然的秘密泄露给未加入其神秘教派的人的禁令。

在这里提到此信，正好成为上一章讲过的哥白尼参与文艺复兴时期新柏拉图学派复兴的例证。］我认为他们这样做，不像有的人想的那样是害怕别人分享他们的学说，而是因为担心学者们的这些来之不易的辉煌成就会受到一些人的轻视。因为有这样一班庸人，除非是有利可图，从不关心任何科学研究；或者虽然受到他人的鼓励和示范而投身哲学
138 的自由研究，却因心智迟钝只能像蜂群里的雄蜂那样混迹在哲学家当中。想到这些，我不得不担心我的理论中那些新奇的和不合时宜的东西招致嘲笑，这个念头几乎使我放弃我的计划。

克服这些疑虑和实际的异议的是我的朋友们。……［**他们中的一位**］经常要求并极力敦促我发表这部著作，它被束之高阁至今已不止一个九年，而是四个九年了。……他们强调，不能再因为我的疑虑而拒绝把我的劳动果实贡献出来以飨数学爱好者。他们还坚持说，虽然我的地动说初看很奇怪，但是等我的阐释性的注解出版后，必将驱散迷雾，地动说也会受到钦佩和欢迎。在他们的劝说下，我终于同意出版这部朋友们期待已久的书。

我在如此辛苦地研究之后，终于公开发表我的著作，不再顾虑书面地记载我关于地动的观点，这可能使陛下您感到惊奇。［**《天球运行论》出版的前几年，哥白尼曾在他的朋友中间散发一部短手稿称为《提纲》（*Commentariolus*），其中记述了他的日心天文学的早期形式。另一部关于哥白**

尼的主要工作的先期报告是由他的学生莱蒂克斯写的《简述》(*Narratio Prima*),曾于1540年出版,并于1541年再版。]大地在运动,这不仅与数学家们公认的理论相反,更与感官的印象相悖。我怎么会胆敢持有这样的观点,陛下一定更期望我对此做出解释。那么我想告知陛下,正是因为我清楚数学家在这些研究中的自相矛盾,才促使我去思考一个计算天球运动的方法。

首先,那些数学家们对日月的运行很不了解,他们甚至连季节年的恒定长度都无法加以解释和观测。其次,在测定日月和五大行星的运动时,他们既不依照相同的原理和假设,又不使用相同的表观的旋转运动的实证。这样他们有的只用同心圆[**指亚里士多德体系,由亚里士多德总结欧多克斯和卡里普斯的成就得出,在哥白尼去世前不久被意大利天文学家弗拉卡斯托洛和阿米奇在欧洲复兴**],而有的[**使用**]偏心圆和本轮。可是尽管用了这么多手段,他们并未完全达到他们的目的。依靠同心圆的那些人,虽然他们已经证明某些异常运动可以被组合出来,但仍然不能由此完整地建立起与现象相符的体系。设想偏心圆体系的那些人,虽然看起来通过符合假设的计算几乎确定了视运动,可是所用的前提却违反了运动一致性这个首要原则[**例如使用偏心匀速点**]。他们都没能从自己的理论中辨 139
识或推断出最重要的东西——即宇宙的形状及其永恒的对称性。他们这样做就好像一个画家为了作画从不同的模特

> 儿身上临摹了手、脚、头以及其他部分,每一部分都画得不错,但却不是出自同一人体,并且由于各部分不协调,结果画出来的只会是个妖怪而不是人。所以在他们的阐释(那些数学家这样称呼他们的体系)当中,……我们发现,他们不是遗漏了一些必不可少的细节,就是塞进了一些毫不相干的东西。假如他们遵循固定不变的原则,就肯定不会变成这样;假如他们的假定不是这么容易被人误解,那么由此得出的所有推论都会得到证实。虽然我现在的主张还不能使人们明了,但最后终究会使大家逐渐弄清楚。

哥白尼说,对当时天文学的坦率评价表明,靠地心说解决行星问题希望渺茫。托勒密天文学的传统方法没有也不可能解决这些问题,相反还产生了一个怪物。他断定,在传统行星天文学的基本思想中,一定存在一个根本性的错误。这是首次有一位在技术上胜任的天文学家出于其研究的内在理由而拒绝历史悠久的科学传统,正是对这个技术性错误的内行的了解启动了哥白尼革命。已经感觉到的那种必要性是哥白尼发明的来源。但是,对这种必要性的感觉是一个新的东西。天文学传统以前并不显得荒谬。到哥白尼的时代发生了一个变形,哥白尼的序言出色地描述了这一转变已被感觉到的原因。

哥白尼和他的同代人不仅继承了《至大论》,还继承了许多伊斯兰天文学家和少数欧洲天文学家的天文学成果。这些天文学家曾批评和修正了托勒密体系,他们就是哥白尼所说的那些

“数学家”。他们有的给托勒密体系增减数个小轮；有的改用本轮去解释托勒密最初用偏心圆来描述的一类行星不规则运动；有的发明一种托勒密所不知的方法来解释单本轮单均轮体系的微小预测偏差；还有的在新的测量的基础上改变了托勒密体系中复合轮的转速。托勒密体系已不再是一个，而是变成了一大 140
堆，而且随着专业天文学家的增多，这个数目还在迅速增长。所有这些体系都模仿《至大论》，因此都是“托勒密的”。但是由于有这么多不一样的体系，“托勒密的”这个形容词已经失去了它原有的许多意义。天文学传统已经变得散乱，再也不能完全规定一个天文学家在计算行星位置时应该用什么方法，从而也无法确定他从他的计算中会得出什么样的结果。像这样的模棱两可使得天文学传统丧失了其内在力量的主要源泉。

哥白尼的“怪物”还有其他的面孔。哥白尼所知的“托勒密体系”没有一个能给出完全符合肉眼观测的良好数据。它们并不比托勒密的结果差，却也好不了多少。经历了 13 个世纪毫无结果的研究，任何一个敏锐的天文学家都会怀疑，在原来的传统内部进一步努力是否可能取得成功。此外，托勒密与哥白尼之间的漫长岁月放大了传统方法的错误，这又成为不满情绪的另一来源。本轮-均轮体系描述的运动非常像钟表的指针：明显的误差会随时间的流逝不断增加。比如说，一只钟每 10 年慢 1 秒，经过 1 年或者 10 年，误差或许并不明显。但是过了 1000 年，误差就不容忽视了，因为此时误差已增加到近两分钟。哥白尼和他的同代人掌握了比托勒密的数据覆盖面多 1300 多年的天文数据,因此能够对他们的体系进行精密得多的检测。他们必定更清楚古老方法的内在错误。

时间的流逝也给16世纪的天文学家带来了赝品问题,具有讽刺意味的是,正是赝品问题比真实的行星运动更有效地促进了对托勒密方法中的错误的认识。哥白尼和他的同僚们继承的数据中许多都是错误的,把行星和恒星放到了它们从未出现过的位置上。一些错误的记录是拙劣的观测者收集的;另一些数据虽然起初基于正确的观测,但在传抄过程中被抄错或曲解了。
141 没有一个简单的行星体系——无论托勒密的、哥白尼的、开普勒的还是牛顿的——能够把文艺复兴时期天文学家们觉得必须解释的数据整理出秩序来。文艺复兴时期的数据带来的问题,其复杂度超过了天体问题本身。哥白尼本人也是这些数据的受害者之一,尽管它们一开始帮助他抛弃了托勒密体系。假使哥白尼能像对待前辈的数学体系那样,也对他们的观测数据持怀疑态度,那么他的体系会得出更好的结果。

散乱并且错误不断,这是哥白尼所说的"怪物"的两大特征。对于哥白尼革命所依赖的天文学传统自身的明显变化来讲,这两个是主要的根源,但不是仅有的。我们也许会问,为什么哥白尼能够发现这只"怪物"呢?旧传统的一些明显的变形肯定被这位目睹者看在眼里,因为这个传统早就变得散乱和不准确了。实际上我们早已探讨过这个问题。哥白尼能发现异常之处有赖于哲学和科学思想的大气候(其起源和性质在上一章已有叙述)。一个不像哥白尼那样具有新柏拉图主义倾向的人,根据当时天文学的状况可能只会断定对于行星问题没有既简单又精确的解答。类似地,一个不熟悉经院批判传统的天文学家也不可能在自己的领域发展出类似的批判。这些以及上一章详述的其他新思想正是哥白尼时代的主流思潮。虽然哥白尼似乎并未意识到这些,但他还是被裹在这些哲学思潮中,就像他的同代人毫不知情地跟着地球一同运动一样。如果不了解哥白尼的工作跟天文学的内部情况以及时代的思想大潮有什么联系,就无法理解它。这两方面共同造就了那个"怪物"。

不过,对所认识到的"怪物"的不满只是向哥白尼革命迈出的第一步。接下来就是探索了。在哥白尼的序言的剩余部分描述了这一探索工作的开端:

> 用来确定天球体系运动的数学传统如此不可靠,我对此深思了很久。最后我开始恼火,因为哲学家们并不能为 142
> 至高无上的造物主为我们建造的有秩序的宇宙提出正确的理论,因为他们在别的方面对同宇宙相比极为渺小的事物都细心地做了研究。[请注意哥白尼把"有秩序的"等同于"数学上简洁的",这是他的新柏拉图主义思想的一个方面,而任何一个虔诚的亚里士多德派学者肯定会强烈反对这一点。还有其他类型的秩序。]我因此耐心地阅读了我能找到的所有哲学家的著作,想知道有没有人提出过与各数学学派不同的天球运动的假说。我先是在西塞罗那里发现叙拉古的希西塔斯[公元前5世纪]已经认识到地球在

运动。然后我又在普鲁塔克那里发现还有别的人也持相似的观点。为了让所有人都能读到,我想在这里加上普鲁塔克的原话是合适的:

“其他人认为大地是静止的。但毕达哥拉斯派的菲洛劳斯[**公元前5世纪**]认为地球像太阳和月亮一样,沿着一个倾斜的圆周绕[**中心**]火运行。旁托斯的赫拉克利德和毕达哥拉斯派的艾克方图斯[**公元前4世纪**]也认为地球是运动的,但不是直线运动,而是像轴上的车轮,绕着自身的中心自西向东旋转。”

这就启发了我也开始考虑地球的运动;虽然这个观点看上去荒谬,可是既然知道了在我之前已经有人在解释星空现象时可以随意地想象这种圆周运动,我想我更可以尝试一下,是否假定地球有某种运动能比假定天球旋转得到更好的解释。

这样,从假定地球运动出发,经过长期反复的观测我终于发现,如果把其他行星的运动与地球圆周运动联系起来,并按每一行星的轨道比例来计算,不仅会得出各种观测现象,而且所有恒星和天球的次序及亮度,更确切地说是天体本身,都变得浑然一体,以致不能变动任何一部分而不在众星和宇宙中引起混乱。……[**在这里哥白尼指出了他的体系与托勒密体系之间最显著的区别。在哥白尼体系中,再也不能保持其他不变而随意收缩或放大任一个行星的轨道了。这是第一次可以通过观测来确定所有行星轨道的顺序和相**

对尺度,而无须求助于假定空间中填充着的天球。在比较哥白尼体系与托勒密体系时我们将更充分地讨论这个问题。]

我毫不怀疑,有真才实学的数学家们,只要他们愿意按照科学的要求,深入地而不是肤浅地领会并意识到我的立论的依据,就会赞同我的观点。但无论博学者还是无知者 143
都会看到,我不回避任何人的批评。是您,陛下,我选择将我的这些研究成果献给您而不是别人,因为,在我居住的地球一隅之中,由于您的教廷的尊严和对学问与科学的热爱,陛下乃是至高无上的人。尽管谚语有云:暗箭伤人最难防,但您凭着您的影响力和判断力定能轻而易举地制止毁谤者四处乱咬。还有这种事也会发生:对数学一窍不通的无聊的空谈家可能会宣称他们有权对我的工作发表看法,因为《圣经》上的某一节被卑鄙地曲解来迎合他们的目的。不论有谁敢于对我的工作吹毛求疵,我都不在乎。我认为他们的评价是轻率的,我完全不予理会。我非常清楚,即便拉克坦修在其他方面是颇有名望的作家,但也绝不是一个数学家,他在谈论大地的形状时表现得非常孩子气,甚至奚落那些认为大地是球形的人。因此,我的支持者们如果看到类似的人嘲笑我,不必吃惊。

数学方面的内容是为数学家而写的。如果我没弄错,他们会认为我的努力多少会为以您为首的教会作出贡献。因为不久前,在利奥十世治下,就修正教历的问题在拉特兰宗法大会上进行了讨论。最终未能决定,仅仅因为年月的

> 长度和日月的运动尚未充分精确地测定。在曾经掌管历法事务的辛普罗尼亚大主教保罗这位杰出人物的建议下,我从那时起开始思考对日月的更精确的观测。我想让博学的数学家,更想请陛下您来评判我获得的成果。为了不使您觉得我要夸大本书的作用,现在我就开始叙述正文。

“数学方面的内容是为数学家而写的。”这是《天球运行论》中首要的不相称之处。尽管绝少有哪个方面的西方思想未受到哥白尼工作的影响,但他的工作本身只具有很窄的技术性和专业性的意义。哥白尼只是在数理行星天文学中而不是在宇宙论或哲学中发现了异常,并且促使他推动地球的只是对数理天文学的改革。假如他的同代人追随他,他们就得学会看懂他关于行星位置的复杂的数学论证,还要把这些深奥的论证看得比他
144 们首先获得的感官证据更重要。哥白尼革命本质上不是在计算行星位置的数学技巧方面的一场革命,但它的起点就是如此。在认识到需要新技巧和发展新技巧方面,哥白尼为这场以自己的名字命名的革命做出了唯一的原创性贡献。

哥白尼并不是第一个提出地动说的人,他也没有宣称是自己重新发现了这一思想。在他的序言中,他引述了许多曾提出大地在运动的古代权威著作。在一份早期手稿中哥白尼甚至提到了阿里斯塔克,此人的日心宇宙模型与哥白尼的极为相像。尽管按照文艺复兴时期的惯例,哥白尼没有提及跟他更接近的一些相信地球在运动或者可能运动的前辈,但他一定知道他们

的某些工作。例如,他可能不了解奥瑞斯姆的贡献,但他或许至少听说过那篇非常著名的论文,15 世纪的红衣主教库萨的尼古拉在这篇论文里根据无边界的新柏拉图宇宙中的世界多重性推导出了地球的运动。地动从来不是一个大众化的观念,但是到了 16 世纪不能说没有先例了。前无古人的只是哥白尼在地球运动基础上建立的数学体系。地动说能够解决现存的天文学问题,甚至解决各类科学问题,认识到这一点的,除去阿里斯塔克这个可能的例外,哥白尼可称第一人。即使算上阿里斯塔克,哥白尼也是第一个详细地解释地动的各种天文学后果的人。哥白尼与他的先驱们不同之处就在于他的数学工作,也正是部分地因为他的数学工作,一场前人未能发动的革命爆发了。

哥白尼的物理学和宇宙论

对哥白尼来说,地动只是行星问题的副产品。他细究天动而知地动,并且由于天动对他具有超越的重要性,他几乎从未考虑过他的变革会给主要关注大地的普通人带来怎样的困难。但哥白尼也不能完全无视地动给那些不像他那样把天文学当作唯
一价值标准的人带来的麻烦。他至少要设法让他的同代人也有 145
可能去接受地球的运动;他得解释清楚地动的后果并不像常人想象的那样具有毁灭性。因此,哥白尼在《天球运行论》一书的开头非技术性地勾画了一下他建构出来的能容纳运动地球的宇宙。导论性的第一卷是针对外行人写的,其中包含了他认为他

能够向未受过天文学训练的人解释明白的所有论点。这些论点确实令人难以置信。它们除了是从哥白尼在第一卷里未予清楚阐明的数学分析中导出的之外,并不是新的,而且与哥白尼在后面几卷建立的天文体系的细节也不十分相符。只有像哥白尼这样还有着其他理由去设想地球运动的人,才会完全认真地看待《天球运行论》的第一卷。但是第一卷并非不重要。正是它的缺陷预示了看不懂后续章节的复杂数学论证的人将以怀疑和嘲笑来欢迎哥白尼体系。它对亚里士多德的和经院的概念及定律的一再依赖,也显示出哥白尼除了在他自己狭窄的专门领域内,其他方面都难以超越他受到的教育和所处的时代。最后,第一卷的不完善和不协调再次证明了传统宇宙论和传统天文学的融贯性。哥白尼仅仅出于天文学的动机进行变革,不免要把他的革新限制在天文学领域,但他根本无法回避地球运动带来的毁灭性的宇宙论后果。

第一卷

1. 宇宙是球状的。

首先必须看到,宇宙是球状的。或是因为这种形状最完美,不经雕琢,浑然天成;或是因为它容积最大,适合于包容万物[给定表面积的所有固体,以球体的体积为最大];或是因为它的每一个完美的部分,如日月星辰,都是球形;又或是因为一切物体都有采用球状外形的趋势,就像通常看到的自由形成的水滴、液滴的情况。球形无疑确是为天体而设的形状。

2. 大地也是球状的。 146

大地也呈球形，因为它在各个方向上都向中心倾斜［下降］。……从任一点出发向北走，会看到周日旋转的北天极逐渐升高，另一极则相应地降低；越来越多北天极附近的星不再落下，南边的一些星则不再升起。……而且天极高度的变化总是与走过的地面距离成比例。只有在球面上才会有这样的现象。因此大地必定是有限的球体。……［哥白尼在这一章的最后补充了古典文献中典型的关于大地球状的一些论据，这些我们前面已经考察过了。］

3. 上面有水的大地是如何形成球状的。

遍布大地的水形成了海洋，填充了低地。水的体积一定少于大地，否则陆地将被水淹没（因为水和陆地都因自身的重量挤向同一个中心）。为了生物的安全，大块的陆地没有被覆盖，又有无数岛屿星罗棋布。而大洲甚至整块大陆不也是一个巨大的岛吗？……

［在这一章，哥白尼想说明地球主要由泥土构成，同时水和泥土都是使地球形成球状所必需的。他想必看得很远。泥土被移动时不像水那么容易破碎；固体球的运动似乎比液体球的运动合理些。哥白尼还在最后说，地球的天然运动是圆周运动，因为它自身是球形（见下面的第一卷第8章）。所以

他必须说明泥土和水都是构成球体所必需的,以便二者一同参与地球的天然运动。这一段极为有趣,因为在证明他的地球结构观时,哥白尼显示出他熟知当时的航海探险,以及由此必须对托勒密的地理学著作所做的更正。例如,他说:

> 如果地球主要由水构成,] 那么从海岸向外水深应持续地增加,水手们无论航行多远也不会遇到岛屿或礁石或任何形式的陆地。可是我们知道,在埃及海和阿拉伯湾之间相距仅 15 斯塔第,这里几乎是大陆的正中。另一方面,托勒密在他的《地理学》一书中把可居住的地区扩展到子午线[即从加那利群岛向东延伸 180° 的半个地球],近代的发现又在其外未知的土地上增加了中国以及经度宽达 60° 的辽阔土地。于是我们知道,大
> 147 地上有人居住的地域要比留给海洋的宽广得多。
>
> 如果再加上我们这个时代在西班牙和葡萄牙国王领导下发现的岛屿(尤其是以发现它的船长姓氏来命名的美利坚,由于它的未探索部分的面积之大而被看作一块新大陆),上述结论会更加明显。况且还有许多岛屿至今未发现呢。因此所谓对跖点和对跖人[另一个半球上的居民]并不会使人感到惊奇。几何学表明,美利坚大陆的位置恰好与印度的恒河盆地相对。……

4. 天体的运动是均匀永恒的圆周运动,或是由圆周运动复合而成。

我们已经知道天体的运动是圆周的。旋转是球体的天然

运动,而且球形也正是因旋转而形成。我们考虑的是最简单的一种形体,在它上面找不到起点也找不到终点,如果它一直在一个地方旋转就无法区别彼此的状态。

天球有很多个,所以也有多种运动。感觉上最明显的是周日旋转……标记着日夜。这种运动使人觉得除了地球以外的整个宇宙都自东向西转动。它是所有运动的公度,因为时间本身就是用日子来计算的。接下来我们看到,与这种周日运动一道可以说同时并存着其他运动,它们的方向正相反,是自西向东的。这些反向运动就是日、月及五大行星的运动。……

但这些天体的运行显示出各式各样的差异。首先,它们的轴并不是周日旋转的轴,而是黄道的轴,是倾斜的。其次,即使在各自的轨道上,它们的运行也不相同;难道没有人发现太阳和月亮运行时忽快忽慢吗?还有,五大行星有时会在某一点停住,有的甚至反向运动。……更有甚者,它们有时逼近地球,进入近地点,有时又远离地球,进入远地点。

然而,尽管有这么多不规则的情况,我们还是应当断定这些天体的运行总是圆周运动,或由圆周运动复合而成。因为这些不规则情形也有一定的规律,并以固定的次数重复出现。如果不是圆周运动就不会这样,因为圆周能再现物体到过的位置。太阳也是如此,借助于圆周运动的复合,它带给我们日夜更替和一年四季。各种运动必定是结合在一起的,因为一个简单天体在一个圆周上不可能这样无规则地运行。无规运

> 动只能来自推动力(无论固有的还是获得的)的不稳定,或旋转的物体自身形状的变化。与这两者不同,心智总要求一切物体都处于最完美的秩序中。
>
> 148 因此通常认为太阳、月亮和行星的运动看起来不规则要么是由于它们的旋转轴向不一,要么就是由于地球不是它们旋转的圆心,以致我们在地球上看到这些天体[沿轨道]的位移量当它们离[地球]近的时候比远的时候要大(正如光学所证明的[或者日常观察到的——车船近的时候看起来运动得快些])。所以从远近不同的地方看,球体的匀[角]速转动在同等时间内扫过的距离也会不同。因此最重要的是必须认真观测地球与天体的关系,以免发现了天上的却忽视了手边的,从而错误地把地球的属性归之于天体。

哥白尼在此给出了我们所考察过的将天体运动限制为圆周运动的传统论述中最完整最有说服力的一个版本。他认为,只有匀速圆周运动或它们的复合运动才能解释以固定的时间间隔规则地反复再现的所有天文现象。到这里为止,哥白尼的所有论述都是亚里士多德式的或经院式的,而他的宇宙则与传统宇宙论中的宇宙难以区别。在某些方面,他甚至比他的许多前辈和同辈更像是一个亚里士多德主义者。例如,他不会同意使用偏心匀速点而破坏球体的匀速对称运动。

激进的哥白尼至此还像个彻底的保守派。但他已不能再迟迟不引入地球的运动了。他必须考虑与传统决裂了。但奇怪的是,正是在决裂的过程中最清楚地显示出哥白尼对传统的依赖。

在不一致的意见里他还是尽可能靠近亚里士多德派。从下面第5章开始，到第8、第9章对运动的综合讨论为止，哥白尼提出由于地球像天体一样是球形，它也应该参与复合的圆周运动，因为他认为这对球体来说是自然的。

5. 地球是否作圆周运动；以及地球的位置。

大地是球形的，这一点已经清楚了，现在就要考虑它的运动是否符合其形状及其在宇宙中的位置。否则就无法建 149
立天文现象的正确理论。权威们的看法是，地球牢牢地占据宇宙的中心，他们认为相反的论点是不可想象的，甚至是荒谬的。可是更进一步考虑，这个问题并不那么确定，还需要深思。

当看见位置的改变时，这可能是来自物体的运动，也可能是观察者的运动，或者两者的不等运动（因为在平行的同等运动之间就察觉不到位移了）。现在是从地球上看，天空在转动。如果假定地球作某种运动，那么其外的物体就会重现相反方向的运动。

先考虑周日旋转。除了地球和它上面的东西，整个宇宙看起来都在迅速地转动。但若让地球自西向东旋转，仔细考虑一下就会发现我的结论是对的。是天穹容纳了万物，为什么要把运动归于包容者而不归之于被包容的东西呢，为什么要归之于定位者而不归之于被定位的东西呢？后者就是赫拉克利德和毕达哥拉斯派的艾克方图斯以及叙

> 拉古的希西塔斯的观点(据西塞罗记载)。他们都让地球在宇宙的中央旋转，并认为星星落下是由于被地球遮住了，当地球转过这个位置才再次升起。
>
> 如果承认这一点[**地动的可能性**]，同样严重的问题又出现了，即地球的位置，虽然迄今为止几乎所有人都认为地球在宇宙的中心。[**确实，如果地球能运动，一定不会只是在宇宙的中心作简单的绕轴运动。它完全可以离开中心，而且这个猜想在天文学上也有很好的理由。**]假设地球不是恰好在宇宙的中心，而是离开一段距离，比恒星天球[**到中心的距离**]小，但与太阳和其他行星的天球[**到中心的距离**]相比却是相当大的。然后计算它们的视运动由此发生的变化，其中假定它们的运动完全匀速，并围绕一个不同于地心的中心。也许有人会举出合理的原因来解释这些多变的运动的无规律。正因为行星与地球的距离看起来不断变化，地心肯定不是它们圆周运动的中心。而且也不能断定是行星趋近或远离地球，还是地球趋近或远离它们。因此有理由认为地球在周日旋转之外还作其他运动。地球除了旋转之外还有好几种运动，它其实是一颗行星。这是毕达哥拉斯派的菲洛劳斯的观点。他并非一般的数学家，据说是柏拉图在意大利发现了他。

哥白尼在这里指出了地动的观念给天文学家带来的最直接
150 的好处。如果地球能够像绕自身的轴旋转一样也围绕中心做轨道转动，那么逆行运动以及行星在黄道上相继的两次运行所需时间的不同，就不需要使用本轮也能被解释，至少可以得到定性的解释。在哥白尼体系中，行星运动主要的不规则性都只是表面上的。从运动的地球上看，实际上规则的行星运动就显得不规则了。哥白尼觉得，由于这个原因我们应该相信地球在做着轨道运动。但奇怪的是，在哥白尼的书中外行人所能懂的那部分里，他并没有把这一点解释得比上面更清楚。他也没有展示他在别处提到过的其他天文学上的好处。虽然定性地证明这些并不困难，但他只是要求没有数学基础的读者将它们视为理所当然。在《天球运行论》的后几卷，哥白尼才把他的体系的真正优越性表现出来，并且不是考虑一般的逆行运动，而是研究每个行星逆行运动复杂高深的定量细节。只有天文学的内行才明白前面提到的优势是什么。哥白尼的含糊其辞或许另有用意，他前面曾经略带赞同地提到毕达哥拉斯派的传统，即规定要对未经数学的学习（或其他更神秘的仪式）而予以净化的人保守自然的秘密。无论如何，这种含糊有助于解释他的著作所受的对待。在下面两部分，我们将详细研究地球运动的天文学后果，不过先要结束哥白尼对物理学和宇宙论的一般概述。暂时略过第6章《天空之大，地球的尺寸无可比拟》，我们直接进入主要的章节。在这里，哥白尼在要求宽容的读者承认天文学的论证使地球围绕中心的运动成为必要之后，试图解释这种运动在物理上的合理性。

7. 为什么古人认为地球像一个核心，静止在宇宙的中央？

古代哲学家试过多种……方法证明地球固定在宇宙中心。最有力的论述是从重与轻的学说得出的。他们说，因为地球是最重的元素，所有重物都会向它移动，趋向它的中心。因此既然地球是球形的，所有重物都垂直地落向它，如
151 果不是在表面受阻的话，它们就会一齐直冲地心。向地心运动的物体一定会在到达地心后静止下来。进而整个地球静止于宇宙的中心。它承受所有的落体，由于自身的重量保持稳定。

另一则论述是基于假想的运动的本性。亚里士多德说单个简单物体的运动是简单的。简单运动分为直线运动和圆周运动。直线运动又分向上和向下两种。因此所有的简单运动或者趋向中心，即下落；或者背离中心，即上升；或者环绕中心，即圆周运动。[就是说，根据亚里士多德和经院物理学，天然运动，即唯一不需要外来推动就可以发生的运动，是由运动物体本身的本性引起的。简单物体（五种元素——土、水、气、火和以太）的天然运动必定是简单的，因为它是由一种简单的或基本的本性引起的。最后，在球状宇宙中只有三种（几何上）简单的运动：上、下、环绕中心。]这样下落（即趋向中心）就只是重元素土和水的属性。轻元素气和火要上升远离中心。因而直线运动归于这四种元素。天体则作圆周运动。亚里士多德就讲了这么多。

托勒密说,如果地球运动,哪怕只是周日旋转,也会导致与上面相反的结果。因为地球必须24小时转一整圈,这个运动一定极快。转得很快的物体会反抗凝聚力,如果是结合起来的就容易分解掉,除非牢固地连结起来。托勒密据此认为要是地球旋转,那它早就分散了,而且(荒谬之极的是)连天空也要被摧毁;当然所有的生物和可移动的重物也无法留在地面,而要被抖落了。落体也不能掉到正下方,因为在这一瞬间地球已经从它们下面迅速移走了。此外云和空中的所有东西都会不断向西飞去。[**请注意哥白尼相当详尽地阐述了托勒密的原始论证(见第85页)。很显然,托勒密决不会说这么多**]

8. 上述论证的不足之处,以及对它们的反驳。

由于以上这些或其他类似的原因,他们认为地球显然是静止在宇宙的中心。要是现在有人说地球在运动,就等于说这种运动是天然的,不是受迫的[或由于外界推动引起的];而天然发生的事与受迫发生的事效果截然相反。受任何力量或冲力支配的事物迟早都要瓦解,不能长存。但适合各自目的的天然进程却能平稳地发生作用。[**就是说,假如地球运** 152
动,原因一定是地球的本性要它运动,而天然运动是不可破坏的。]

所以托勒密完全没有必要担心地球和上面的东西会因天然的旋转而瓦解,这旋转与人为的运动大相径庭。他为什么不为宇宙多担心一些呢?它的运动肯定要快得多,因为天比地大呀。宇宙是不是因为剧烈的运动才变得这么大的呢?要是停下来是不是就会坍塌了呢?如果是的话宇宙一定是无限大。因为它越是由于自身运动的力量膨胀,就转得越快,原因是所有增加的距离都要跨过24小时的路程。反过来,运动越快,宇宙也就越庞大。这样速度和尺度互相推进直至无穷。……

他们还认为,宇宙之外没有物体,没有空间,甚至连虚空也没有,是绝对的“无”,因而也没有地方让宇宙[**照我们刚才提出的那样**]膨胀。当然,“有”被“无”束缚也是不可思议的事。大概这样讲会更容易理解宇宙之外的虚无:假定宇宙是无限的,仅由自身的凹度内在地约束,从而无论多大的物体都包含于其中,且宇宙保持不动。……

宇宙到底有限还是无限,这个问题留给自然哲学家吧,我们只要认可大地是有限的球形就可以了。那还有什么好犹豫的呢?承认地球运动的能力是它的[**球状**]外形的固有属性,不是比假定整个宇宙转动更好吗?宇宙是否有限尚属未知,而且也不可知。为何不承认周日旋转只是看起来属于天而实际上属于地呢?正如维吉尔的史诗中埃涅阿斯的名言——“我们驶出海港,陆地和城市退去。”当船只平稳地行驶,船外的东西好像都在移动,其实那是船在运动。船里的人则感觉自己和船上的一切都是静止的。

一定有人问:云彩和其他悬在空中以及正在落下或上升的东西该怎么解释呢?肯定不止地球连同上面的水在运动,

大量空气和其他东西也在随地球运动。可能是因为近处的空气含有某种土的或水的物质的混合物,从而遵循与地球相同的自然规律;也可能是因为空气靠近地球,又缺少阻力,所以从地球的永恒旋转中获得了运动。……

必须承认在宇宙中下落或上升的物体可能具有双重运动,即直线运动和圆周运动的合成。[**这是奥瑞斯姆早先提出的。**]重的落体因为全是土质,无疑要保持它所属的全部特性。……[**所以,一块离开地球的石头将继续与地球一道旋转,同时向地面直线下落。其净运动有点像螺旋线,就像一只** 153
小虫径直爬向旋转的陶轮中心时形成的运动。]

简单物体的运动必定简单,这是对的,主要指圆周运动,而且仅当简单物体处于其天然位置和状态时才是这样。在这种状态下,除了圆周运动,任何运动都不能发生,因为圆周运动是完全自足的,并且类似于静止。但如果物体从天然位置上走开或者被移开,就会发生直线运动。要是宇宙不在自己的位置上,就与宇宙的全部秩序和形式相矛盾了。所以只有离开正确位置的物体才会发生直线运动,而这种运动也不是完美物体的天然运动,因为它们会[**因这种运动而**]脱离自己所属的整体,从而破坏它的统一。……[**哥白尼的论述显示出地球成为行星后天与地的传统区别将会多么迅速地消失,因为这里不过是把对天体的传统论述应用于地球而已。无论简单的还是复合的圆周运动,总是最接近静止的运动。它能够成为地球的天然运动——正如它一直以来就是天体的天然运**

动一样——是因为它不会破坏我们所看到的宇宙的统一性和规律性。另一方面，对于任何已经达到了天然位置的物体，直线运动不可能是天然的，因为它是破坏性的，而一个毁灭宇宙的天然运动是荒唐的。]

另外，我们认为固定不变比变化无常更尊贵、更神圣，因而将变化赋予地球比赋予宇宙更合适。让运动归之于包容者、定位者，却不归之于被包容、被定位的地球，岂不是很荒诞吗？

最后，由于行星会逼近和退离地球，它们环绕中心（据[**亚里士多德派学者**]认为是地球）的运动和向外向内的运动是同一个物体的运动。[**这违背的正是亚里士多德派用来论证地球处于中心的定律，因为根据这些定律行星只能作单一的运动。**]所以我们必须在更为普遍的意义上接受这种环绕中心的运动。倘若所有运动都有各自的中心，我们也应该感到满意。根据所有这些考虑，地球运动比保持静止的可能性更大。尤其是周日旋转，它特别地成为地球的属性。

9. 是否可以有多个运动属于地球，以及宇宙的中心是什么。

没有理由认为地球不可以拥有运动的能力，所以必须考虑它是否实际上具有多个运动，以便把它也视为行星。

地球不是所有旋转的中心，这已被行星明显的不规则运
154 动和行星到地球距离的多变性所证实。假如行星都以地心为圆心运行，上述现象就难以解释了。因此，既然不止一个中心

[换言之,一个是所有环形运动的中心,一个是地心本身,可能还有其他的],我们就可以讨论宇宙的中心到底是不是地球的重心。

对我而言重力只是一种自然倾向,造物主将它赐予物体的各部分,以使这些部分结合成球形,从而助成它们的统一性和完整性。可以相信,这种属性也存在于太阳、月亮和行星中,从而它们能借此保持球的形态,尽管它们有许多运行线路。所以,若是地球也有其他的运动,必定像许多外界的[行星]运动一样有一个周年的周期[因为现在地球已经在许多方面显得像一颗行星了]。如果把太阳的运动转移给地球,让太阳静止,那么清晨和傍晚星辰的升起落下都不会受影响,并且行星的稳定点、后退和前进都不是由于它们自身的运动,而是由于地球的运动,这从它们的表面现象就反映出来了。现在终于可以把太阳置于宇宙的中心了。就像人们说的,只要"睁开双眼"正视事实,就会看到事件的系统排列和整个宇宙的和谐,都表明了这一点。

上面三章展示了哥白尼的运动理论,他设计这个概念图式是为了保证不打破基本的亚里士多德宇宙而调换地球和太阳的位置。依照哥白尼的物理学,天上地下的所有物质都要自然地聚集成球,球体因自身的本性而旋转。离开天然位置的小块物质将继续随它所属的球旋转,同时以直线运动返回天然位置。这是一个极为不协调的理论(第六章将更详细地加以说明),而且除了它的极端不协调之处外,它还是一个不那么原创的理论。

也许哥白尼是自己重新发明了那种理论,但是在他对亚里士多德的批评和他的运动理论中,都有许多基本的要素可以在早先的经院作者,尤其是奥瑞斯姆那里找到。而且只有在把它们应用于奥瑞斯姆的那些限定性更强的问题时,才显得有些道理。

哥白尼未能给地动提出一个合适的物理学基础,这并没有使他感到沮丧。他并不是因为得自物理学的理由而设想并接受地球运动的。物理学和宇宙论的问题在第一卷里讨论得如此粗
155 糙有他的责任,但这些并不是他真要考虑的问题;大概他想尽可能避开这些问题。但是哥白尼的物理学的不足却正好说明了,他的天文学革新的后果是怎样超越了产生革新的那些天文学问题的,也显示出若要让这位革新的制造者彻底了解由他的工作导致的革命会是多么困难。运动的地球在经典的亚里士多德宇宙中是一个反常,可是《天球运行论》中的宇宙在哥白尼能够使之与地动看上去相协调的每一方面都是古典的。正如他自己所说,只是简单地把运动从太阳搬到了地球。太阳还不是一颗恒星,而是宇宙据之建造的唯一的中心;太阳继承了地球旧有的功能,又加入了一些新功能。我们马上就要看到,哥白尼的宇宙仍然是有限的,仍然是由嵌套的同心天球移动着所有行星,尽管它们不再由外层的天球(现在是静止的)驱动。所有的运动都要由圆周运动复合而成,让地球运动起来也没能使哥白尼放弃本轮。正如我们所知道的,在《天球运行论》中简直找不到哥白尼革命的痕迹,这也是该文本的第二个基本的不协调之处。

哥白尼天文学——两球模型

我们还没有彻底结束哥白尼的第一卷。不过紧接上一节引文的第10和11章讲的是更接近天文学的问题，我们将在天文学讨论的语境中来考虑这些问题，而这个讨论超出了哥白尼为了外行读者准备的论证。我们会在后面的章节再次简短地引用哥白尼的文本，但首先要看看为什么哥白尼的方案会给天文学家比给外行人留下更为深刻的印象。这个问题的答案在第一卷中的任何地方都是找不到的。

哥白尼赋予地球三个同时进行的圆周运动：周日绕轴旋转、周年轨道运动、地轴的周年圆锥形运动。向东的周日旋转用来解释恒星、太阳、月亮与行星的视周日旋转。如果地球处于恒星天球的中心，并且围绕穿过自身南北极的轴做周日旋转，那么所 156
有相对于恒星天球静止或几乎静止的物体，看起来都像是在地平线上方的圆弧上向西运行，这些圆弧就跟观测到的天体在短时间内经过的圆弧一样。

如果哥白尼或奥瑞斯姆对这一结果的论述不够清楚，请再看图6和图7显示的恒星轨迹。这些轨迹的产生可以是因为恒星在不动的观察者面前作圆周运动（托勒密的解释），也可以是恒星固定而观察者旋转（哥白尼的解释）。或者考察一下图26展示的新的两球宇宙，我们起初在讨论两球宇宙中恒星的运动时使用过一个图示（即图11），图26是对它的一个简化，不同的

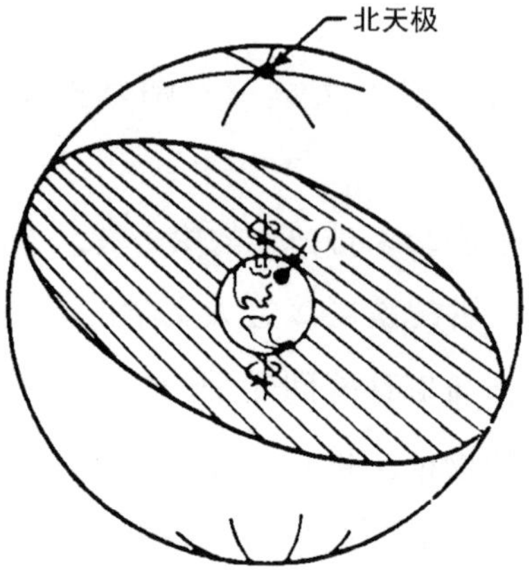

图 26　旋转的地球位于固定的恒星天球中心。请与图 11 比较,注意此处地平面必须随地球转动,以便与运动的观察者 O 保持不变的几何关系。

是新版本中显示的是地球的两极而不是天极,而且旋转的方向也反过来了。在最初使用这类示意图时,我们让地球、观察者和地平面固定,让恒星天球向西旋转。现在我们要让外面的天球固定,让地球、观察者和地平面一起向东旋转。处于地平面中心并随之运动的观察者将无法分辨这两种情况,至少从他所看到
157 的天上的情况来说是如此。两种情况下他都看到恒星和行星在东面的地平线上出现,以同样的圆弧路线从头顶经过,直抵西边的地平线。

到这里为止,我们已经将旋转的地球置于静止的恒星天球的中心,也就是由赫拉克利德提出并经奥瑞斯姆完善的宇宙模型。这只是通向哥白尼宇宙的第一步,而下一步将会更激进,也

更困难。正如在第5章所引段落中哥白尼指出的：如果我们准备彻底承认地球运动的可能性，那么我们就不仅要准备考虑在中心的运动，而且要准备考虑离开中心的运动。哥白尼认为，运动的地球事实上不必待在中心，只要离中心比较近就行了。当它离中心足够近时就可以任意地运行，不会影响恒星的视运动。这个结论对于他精通天文学的同僚们是难以接受的，因为与只是从常识和地上的物理学得出的地静概念不同，地球中心位置的概念可以直接从天文观测中明显地得出。于是，哥白尼的地球非中心说一开始就好像跟纯天文观测的直接推论相抵触，正是为了避开这个冲突以及另一个紧密相关的冲突（下一节末尾将予以讨论），哥白尼不得不大大增加恒星天球的尺度，从而向他的后继者们予以精致化的无限宇宙观迈出了第一步。哥白尼关于地球位置的讨论出现在他的第一卷第6章。在此我们需要一个更为清楚并且更容易理解的形式。

地球位于恒星天球的中心可以明显地从如下观测事实得出：地面上任何观测者的地平面都平分恒星天球。例如，春分点和秋分点是恒星天球上的一对对径点，因为它们被定义为球面上天赤道和黄道这两个大圆的交点。观测表明，每当这对点中的一个在东边的地平线上升起时，另一个就刚好在西边落下。恒星天球上任何一对对径点都是这样：一个升起，另一个就落下。显然，要解释这一观测结果除非如图26或前面的图11那 158
样，地平面经过恒星天球的中心，从而与恒星天球交于一个大圆。当且仅当地平面与恒星天球交于一个大圆时，恒星天球上的对径点才总会同时升起落下。

但是所有的地平面都要画得和地球相切。(在图 26 和图 11 中我们回避了这种构图,只是因为我们在这里把地球尺度过分夸大了。)因此观测者本人必须在恒星天球的中心,或者非常接近中心。地球的整个表面必须位于中心,或者极其接近中心;地球必定很小,几乎是一个点,而且必须坐落在中心。如果像图 27 那样,地球(用里面的同心圆表示)跟恒星天球相比非常大,或者地球(用黑点表示)虽然小却不在中心,那么地平面就不会平分恒星天球,从而对径点不可能一同升起落下。

论证展开到此,本身就使哥白尼的用意显露出来了。观测并未说明地球必须是一个点(要是这样,亚里士多德和托勒密
159 的宇宙也都跟观测矛盾了),也不表明地球必须正好位于中心,

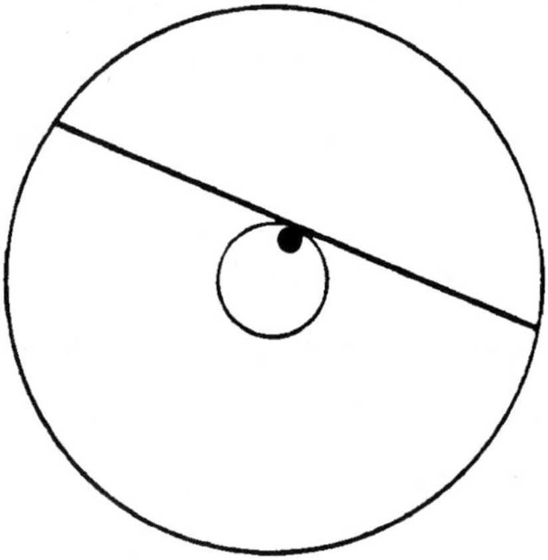

图 27　如果与恒星天球相比地球的直径相当大,或者地球离开中心相当远,地平面就不能平分恒星天球。

因为,举例来说,观测绝不可能证明春分点**恰好**在秋分点落下时升起。粗略的肉眼观测会显示当春分点落下时,秋分点在地平线上下约一度以内。修正过的肉眼观测(相应地考虑大气折射和实际地平线的不规则)应该显示出当冬至点刚刚抵达西边的地平线时,夏至点在东边的地平线附近6′(或0.1°)以内。肉眼观测不可能得到更好的结果了。它只能证明地平面**几乎**平分天球,而所有地球上的观测者必定非常接近宇宙的中心。到底地平面差多少平分天球,地面观测者离中心有多近,这都取决于观测的精确程度。

例如,如果由观测得知每当一个至点位于地平线上时,另一个至点距离地平线**不超过**0.1°,那么任何地面观测者到恒星天球中心的距离就不会超过它的半径的0.001倍。假若观测告诉我们(几乎没有肉眼观测能接近这种精确程度)一个至点在地平线上时另一个离地平线不超过0.01°,则图27中内球半径不会超过外球半径的0.0001倍,而整个地球必定总是位于内圆之内。如果地球移动到内圆以外,那么因为偏差超过了0.01°地平面就不能平分恒星天球,从而我们假想的观测就会发现这一偏差;但地球若在内圆之中,不论它在什么地方,地平面都会在观测的限度内平分恒星天球。

这就是哥白尼的论证。观测只能要求我们保证地球位于与恒星天球同心的一个小球内部。在这个球内,地球可以自由移动而不会扰乱各种现象。特别是,地球可以围绕中心或日心作轨道运动,只要轨道不把它带得离中心太远就行。“太远”仅是

指“相对于外球半径来说太远”。若外球的半径已知,则已知精
160 度的观测就给地球轨道的**最大**半径加了上限。若地球轨道的大小已知(理论上可用阿里斯塔克测量日地距离的方法来测定),则已知精度的观测就给恒星天球的**最小**尺度加了下限。例如,若按技术性附录中阿里斯塔克的测量所给出的日地距离为 764 倍地球直径(1528 倍地球半径),且已知观测精度在 0.1°以内,则恒星天球半径至少为地球轨道半径的 1000 倍,即地球半径的 1,528,000 倍。

我们的例子很有用,因为,虽然哥白尼的观测没这么精确,但紧随其后的布拉赫的观测就比 0.1° 还略微精确一些。我们的例子是 16 世纪哥白尼派对恒星天球最小尺度的典型估计。原则上这一结果并无荒谬之处,因为在 16 和 17 世纪没有直接的办法测定恒星天球的距离。它的半径可能大于 1,500,000 倍地球半径。但是假如真有这么庞大——哥白尼学说要求它就应该这么大——就必须接受与传统宇宙学的彻底决裂。例如,阿尔法加尼估计的恒星天球半径是地球半径的 20,110 倍,比哥白尼的估计小了 75 倍还多。哥白尼的宇宙远比传统宇宙学的要大得多。它的体积**至少**增大了 400,000 倍。在土星天球和恒星天球之间留下了巨大的空间。传统宇宙中相互嵌套的天球之间巧妙的功能性联系已被切断,尽管哥白尼似乎对此一无所知。

哥白尼天文学——太阳

哥白尼的论证允许地球在一个大大扩张了的宇宙中作轨道运动,但这还只是理论上的,除非能证明这个轨道运动与观测到的太阳和其他行星的运动相协调。哥白尼的第一卷第10和11章正是要讨论这些运动。我们最好先从对第11章的扩展解释开始,在这一章,哥白尼描述了地球的轨道运动并考虑了它对太 161
阳视位置的影响。如图28所示,暂时假定宇宙、太阳、地球轨道三者的中心重合。图中黄道面是从北天极附近位置看到的情况;恒星天球静止;地球沿轨道有规律地向东运行,每年一周;同时绕地轴向东自转,23小时56分一周。若地球轨道远小于恒星天球,地球的绕轴自转就正好解释了日、月、行星还有恒星的周日旋转,因为从地球轨道上的任何位置看,那些天体都以恒星天球为背景,并且当地球转动时它们必定也随之运动。

图中地球的两个位置相隔30天。在每个位置上看,太阳落在恒星天球背景上,且太阳的视位置都在黄道上,黄道现在被定义为地球的运动平面(一个包含了太阳的平面)与恒星天球的交线。当图中地球从位置 E_1 向东运动到位置 E_2 时,可看到太阳沿黄道从位置 S_1 向东移到了位置 S_2。因此哥白尼理论跟托勒密理论一样预言了太阳沿黄道的东向周年运动。我们马上就要看到,它同样还预言了太阳在天空高度的季节变化。 162

图29表示从天球上秋分点略偏北的位置看到的地球轨道。

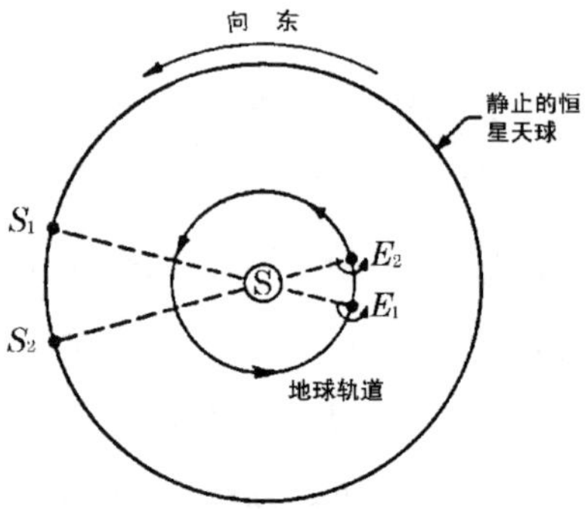

图 28 当地球沿哥白尼轨道从 E_1 运动到 E_2 时，中心太阳 S 的视位置在作为背景的恒星天球上从 S_1 移到了 S_2。

地球画在相继的四个位置上：春分点、夏至点、秋分点、冬至点。在这四个位置上和整个运动过程中，地轴与一条假想的线保持平行，这条线穿过太阳，与黄道面的垂线成 23.5°角。图上两个小箭头分别指示中北纬度的一个地面观察者在 6 月 22 日和 12 月 22 日（即两个至日）当地正午时刻所处的位置。从太阳到地球的直线（图中未画出）表示正午太阳光的方向，在夏至日，正午的太阳明显比冬至日更接近观察者的头顶上方。类似的构图决定了春分秋分和中间季节太阳的高度。

因此太阳高度的季节性变化可以由图 29 完全判断出来。
163 不过，在实践中回到托勒密的解释反而更简单。既然太阳每个季节在恒星中间的视位置在哥白尼体系和托勒密体系中都一样，它跟哪颗恒星一同升起和落下在这两个体系中也必定相同。季节与太阳在黄道上的视位置之间的相互关系不会因为体系的

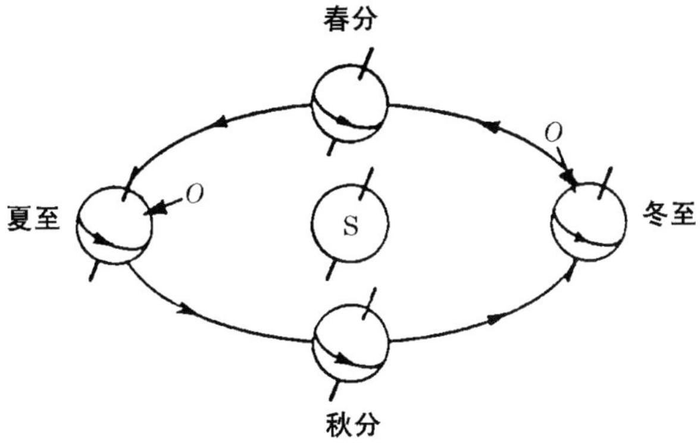

图 29　地球沿哥白尼轨道的周年运动。地轴总是与自身或与穿过太阳的固定直线保持平行。结果北半球中纬度的观察者(图中 O 点)发现,夏至日正午的太阳远比冬至日接近头顶上方。

改变而受到影响。从太阳和恒星的视运动方面看,这两个体系是相同的,而托勒密的更简单。

上图还揭示出哥白尼体系的另两个有趣的特征。既然是地球的旋转造成了恒星的周日圆周运动,地轴就应该指向天球上这些圆周的中心。但是如图所示,从一个年底到下一个年底,地轴并不完全指向天球上相同的位置。依照哥白尼理论,一年之中地轴的延长线在恒星天球上画出两个小圆,一个围绕北天极,另一个围绕南天极。对于地球上的观测者,恒星周日运动的圆心也应该沿着一个围绕天极的小圆每年旋转一周。或者换用与观测联系更紧密的说法,每颗恒星一年内应当在恒星天球上(相对于观测到的天极)略微改变位置。

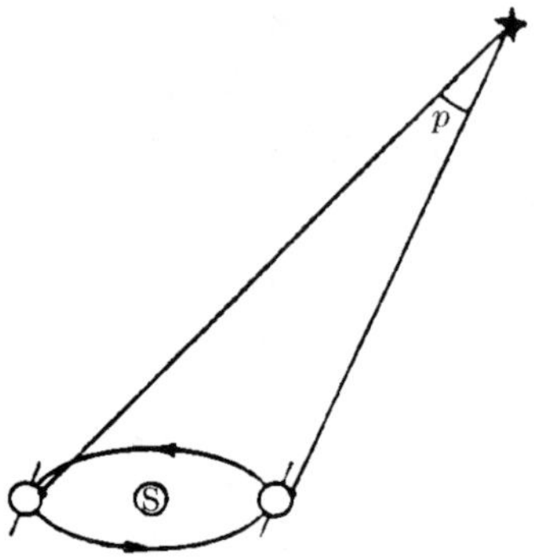

图 30　恒星周年视差。当地球在轨道上运行时,一个地面观测者与一颗固定恒星之间的连线不能保持与自身完全平行,所以该恒星在恒星天球上的视位置经过 6 个月会偏移角度 p.

这种视运动肉眼看不见,1838 年之前甚至连用望远镜都看
164 不见,它被称为视差运动。因为从地球轨道上的对径点到一颗恒星的两条连线不完全平行(图 30),从地球上看该恒星的视位置应该因季节不同而不同。但若到恒星的距离比地球轨道直径大得多,则视差角,即图 30 中的 p 就会非常非常小,恒星视位置的变化也察觉不到。视差运动不明显只是因为恒星相对于地球轨道的尺度而言太遥远了。这种情况跟前面讨论的为什么地动看起来并不改变地平面与恒星天球的交线,完全相同。事实上我们讨论的是同一个问题。不过问题的现在这种提法更为重要,因为在地平线附近很难精确测定恒星位置,而这是决定地平面是否平分恒星天球所必需的。与上面讨论的至点的升起和落下不同的是,寻找视差运动不必受地平线的限制。因此视差提

供了比利用地平线位置敏感得多的观测检验方法来检验恒星天球相对于地球轨道的最小尺度，而前面哥白尼对这个尺度的估计实际上应该是来自对视差的讨论。

第二件事情可由图 29 说明，它只与哥白尼有关而与天空毫无关系。我们把图中的轨道运动当作一个单一的运动：地心在环绕太阳的圆周上运动，而地轴总是与穿过太阳的固定直线保持平行。哥白尼则把这同一物理运动视为两个同时发生的数学运动的组合。所以他才会赋予地球总共三个圆周运动。他这样描述的理由给出了他受到亚里士多德的传统思想模式束缚的又一重要例证。对他来说，地球是一颗行星，它由一个天球携带着围绕中心太阳运动，这个天球就像原先携带太阳围绕中心地球运动的天球一样。如果地球是牢固地嵌在天球上，地轴就不能与穿过太阳的同一直线始终保持平行；相反，地球会被天球的旋
转所带动，并占据图 31(a)所示的几个位置。当地球绕太阳转 165
过 180° 时，地轴仍与垂直方向成 23.5°角，但方向与开始时相反。为了抵消携带地球的天球旋转造成的地轴方向变化，哥白尼要求第三种圆周运动，它仅适用于地轴，如图 31(b)所示。这是一个圆锥运动，使地轴的北端向西每年运动一周，这样正好抵消轨道运动对地轴的影响。

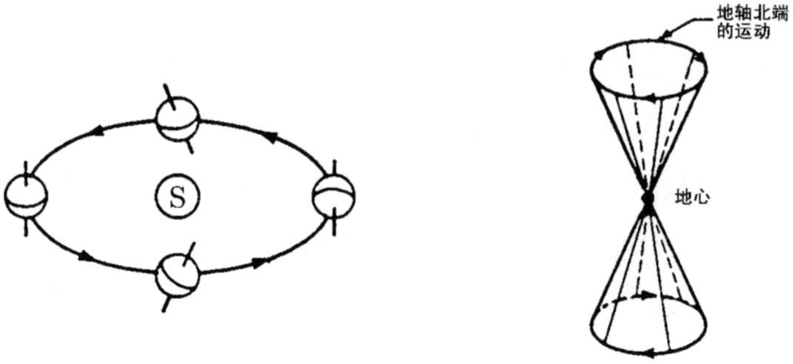

(a) (b)

图 31　哥白尼的“第二”和“第三”运动。第二运动如(a)所示,即行星嵌在以太阳为心而旋转的天球上的运动。这种运动不能保持地轴与自身平行,所以要引入(b)所示的圆锥运动来使地轴恢复正常。

哥白尼天文学——行星

至此,哥白尼发展出的概念图式还是跟托勒密的一样有效,但肯定不会更有效,它好像还麻烦一些。只有把行星加到哥白尼的宇宙中去,他的革新的真实基础才会变得明显起来。例如,考虑对逆行运动的解释,哥白尼曾在他的导论性的第一卷的第5章末尾不加讨论地暗示了这一解释。在托勒密体系中对每颗行星的逆行运动是这样解释的:行星置于大本轮上,大本轮的中心则由行星的均轮带动环绕地球。这两个圆的组合运动产生了

第二章①讨论过的那种特殊的环形图案。哥白尼体系不再需要大本轮。行星在恒星中间的逆行运动或西向运动只是一种视运 166
动,它像太阳在黄道上的视运动一样,是由地球的轨道运动产生的。根据哥白尼的说法,托勒密用大本轮来解释的这种运动其实是地球的运动,由于地上的观测者以为自己是静止的才把它归于行星。

图 32(a)和图 32(b)描述并解释了哥白尼观点的主要内容。前一幅图显示以恒星天球作为固定背景,从运动的地球上看到的一个运动着的外行星的相继视位置;后一幅显示内行星相继的视位置。图中仅画出了轨道运动;略去了地球的周日旋转,因为它会引起太阳、行星、恒星一起快速向西的视运动。在两幅图中,地球在以太阳为中心的圆形轨道上的相继位置都用点 E_1, E_2,……, E_7 表示;行星相应的相继位置用 P_1, P_2,……, 167
P_7 表示;延长地球到行星的连线直至与恒星天球相交,得到行星相应的视位置,用 1, 2,……, 7 表示。在两种情况下内层的行星总是在其轨道上运行得更快些。对这两幅图的检查显示,行星在恒星中间的视运动从 1 到 2 和从 2 到 3 是正常的(向东的);然后变成逆行(向西运行)从 3 到 4 和从 4 到 5;最后再次转向,从 5 到 6 和从 6 到 7 为正常运动。当地球完成它轨道余下的部分时,行星继续正常运动,当行星和地球正好在太阳两侧正对时,行星向东运行的速度最快。

① 原文为第三章,有误。——译者注

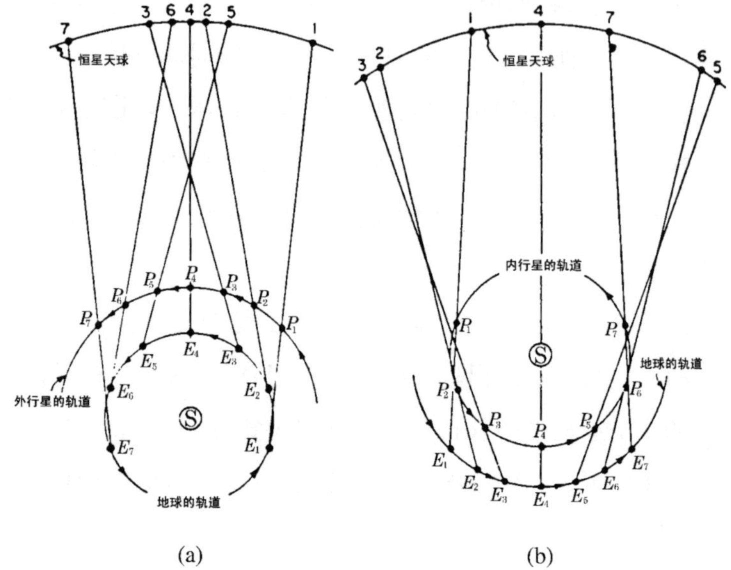

图 32　哥白尼对外行星(a)和内行星(b)逆行现象的解释。每幅图中地球都在自己的轨道上从 E_1 稳定地运行到 E_7,行星从 P_1 运行到 P_7,同时,行星在恒星天球背景上的视位置从 1 向东移动到 7,但是当行星经过地球时出现一段向西从 3 到 5 的逆行。

因此,在哥白尼的体系中,从地球上看,行星大部分时间都是向东运行;只有当地球以更快的轨道运动赶超外行星时,或者是内行星赶超地球时,才会发生逆行。逆向的运动只出现在地球离逆行的行星最近的时候,这与观测是相符的。至少外行星是在向西运动的时候最亮。这样,行星的第一类主要的不规则运动不用本轮就得到了定性的解释。

图 33 表示的是哥白尼的方案如何解释另外一类行星运动主要的不规则性——行星沿黄道相继的运行时间不固定。图中假定行星(这里是外行星的情形)沿轨道向东每运行一圈,地球沿轨道向东走 1¼圈。假设在这一系列观测开始时地球位于 E_1,行星位于 P,则行星正处于逆行的中点,它在固定的恒星天球上投影为 1。当行星沿轨道完整绕行一周回到 P 时,地球沿轨道前进了 1¼周到达 E_2。因此行星的视位置为 2,在起始点 1 的西边。它沿黄道的运动还未完成一个整圈,所以第一整圈所需时间比行星沿轨道旋转一周花的时间要长。

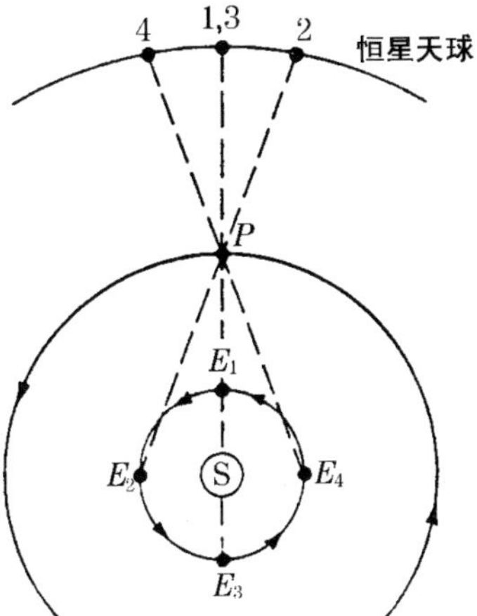

图 33　外行星沿黄道连续完成绕行所需时间会发生变化的哥白尼解释。当行星从 P 向东运行一周回到 P,此时地球从 E_1 向东运行经 E_1 到达 E_2,转了 1¼圈。在此期间行星在恒星中的视位置从 1 向东移到 2,略少于一圈。在行星的下一个周期,地球从 E_2 经 E_2 到 E_3,视位置由 2 经 1 再到 1,略多于黄道一周。

行星沿轨道绕行第二周，地球又前进了多于一周到达 E_3，
168 而行星又回到 P。这一次行星投影在位置 3，处于位置 2 的东边。它在黄道上走了一圈多，而在自身轨道上只转了一圈，所以它在黄道上运行的第二圈非常快。行星运行又一圈后再次回到 P，而它的视位置到了 4，在 3 的东边，因此这次黄道运动又是很快的一圈。再运行一周，行星出现在位置 1，在 4 的西边，因此最后一圈运行得较慢。行星在自身轨道上运行了四周，同时在黄道上也走了四圈。所以平均起来外行星在黄道上走一圈的时间与行星的轨道周期相等。但每一圈花的时间可能比平均时间长很多或短很多。类似的论据可以解释内行星运动类似的不规则性。逆行运动和绕黄道运行所需时间不固定这两大不规则
169 性，在古代导致天文学家使用本轮和均轮来解决行星问题。哥白尼的体系解释了这两大不规则性，而且没有借助本轮，至少没有使用大本轮。而为了对行星运动做出哪怕只是近似的和定性的解释，希帕克斯和托勒密用了十二个轮——太阳和月亮各一个，其余五个“漫游星”各两个。哥白尼对行星的视运动完成了同样定性的解释，却只用了七个轮。他只需给已知的六颗行星——水星、金星、地球、火星、木星、土星各一个以太阳为中心的轮，再给月球一个以地球为中心的轮。对于只考虑行星运动的定性解释的天文学家而言，哥白尼体系肯定经济得多。

但哥白尼体系这种表面上的经济在很大程度上只是一种幻觉，尽管它是一种宣传上的胜利，而新天文学的支持者少不了要强调这一点。我们还没有开始跟哥白尼行星天文学真正的复杂

性打交道。出现在《天球运行论》第一卷,又屡屡出现在现代对哥白尼体系的初等解释中的七圆体系确实极为经济,但却并不管用。它对行星位置的预测精度无法同托勒密体系相比。它的精度只比得上托勒密体系的简化十二圆版本——哥白尼只是对行星运动的**定性**解释比托勒密更经济。但是,为了对行星位置的变化做出较好的**定量**解释,托勒密已经不得不加入小本轮、偏心圆和偏心匀速点,把原本的十二圆体系搞得错综复杂。为了从他那基本的七圆体系得出能与托勒密相当的结果,哥白尼也只好求助于小本轮和偏心圆。他的完整的体系就算没有托勒密那么笨重也好不到哪去。二者都使用了超过 30 个轮子,在经济性上差不多。两个体系在准确性上也没有多大差别。等哥白尼添加完轮子,他那笨重的日心体系也只能达到跟托勒密体系一样的精度,并不能得出更精确的结果。哥白尼其实并没有解决行星问题。

完整的哥白尼体系在《天球运行论》的后几卷中给出。还 170
好我们只需描述增加的复杂性的种类。例如,哥白尼体系并非真正彻底的日心体系。为了解释冬季太阳穿行于黄道十二宫时速度的加快,哥白尼把地球的圆形轨道改成了偏心圆,将圆心从太阳上拿开。为了解释古代和当时的观测中太阳运行的其他不规则现象,他又设定这个偏移了的圆心是运动的。地球的偏心圆圆心在另一个圆上,第二个圆的运动持续地改变地球偏心的范围和方向。最终计算地球运动的体系大致可由图 34(a)表示。图中 S 为太阳,固定于空间中;绕太阳缓慢运动的点 O 是一个缓慢转动的圆的中心,这个圆带着地球偏心圆的圆心 O_E 运动;E 是地球本身。

其他天体的视运动也得用差不多这么复杂的方法来解释。对月球哥白尼共用了三个圆,第一个以运动的地球为中心,第二个的中心在第一个的圆周上运动,而第三个的中心又在第二个
171 的圆周上。对火星以及其他行星中的大多数,他运用了类似图 34(b)所示的体系。火星轨道中心 O_M 与地球轨道中心 O_E 不重合,并与之一起运动;行星位于 M,不是在偏心圆上,而是在一个本轮上,本轮向东旋转,与偏心圆同一方向且周期相同。复杂程度还不止于此。为了解释各行星在南北方向偏离黄道的现象,还需要更多的装置,这跟托勒密体系完全相当。

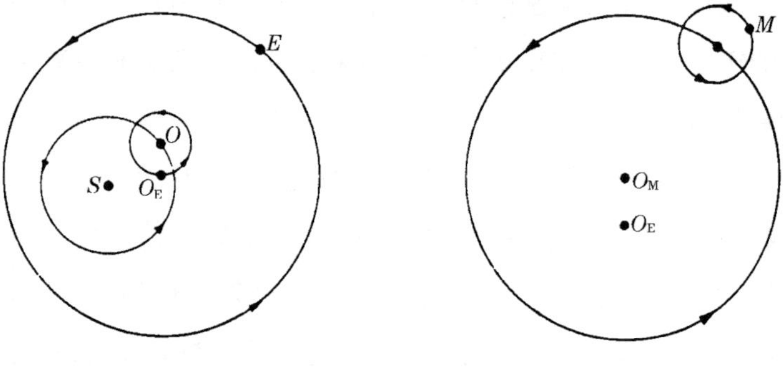

(a) (b)

图 34　地球(a)和火星(b)运动的哥白尼解释。在(a)中太阳位于 S,地球位于 E,并以 O_E 为圆心旋转,O_E 缓慢绕点 O 旋转,点 O 则以太阳为圆心旋转。在(b)中,火星置于本轮上,本轮在以 O_M 为心的均轮上运行,O_M 与地球轨道中心 O_E 保持固定不变的几何关系。

哥白尼为计算行星位置而应用这种连锁圆周的复杂体系，以上虽然只是粗略的描述，却揭示出《天球运行论》中第三处重大的不协调，这也是对哥白尼毕生工作的极大讽刺。《天球运行论》的前言一开始就强烈指责托勒密体系不精确、不简洁、不一致，但是哥白尼的书尚未结束，就自己暴露出完全相同的弱点。哥白尼体系既不比托勒密体系更简洁，也不比它更精确。而且哥白尼建立体系的方法同托勒密的方法一样，似乎不大可能得出行星问题的哪怕一个相容解。《天球运行论》本身也跟这个体系唯一幸存的早期版本（在哥白尼的早期手稿《提纲》中提出）不一致。即使是哥白尼也无法从他自己的假说中推出连锁圆周的唯一组合方案，他的继承者们也没能办到。古代传统的这些特征曾经促使哥白尼尝试一种彻底的革新，但它们并没有被这个革新所清除。哥白尼抛弃托勒密传统是因为他发现"数学家做的（天文）研究自相矛盾"，还因为"倘若他们的假设并非误导，基于它们的所有推论应该得到证实才对"。假如有另一位哥白尼，一定会用同样的论据反过来指责他。

哥白尼体系的和谐性

从纯粹的实践角度来看，哥白尼的新行星体系是一个失败；它并不比其托勒密派的前辈更精确，也没有显著的简化。但是从历史上说，这个新的体系却是一个极大的成功；《天球运行 172
论》使哥白尼的一部分继承者坚信，日心天文学掌握了解决行星问题的钥匙,而且这些人最终给出了哥白尼所追求的那种简单而精确的解答。下一章将会考察他们的工作,不过先要弄清楚他们为什么会成为哥白尼派——既然不能提高经济性或精确性,还有什么理由交换地球与太阳的位置呢？这个问题的答案跟充满了《天球运行论》的技术细节是很难分开的,因为,正如哥白尼自己认识到的,日心天文学真正的吸引力是审美方面的而不是实用方面的。对天文学家而言,在哥白尼体系和托勒密体系之间最初的抉择纯属偏好问题,而偏好问题是最难界定和讨论的。不过,就像哥白尼革命本身表明的,偏好问题并非无足轻重。能够辨认几何上的和谐性,就能感觉出哥白尼日心天文学中新的简洁性和一致性,假如没有看出这种简洁性和一致性,就不会有哥白尼革命了。

前面我们已经考察过哥白尼体系一个美学上的优势。它不借助本轮就可以解释行星运动主要的**定性**特征。尤其是逆行运动,它被转化为日心轨道几何的一个自然而又直接的推论。但只有那些把定性的简洁性看得比定量的精确性重要得多的天文学家(确有一些——伽利略就是其中之一)才会把这当作令人信服的论证,而不顾《天球运行论》中精致的本轮和偏心圆的复杂体系。幸好对新系统的论证还有一些不那么短命的。例如,它对内行星运动的解释比托勒密体系简单而且自然得多。水星和金星从不远离太阳,托勒密天文学对这个观测现象的解释是将水星、金星和太阳的均轮固定在一起,从而每颗内行星的本轮的中心总是位于地球和太阳之间的直线上[图35(a)]。本轮中

心的这种对齐是一项“额外的”设计，是对地心天文学的几何结构的特设性附加，而在哥白尼的体系中不需要这种假设。如图 173
35(b)，若一颗行星的轨道完全位于地球轨道之内，行星根本无法在远离太阳的地方出现。最大距角只在图中所示的情况下出现：地球到行星的连线与行星轨道相切，∠*SPE* 为直角。因此距角∠*SEP* 是内行星偏离太阳所能达到的最大角度。体系的基本几何结构就完全解释了水星和金星是如何束缚在太阳周围的。

哥白尼的几何还解释了内行星运动的另一个甚至更为重要的方面，即它们的轨道次序。在托勒密体系中行星都安排在地心轨道上，所以行星与地球之间的平均距离随着行星沿黄道运行所需要的时间而增加。这种设计对外行星和月球管用，但是

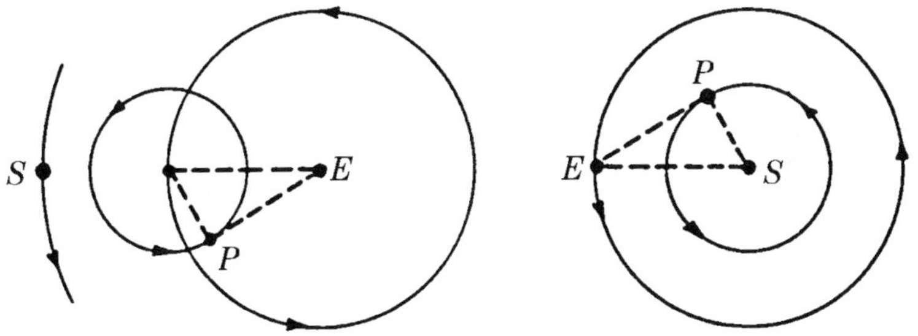

(a)　　(b)

图 35　内行星距角受限的解释，图(a)为托勒密体系中的解释，图(b)为哥白尼体系中的。在托勒密体系中，必须保持本轮中心在地球与太阳的连线上才能限制太阳 *S* 和行星 *P* 之间的夹角。在哥白尼体系中，由于行星轨道完全位于地球轨道之内，不需要这种限制。

水星、金星和太阳绕黄道的平均旅程都需要 1 年时间，因而它们的轨道次序总是成为争论的根源。在哥白尼体系中没有给同样的争论留下地盘；没有两颗行星的轨道周期相同。月球不再卷
174 入这个问题，因为它绕地球旋转而不是绕中心太阳。外行星火星、木星和土星围绕新的中心保持了原有的次序，因为它们的轨道周期跟环绕黄道的平均时间是相同的。地球的轨道位于火星轨道以内，因为地球的轨道周期是 1 年，比火星的 687 天短。就只剩下水星和金星要放进体系中去了，它们的次序就要首次被独一无二地确定了。

确定如下：已知金星每 584 天发生逆行，由于逆行运动只在金星赶上地球的时候发生，所以 584 天一定是金星在同地球一道绕太阳的运行中领先地球一圈所需要的时间。在 584 天内地球沿它的轨道行进了$\frac{584}{365}$（$=1\frac{219}{365}$）圈。既然金星在此期间超过地球一圈，那么它必定在 584 天内沿它的轨道绕行了 $2\frac{219}{365}$（$=\frac{949}{365}$）圈。但是 584 天沿轨道运行$\frac{949}{365}$周的行星绕轨道一周必定需要 $584\times\frac{949}{365}$（$=225$）天。所以，既然金星的周期 225 天比地球周期短，它的轨道一定在地球轨道之内，毫不含糊。类似的计算把水星的轨道排在金星轨道之内，是最接近太阳的。因为水星每 116 天发生逆行也就是超过地球，所以它必定在 116 天内走完轨道的 $1\frac{116}{365}$（$=\frac{481}{365}$）圈。因此它绕轨道一周需要 $116\times\frac{481}{365}$（$=88$）天。它的轨道周期 88 天是所有行星中最短的，所以它是离太阳最近的行星。

至此我们已将日心的行星轨道排了序，用的方法跟托勒密

天文学家给地心轨道排序的方法一样：行星离宇宙中心越远，环绕中心需要的时间越长。轨道尺寸随轨道周期递增这个假设在哥白尼体系中比在托勒密体系中能够得到更完整的运用，但是在这两个体系中该假设最初都是武断的。似乎很自然的行星就应该这样运行，如同维特鲁维的轮上的蚂蚁，然而并不存在使它们这样运行的必然性。有可能这个假设完全没有道理，而除了太阳和月球的距离可以直接测定之外，其他行星有着另一种次序。

对假设的这一重新排序的回应，构成了哥白尼体系和托勒密体系另一个非常重要的差别，这一差别正如我们在哥白尼的序言中发现的那样，是哥白尼本人特别强调的。在托勒密体系 175
中，任一颗行星的均轮和本轮都可以随意缩小或扩大，不会影响到其他行星的轨道大小，也不会影响从中心的地球上看到的行星在恒星背景中的位置。轨道的次序**大概可以**通过假设轨道尺寸同轨道周期之间的某种关联来确定。除此之外，轨道的相对尺度**大概可以**借助进一步的假设算出来，这在第三章讨论过，即假设一颗行星到地球的最小距离就等于它内侧的下一颗行星与地球之间的最大距离。但是，尽管这两个假设看起来都很自然，却都不是必然的。托勒密体系不用其中任何一个也可以预测同样的行星视位置。在托勒密体系中，各种现象并不依赖于行星轨道的大小和次序。

在哥白尼体系中就没有类似的自由度。如果所有的行星都以近似圆形的轨道绕太阳旋转，那么轨道的次序和相对大小都可以由观测直接确定而无须任何附加的假设。对轨道次序甚至相对大小的任何改变都会颠覆整个体系。例如,图 36(a)显示了一颗内行星 *P*,在它正到达离太阳最大距角的时刻从地球上看去的样子。因为假设了轨道是圆形,所以当距角∠*SEP* 达到其最大值时,∠*SPE* 必定是直角。行星、太阳和地球组成一个直角三角形,它的锐角∠*SEP* 可以直接测得。而知道了直角三角形的一个锐角就确定了该三角形各边长的比值。因此内行星轨道半径 *SP* 与地球轨道半径 *SE* 的比值可以由已测定的∠*SEP* 的值计算出来。地球轨道与两颗内行星的轨道的相对大小可以由观测得到。

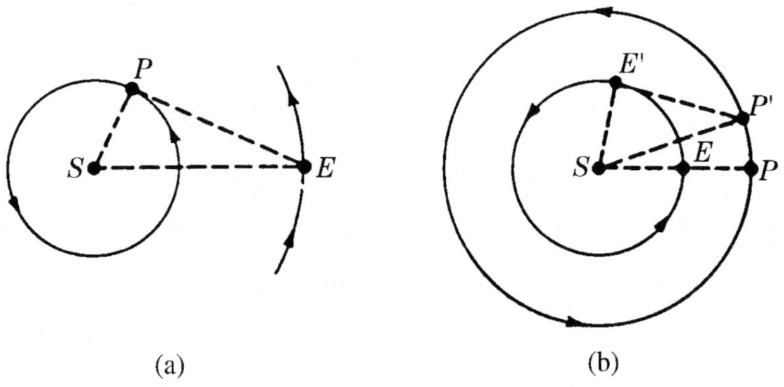

图 36 在哥白尼体系中确定轨道的相对尺度:(a)为内行星;(b)为外行星。

对外行星也可以使用相同的测定,尽管技术更为复杂。一个可能的技术如图 36(b)所示。假设在某个确定的时刻,太阳、地球和行星都位于一条直线 *SEP* 上;这个方位就是行星与太阳

在黄道的直径两端相对,行星处于逆行的中点。由于地球沿轨道运行比任何外行星都快得多,所以必定有某个较晚的时刻,地 176
球在 E' 点,行星在 P' 点,与太阳构成直角 $SE'P'$,而由于 $\angle SE'P'$ 是从地球上看太阳与外行星之间的夹角,所以它可以被直接确定,达到此位置所需的时间也可以测出。$\angle ESE'$ 可以确定,因为它与 360° 的比值应该等于地球从 E 到 E' 所需时间与地球走完轨道一周所需时间 365 天之比。$\angle PSP'$ 可以用完全相同的方法确定,因为行星绕轨道一周的时间已知,而行星从 P 运行到 P' 占用的时间与地球从 E 到 E' 所需时间是一样的。知道了 $\angle PSP'$ 和 $\angle ESE'$,$\angle P'SE'$ 就可以由相减得到。这样我们又得到一个直角三角形 $SE'P'$,锐角 $\angle P'SE'$ 已知,从而行星轨道半径 SP' 与地球轨道半径 SE' 的比值可以像内行星一样确定。

靠这样的技术,所有行星的距离可以借日地距离确定下来,也可以用任何已用来计量地球轨道半径的单位,例如斯塔第。现在,正如哥白尼在他序言性的信中说的:头一回,“所有恒星和天体的次序及大小……都变得浑然一体,以至不能变动任何一部分而不在其他部分和整个宇宙引起混乱”。因为行星轨道 177
的相对尺度是日心天文学第一项几何前提的直接结果,所以对哥白尼而言,新的天文学拥有旧的地心版本所缺少的自然性和一致性。从哥白尼的体系推出天体的结构只需更少的附加或特设性假设,如充实性。这就是哥白尼在他的导论性的第一卷第 10 章中充分强调和展示的新的和审美的和谐,我们已经对新体系有了足够的知识(而哥白尼的外行读者们没有),现在我们就来看这一章,了解一下他在谈什么。

10. 天体的次序。

谁也不会怀疑,在一切看得见的物体中恒星天球是最远的。至于行星的次序,古代哲学家们想按运转周期来排列。他们的理由是以相同速度运动的物体,越远看起来动得越慢(这是欧几里得《光学》中证明的)。他们认为月亮转一圈的时间最短,是因为它离地球最近,转的圆圈最小。在最远的地方他们放上了土星,它绕的圈子最大,所需时间也最长。比它近一些是木星,然后是火星。

至于金星和水星,看法就有了分歧。与其他行星不同,它们从来不会完全离开太阳。因此,有些人把它们排在太阳之外,例如柏拉图在《蒂迈欧篇》中;另一些人却把它们排得比太阳近,例如托勒密和许多现代人。阿尔帕特拉吉[一个12世纪的穆斯林天文学家]则把金星摆得比太阳近,水星比太阳远。如果我们同意柏拉图的看法,即行星本身都是暗的物体,只能反射太阳光,就必然得出,如果它们比太阳近,会因为与太阳接近而呈现半圆或是圆的一部分;因为它们接受的光大部分会向上反射,即朝向太阳,正如新月或残月的情形。[参见下一章关于金星的相的讨论。无论是这种现象还是下面要说的那种,不用望远镜都不能清楚地看到。]有人认为,既然从来没有观测到行星引起与自身大小成正比的日食,这些行星决不会在太阳和我们之

间。……[**哥白尼接着又提到了在确定太阳与内行星的相对顺序的讨论中的许多难点。然后他继续说：**]

托勒密论证说，太阳应在会离它远去的和不会离它远去的天体之间运行[**即在能够采取任意距角的外行星和最大距角受限的内行星之间**]，这个论证同样缺乏说服力。
考虑月亮的情况，它也会远离太阳，这就暴露出上述说法的 178
谬误。有人把金星排得比太阳近，然后是水星，或者用别的什么次序。他们还能提出什么理由来解释，为什么这两颗行星不像其他行星[**其均轮不与太阳的均轮连在一起**]那样，遵循明显不同于太阳的单独的轨道呢？即使行星的相对快慢与排列顺序一致，仍然存在上述问题。因此，或者按行星和天球的顺序，地球并非中心；或者他们的相对顺序不能观测到，也没有理由表明为什么最高位置属于土星而不是木星或任何别的行星。

所以我认为，我们必须认真考虑马丁纳斯·卡佩拉[**5世纪罗马一位百科全书编纂者，他记录了可能是赫拉克利德最先提出的一种关于内行星的理论**]……和某些其他拉丁学者独到的见解，即金星和水星并不像其他行星一样绕地球旋转，而是以太阳为中心运行，从而它们偏离太阳不能超过自身天球凸度的限制。……这些学者认为，它们的天球中心靠近太阳，这还能是什么意思呢？显然水星天球是包在金星天球里面，后者公认为比前者的两倍还要大。

现在我们可以推广这个假说，把土星、木星和火星也同这个中心联系起来,令它们的天球大到可以把金星、水星以及地球都包容在内。……这些外行星在黄昏升起时离地球更近,也就是它们与太阳相冲,地球位于行星与太阳之间。行星在黄昏下落时离地球更远,这时它们跟太阳相合,太阳位于行星与地球之间。这些迹象表明,它们的中心不是属于地球而是属于太阳,与金星和水星绕之旋转的中心相同。

[哥白尼的评论并不真的“证明”什么。托勒密体系解释这些现象跟哥白尼体系一样全面,不过哥白尼的解释则更为自然,因为,像哥白尼对内行星距角有限的解释那样,他的解释只取决于日心天文学体系的几何结构,而不依赖归属于行星的特定轨道周期。参考图32(a)就容易明白哥白尼的评论。外行星在地球超过它时逆行,在这种情况下它一定同时最靠近地球并与太阳跨黄道相对。在托勒密体系中逆行的外行星一定比其他任何时候都更靠近地球,而且实际上也是与太阳横跨天空相对。但是它与太阳横跨天空相对只是因为其均轮和本轮的转速取了特定的值,碰巧
179 在本轮将行星带回到离中心的地球最近时,把行星放回冲日的位置。在托勒密体系中,如果本轮或均轮的周期在定量上有些微的不同,那么使逆行的外行星横跨天空与太阳相对的定性规律就不会出现。在哥白尼体系中则一定会出现,不管行星在轨道上运行的特定速率是多少。]

但是因为所有这些[天球]有同一个中心,在金星天球

的凸面与火星天球的凹面之间的空间也是一个与这些球同心的球。这个插入的球容纳了地球及其卫星月球和月亮天球所包含的东西——我们无论如何不能把月亮和地球分开,因为月亮毫无疑问是离地球最近的,何况我们还在这个空间里为月球找到了合适而充足的空位。

因此可以断言,地球的中心带着月亮的轨道,在其他行星之间以一个很大的圆周绕太阳运转,每年一周;断言太阳附近就是宇宙的中心;还可断言,鉴于太阳静止,太阳的任何视运动用地球的运动来解释更好。尽管日地距离相比行星轨道的尺寸都不算太小,但是宇宙大极了,以致日地距离同到恒星天球的距离相比,仍是微不足道的。

我认为,相信这一点比起假设大量的天球从而扰乱问题要好得多,而把地球放在宇宙中心就必然要作那种假设。我们应当仿效自然,自然从不造出任何多余无用的东西,它往往赋予一个原因以多种结果。尽管这些观点难以理解、出乎意料、与众不同,但是,若上帝允许,最终我们将至少使数学家弄清楚它们。

承认上面关于周期同天球尺寸成比例的观点(没有更合理的办法),则从最高的一个天球开始,天球的次序可排列如下。恒星天球名列第一,也是最高的天球。除自身外它还包罗一切,因此是静止不动的。它提供一切其他天体的运动和位置的基准。……在恒星天球下面接着是土星的天球。土星每30年完成它的一次环行。在土星之后是木星，12 年公转一周。然后是火星，2 年公转一次。第四位是周年旋转[**的天球**]，地球和作为本轮的月球天球一起包含在其中。周期为 9 个月的金星在第五个位置。第六位是水星，它 80 天绕行一周。

太阳高坐在所有这些天体的中间。在这个最美丽的殿堂里，它能同时照耀一切。难道还能把这盏明灯放到另一个更好的位置上吗？称太阳为宇宙之灯、宇宙之心灵、宇宙
180 的主宰，都非常合适。三重伟大的赫尔墨斯称太阳为看得见的神，索福克勒斯笔下的艾勒克塔（Electra）则称之为洞察万物者。于是，太阳似乎是坐在王位上管辖着绕它运转的行星家族。地球还有一个随从，即月亮。正如亚里士多德在《论动物[**生成**]》中所说的，月亮同地球有最亲密的血缘关系。同时地球受孕于太阳，每年重新分娩一次。

因此，我们发现在这种排列的背后是宇宙令人惊叹的对称性，以及天球的运动和大小之间明显的和谐关联，而这都是其他办法发现不了的。因为我们察觉，为什么木星的顺行和逆行看起来比土星的长，而比火星的短，但金星的却比水星的长[**看一下图 32 就会发现行星轨道离地球轨道越近，行星的逆行视运动就越长——这是哥白尼体系的另一个和谐性**]；为什么土星的这种摆动比木星显得频繁，而火星、金星却没有水星多[**地球追上运行较慢的外行星比追上运行较快的外行星次数多，对于内行星则正好相反**]；还有，为什么土星、木星和火星在冲日的时候比隐没在日光中或从日光

> 中浮现时离地球更近。尤其是火星,当整个晚上照耀长空时[因而也就是冲的时候],它的亮度似乎可以与木星相匹敌,仅凭它的红色光芒就可以分辨出来;在其他情况下,它简直比不上一颗二等星,只有仔细跟踪它的运行才能认出来。所有这些现象都是由同一个原因造成,这就是地球的运动。
>
> 可是恒星没有这些现象,这证明它们非常遥远,以致外层天球的周年[视]运动及其[视差]现象都无法用眼睛看到。光学证明,可见物体都有一定的距离范围,超出这个范围就看不见了。恒星的闪烁也表明在最远的行星——土星与恒星天球之间还是无比遥远的[因为若恒星与土星很近,它们的发光就应该像土星一样],恒星与行星的区别主要是依据这一标志。再者,运动的物体与不动的物体之间必定有极大的差异。神圣造物主的这件庄严作品是多么伟大!

第10章极为重要,通篇之中哥白尼强调的是“令人惊叹的对称性”,以及“天球的运动和大小之间明显的和谐关联”,这都是日心的几何结构给予天体现象的。如果太阳是中心,内行星就不可能远离太阳而出现;如果太阳是中心,外行星就必定在离地球最近的时候冲日;如此等等。正是通过类似的论证,哥白尼 181
设法使他的同代人相信了他的新方法的有效性。每一个论证都举出能够被**或者**托勒密**或者**哥白尼体系解释的现象的一个方面,然后都进而指出哥白尼的解释更和谐、更一致、更自然。有许多这样的论证。从和谐性得出的证据的总和给人的印象是极其深刻的。

然而它也可能是无足轻重的。“和谐性”要作为讨论地动的基础似乎是很奇怪的，尤其是构成完整的哥白尼体系的复杂繁多的轮严重地模糊了这种和谐性。哥白尼的论证并不实用。它们并不投合实践天文学家的功利观念，而是投合其审美观，并且只是审美观。它们对外行人也没有吸引力，这些人即使理解了那些论证也不会愿意用小小的天的和谐换取地的大大的不和谐。它们不一定吸引天文学家，因为哥白尼的论证针对的和谐性并不能让天文学家工作得更好。新的和谐性并没有增加精确性和简单性。因此它们只能够而且确实只是主要吸引有限的或许是非理性的小群数理天文学家，他们感知数学和谐性的新柏拉图主义耳朵不会被连篇累牍的繁复计算所阻塞，而这些计算最终导致的数值预测并不比他们过去已知的结果更好。幸运的是，这样的天文学家确实有几个，下一章我们就会看到。他们的工作也是哥白尼革命必不可少的要素。

逐渐的革命

由于率先建立了一个基于地动的天文学体系，哥白尼常常被称为第一位近代天文学家。但是正如《天球运行论》的文本所显示的，称他为最后一位伟大的托勒密派天文学家也一样具有说服力。托勒密天文学的含义远远超过基于静止地球的天文学，而哥白尼与托勒密传统的决裂仅仅只是在地球的位置和运
182 动方面。他的天文学所植根的宇宙论框架，他的物理学（无论

地的还是天的),甚至他为了使他的体系能够给出准确的预测所使用的数学方法,都是在古代和中世纪科学家们建立起来的传统之中。

尽管历史学家偶尔会为了哥白尼究竟是最后一个古代天文学家还是第一个近代天文学家争得面红耳赤,然而这种争辩从根本上是荒谬的。哥白尼既不是古代的也不是近代的,而是一个文艺复兴时期的天文学家,两种传统在他的工作中融合在一起。追问他的工作究竟是古代的还是近代的,就如同追问一条别处都是直的道路的转弯处是属于转弯之前的那段路还是属于之后的那段。在转弯处,道路的前后两段都可以看到,而且其连续性十分明显。可是从转弯之前的位置看去,道路似乎直通向转弯处然后就消失了;转弯似乎是直道的最后一点。而从转弯之后的另一段路上某一点看来,道路似乎是从转弯处开始一直下来。转弯处同等地属于两段路,或者说,两段都不属于。它在道路前进的方向上标记出一个转折点,就像《天球运行论》在天文学思想的发展中标志着一次转向一样。

这一章到这里,我们主要强调了《天球运行论》与之前的天文学和宇宙论传统之间的联系。就像哥白尼本人实际所做的那样,我们也把哥白尼革新的范围缩到最小,因为我们所关心的是要发现一次具有潜在破坏力的革新是如何从最终被它摧毁的传统中产生的。但是我们很快会发觉,这并不是审视《天球运行论》唯一合理的方式,而且也不是后来大部分哥白尼派采取的视角。对 16、17 世纪哥白尼的追随者来说,《天球运行论》根本的重要性来自于它唯一的新观念，即地球作为行星，还来自于新颖的天文学结果，即哥白尼从这个观念导出的新的和谐性。对他们来说，哥白尼学说意味着地球的三重运动，而且一开始只意味着这一点。哥白尼用来包装他的革新的那些传统概念，却没有被他的追随者们当作他的工作中的基本要素，这仅仅是因为，
183 作为传统的要素，它们不是哥白尼对科学的贡献。关于《天球运行论》的争吵都不是因为它的传统要素。

这也就是为什么《天球运行论》能够既作为天文学和宇宙论的新传统的出发点又能作为旧传统之顶峰的原因。被哥白尼说服而接受地动观念的人们从哥白尼止步的地方开始了他们的探索。他们的出发点就是地球的运动，他们从哥白尼那里必然会接受的就只有这个，而他们所致力的问题已不再是哥白尼所从事的旧的天文学中的问题，而是他们在《天球运行论》中发现的新的日心天文学中的问题。哥白尼给他们带来一系列问题，这些问题无论他自己还是他的前辈们都无须面对。在对这些问题的追究过程中，哥白尼革命得以完成，源自《天球运行论》的新的天文学传统被建立起来。近代天文学回顾《天球运行论》就像哥白尼回顾希帕克斯和托勒密一样。

科学的基本概念中的重大变革都是逐渐发生的。单个个人的工作可能会在这样的概念革命中发挥显著的作用，但如果真是这样，它成就杰出的原因要么是像《天球运行论》那样，借由给科学带来新问题的小小的革新开启革命，要么就像牛顿的《原理》那样，将来自各种源头的观念整合在一起结束革命。任

何个人能够做出的革新范围必定有限,因为每个个人在研究中都必定要使用他在传统的教育中学来的工具,而他穷其一生也不可能把这些工具全部更换。因此看起来《天球运行论》中许多在本章前几部分被我们视为不协调的因素,实际上根本没有什么不协调。只有对企图在这本命名了哥白尼革命的书中发现整个哥白尼革命的人来说,《天球运行论》才显得不协调,这样一种企图是源于对科学思想新模式的产生方式的错误理解。《天球运行论》的局限性更可视为一切制造革命的著作的本质的、典型的特征。

《天球运行论》大部分表面上的不协调反映出它的作者的个性,哥白尼的个性完全适合他在天文学发展中扮演的开创性的角色。哥白尼是富有献身精神的专家。他属于复苏的希腊化 184
数理天文学传统,这一传统撇开宇宙论强调行星的数学问题。对他的希腊化前辈来说,本轮在物理上的不协调并不能构成托勒密体系的重大缺陷,而哥白尼在没法解释运动的地球和传统的宇宙之间的不协调时,同样表现出对宇宙论细节的漠不关心。对他来说,数学的和天的细节是首要的;他戴着眼罩而使目光全都聚焦在天体的数学和谐性上。对于任何不能理解他的专长的人而言,哥白尼的宇宙观是狭隘的,他的价值观则是异常的。

但是对天体的过分关心以及一种异常的价值观,有可能是在天文学和宇宙论中开创革命的人的本质特征。将哥白尼的目光限制在天体上的这副眼罩可能确实起了作用。这眼罩使他如此困扰于天文预测中一些小小的偏差,以致为了试图解决这些问题而信奉一个宇宙论的异端——地球的运动。这眼罩使他的目光如此专注于几何和谐性，以致他愿意只是为了这种和谐而坚持他的异端学说，即使它并没有解决引导他走向这一学说的那些问题。这眼罩还帮他回避了他的革新的非天文学结果，帮他回避了那些视野并未受到局限的人把他的革新当作谬论而抛弃的结果。

最重要的是，哥白尼对天体运动的奉献造就了那些无微不至的细节，他靠这些细节探究地球运动的数学结果，并使这些结果适合于已有的关于天体的知识。这一详细的技术性研究是哥白尼真正的贡献。在哥白尼之前和之后都有比他更激进的宇宙论者，他们用粗略的笔触大致勾勒出一个无限的、多世界的宇宙。但他们都没有写出能与《天球运行论》后几卷相媲美的著作，而正是这后几卷首次证明了从运动的地球出发，天文学家的工作能够进行，而且更加和谐，它们为新的天文学传统的开创提供了坚实的基础。倘若只出现了哥白尼的宇宙论的第一卷，哥白尼革命就将会而且应该以别人的名字命名了。

第六章　哥白尼天文学的同化接受

对哥白尼工作的接纳

哥白尼死于1543年,也就是《天球运行论》出版的那一年, 185
传说他在弥留之际才收到他毕生心血的第一个印刷本。这本书不得不在没有作者进一步帮助的情况下自己作战了。不过哥白尼为这些战斗打造了一件近乎完美的武器。他把这本书写成除了当时博学的天文学家之外谁也读不懂。《天球运行论》起初几乎没有在天文学领域之外造成影响。直到世俗与教会的大规模对立逐渐形成的时候,大部分最优秀的欧洲天文学家(这本书本就是写给他们看的)已经发现哥白尼的数学技巧中总有一两个是不可或缺的。因此完全查禁这部著作已不可能,特别是,它是印刷本,而不像奥瑞斯姆和布里丹的著作那样只是手稿。无论是否有意如此,《天球运行论》最终的胜利是靠一点一滴地渗透取得的。

在他的主要著作出版前20年,哥白尼就已经被广泛公认为欧洲最杰出的天文学家之一。从大约1515年起,关于他的研究的报道,包括他的新假说,就已经在传播了。人们一直翘首企盼着《天球运行论》的出版。当它出现时，哥白尼的同代人有可能怀疑它的主要假设，并对它的天文学理论的复杂度感到失望，但是他们仍然不得不承认哥白尼的著作是欧洲在深度和完整性方面都足以与《至大论》媲美的第一个天文学文本。哥白尼死后50年间写成的许多高等天文学教本都称他为“第二个托勒密”
186 或“我们时代的巨匠”；这些著作越来越多地从《天球运行论》中借用数据、计算和图表，至少是从它的某些与地球运动无关的部分借用。在16世纪后半叶，这本书成了所有对天文研究中高深问题感兴趣者的标准参考书。

但是，《天球运行论》的成功并不意味着它的中心论点获得了成功。大多数天文学家对地球静止的信念最初并未动摇。为哥白尼的博学喝彩的，借用他的图表的，还有引用他对地月距离的测定的作者们，一般都略过地球的运动，或是当作谬论抛弃。即使是带着敬意提到哥白尼的假说的极少数文本也几乎不为它辩护，不使用它。有一些值得注意的例外，在早期对哥白尼的革新的反响中，最赞同者以英国天文学家托马斯·布伦德维尔的评论为代表，他写道：“哥白尼……断定地球转动而太阳在诸天的中心静止不动，借助这一错误的假定他对天球的运动和旋转做出了比以前更正确的说明。”[1]布伦德维尔的评论1594年出现在一本初等天文学著作中，该书将地球静止视为当然。布伦德维尔的主要意思是拒斥，然而肯定促使了他的那些更敏锐更内行的读者直接去读《天球运行论》，无论如何，每一个专业天文学家都不可能忽略这本书。从一开始《天球运行论》就被广泛地阅读,但读它并不是因为它的奇异的宇宙论假设,而是尽管有这个假设也要读。

不过,这本书庞大的读者群为它确保了这样一小群数量不断增加的读者,他们具备发现哥白尼的和谐性的能力,并且愿意把这些和谐当作证据。有一些人转变了信念,他们的著作从不同的方面帮助传播了哥白尼体系的知识。哥白尼最早的弟子乔治·约阿希姆·莱蒂克斯(George Joachim Rheticus,1514—1576)所作的 *Narratio Prima* 即《第一报告》在1540年首次出版之后许多年内,一直是对新天文学方法最优秀的简明技术描述。英国天文学家托马斯·迪格斯(Thomas Digges,约1546—1595)1576年出版的对哥白尼学说的普及性初等辩护著作,为在天文学家的狭小圈子之外传播哥白尼的地动观念贡献甚多。而图宾根大学的天文学教授米歇尔·迈斯特林(Micheal Maestlin, 187
1550—1631)的教学和研究工作为新天文学赢得了一些支持者,其中包括开普勒。通过这些人的教学、著述和研究,哥白尼学说不可避免地赢得了立足之地,尽管公开承认自己坚信地动观念的天文学家仍然屈指可数。

但是,承认自己是哥白尼派的人数多少并不是哥白尼的革新取得多少胜利的充分的指标。许多天文学家感到,即便对地动持否定态度或保持沉默,照样可以利用哥白尼的数学体系并对新天文学的成功做出贡献。希腊化时期的天文学给他们提供了先例。托勒密本人从未声称《至大论》中用于计算行星位置的各种圆在物理上是实在的;它们只是数学的方法,不必具有更多的意义。同样地,文艺复兴时期的天文学家们也自由地把代表地球轨道的圆周当成数学的虚构,只是对于计算有用处而已;他们可以有时也确实不受地球运动的物理实在性的约束而假定地动来计算行星的位置。路德宗的神学家安德里亚斯·奥西安德(Andreas Osiander)目睹了哥白尼的手稿印刷的过程,他在未经哥白尼许可给《天球运行论》附上的一篇匿名的序言中,实际上力劝读者采纳这一替代方案。这篇伪造的序言或许并没有骗倒多少天文学家,但有许多仍然采用了他提议的替代方案。《天球运行论》中天的和谐与地的不协调的对立,造成了两难的困境,使用哥白尼的数学体系但又不主张地球的物理运动,则为避开这一困境提供了便捷的途径。它也逐渐缓解了天文学家最初关于地球运动是荒谬的这一信念。

伊拉斯谟·莱茵霍德(Erasmus Reinhold,1511—1553)是第一个不宣称自己赞同地球的运动而为哥白尼派做了重要工作的天文学家。1551 年,即《天球运行论》出版后仅 8 年,他用哥白尼建立的数学方法进行计算,发布了一整套新的天文星表,而且这些星表很快就成为天文学家和占星家必不可少的东西,无论他们对地球的位置和运动持何种信念。莱茵霍德的《普鲁士星
188 表》(*Prutenic Tables*)因他的赞助人普鲁士公爵而命名,这是三个世纪来欧洲制定的最完整的星表,一开始就包含了某些错误的旧星表,现在严重地过时了——时钟已经走得太久了。莱茵霍德细致入微的工作所根据的数据比起计算 13 世纪星表的人所能得到的更多也更精确,他制定的这套星表对大多数应用而

言都远远胜过旧星表。当然,它们也不是完全精确的;哥白尼的数学体系本质上并不比托勒密的精确;一天的偏差在月蚀的预测中是常有的,而根据《普鲁士星表》定出的一年的长度实际上比旧星表确定的长度的精度还略差一些。不过大部分的对比显示出莱茵霍德的成果的优越性,他的星表日益成为天文学的必需品。由于大家都知道这套星表是从《天球运行论》的天文学理论推导出来的,哥白尼的声望便不可避免地提高了。凡是使用《普鲁士星表》的人都至少是默认了一种隐含的哥白尼学说。

16 世纪后半叶,天文学家已经既离不开《天球运行论》也离不开基于它的星表。哥白尼的方案缓慢但显然不可动摇地赢得了地位。接下去的几代天文学家出于经验和所受训练而把地球静止当作理所当然的倾向逐渐减弱,他们越来越觉得新的和谐性是对地球运动的有力证明。另外,在 16 世纪末,最早转变观念的人已经开始揭示新的证据。因此假如在哥白尼宇宙和传统宇宙之间的抉择只关系到天文学家的话,哥白尼的方案几乎肯定已经悄然地取得了逐步的胜利。但是做出抉择并不单单是天文学家的事,甚至也不主要是他们的事,而且随着争论从天文学的圈子扩散开去,它开始喧嚣到极点。对大多数并不关心天体运动的详细研究的人而言,哥白尼的革新显得荒谬而且渎神。即使理解了,也会觉得那种自夸的和谐性根本不明显。产生的喧闹广泛、响亮而激烈。

但是开始的时候这喧闹还较为温和。起初,没有几个非天文学家听说过哥白尼的革新,或看出它并非一时的个人越轨,像以前许多转瞬即逝的东西一样。16 世纪后半叶使用的大部分初等天文学课本和手册都是远在哥白尼有生之年以前编写的——荷里武德的约翰在 13 世纪写的初级读本依旧是初等训练的权威——而《天球运行论》出版之后编写的新手册一般都
189 不提哥白尼或者用一两个句子来拒绝接受他的革新。向外行人描述宇宙的普及性宇宙论书籍,在腔调和内容上甚至更加只倾向于亚里士多德学派;他们的作者要么不知道哥白尼,要么虽然知道也常常忽略他。或许除了几个新教学术中心以外,在哥白尼死后的几十年间,哥白尼学说似乎一直没有成为宇宙论的议题。17 世纪初以前它在天文学的圈子之外几乎没有成为主要的议题。

16 世纪有一些来自非天文学家的回应,它们预示了即将到来的大辩论,因为他们一般都持着毫不含糊的否定态度,嘲笑哥白尼和他寥寥无几的追随者们的地动观念是多么荒谬,尽管这种嘲笑还不像后来逐渐发现哥白尼学说将会成为强硬而危险的对手时变得那样尖刻或论证起来那样精致。1578 年首先在法国发表的一首宇宙论长诗,在接下去的一又四分之一个世纪里在法国和英国都极为流行,其中有以下对哥白尼的典型描述:①

有这样一些教士如许认为(想想这有多荒诞可笑)
既不是天空也不是星星在转动,
也没有围绕这个大圆地球的舞蹈;

① 此诗由田云光翻译。——译者注

反倒是地球自身,我们居住的这颗大圆球,
每二十四小时旋转一周:
我们则像是在内陆里长大的乡巴佬
第一次登船到海上去冒险;
离开海岸线,我们往往假定
船静止不动,只是陆地离我们而去……
如果这是真的,矢箭不可能直射天空,
射手所目击的也不是同一个地方;
就好像在海船上
向正上方抛一块石头;
它不会掉回船板,而是落到海上
假定我们适才站在船尾,风速也适度。
如果这是真的,当鸟儿敏捷地飞行
从西方到晨光乍现;……
当子弹从加农炮管中咆哮着飞出
(它的轰鸣甚至盖过天空中的雷暴)
它们应该会反飞而去:因为那个快速的动体,
我们浑圆的地球每天都飞行不已,
比起鸟儿、子弹、风以及鸟的翅膀,子弹的力量,风的飘移,
地球的速度快过它们一百倍,盖过它们很轻易。
用这样的理由作武器,
已经足够攻破哥白尼;

他为了拯救苍穹，

加诸地球一个三重运动。[2]

由于这首拒斥哥白尼学说的诗的作者只是个诗人而不是科学家或哲学家，他在宇宙论方面的保守和对经典资料的坚信都不足为奇。然而像今天一样，16、17 世纪的大多数人正是通过诗人和通俗作家而不是通过天文学家来了解宇宙。上述引文摘自杜巴塔斯（Du Bartas）的《创世的一周》（*The Week, or the Creation of the World*），这本书被阅读的广泛程度和影响力都远远超过《天球运行论》。

无论如何，对哥白尼及其追随者不分青红皂白地草率的指责，并不限于保守和无独创性的通俗作家。让·博丹（Jean Bodin）作为 16 世纪最优秀最有创见的政治哲学家之一闻名于世，他用几乎一样的措辞抛弃哥白尼的革新：

没有一个尚有理智和有一点点物理学知识的人会认为，身躯庞大不堪重负的地球竟会绕自己的中心和太阳的中心蹒跚地转来转去；因为地球最轻微的震动也会摧毁城邦和要塞、市镇和山岭。宫廷里某个占星术士正在普鲁士的阿尔伯特公爵面前赞同哥白尼的主张，这时一位朝臣欧里克转向正在斟费勒年酒①的仆人，说："当心酒壶，别给酒

---

① 费勒年酒（Falernian），一种产自意大利堪帕尼亚（Campania）的费勒年山上的白葡萄酒。——译者注

了。"因为假如地球动了，笔直向上射出的箭和塔顶扔下的石头都不会垂直落下，要么落在前面，要么落在后面。……最后，如亚里士多德所述，一切物体都趋向适合其本性的位置，并停留在那里。因此，既然地球已经被分配了一个符合其本性的位置，它就不可能被自身以外的运动推动旋转。[3]

在这段文字里面博丹看起来像个传统主义者，但他其实不是。包含上述引文的那本书，因其一贯的激进和无神论论调而在 1628 年被列入天主教徒禁止阅读的禁书单中。虽然书的作者本身也是天主教徒，该书直到今天还留在禁书单中。博丹十 191
分渴望与传统决裂，但这不足以使一个人成为哥白尼派。懂得天文学并且极为严肃地对待其中的问题几乎总也是必要的。除了对那些有天文学倾向的人而言外，在哥白尼死后那些年，地球的运动跟那之前一样显得近乎荒谬。

杜巴塔斯和博丹提出的反哥白尼的论据，可以沿着我们在第三和第四章讨论亚里士多德宇宙时已经预料到的思路予以精致化。这些论证在 17 世纪上半叶一再以这样那样无须揭穿的面孔出现，而关于地动的辩论变得尖刻而激烈。据称，地球的运动违背常识的首要原则；它跟早已确立的运动定律相抵触；它已被说成只是"为了更好地拯救星辰的现象"这样一个小得可笑的动机。这都是强有力的论证，足以说服大多数人。但它们还不是反哥白尼的武库中最强大的武器，也不是造成白热化的主要来源。最强的武器是宗教，尤其是，《圣经》。

引用《圣经》来反对哥白尼甚至早在《天球运行论》出版之前就开始了。在1539年马丁·路德的一次"餐桌谈话"中,据载他说了如下的话:

> 人们听信一个狂妄自大的占星术士,他企图证明是地球在旋转,而不是诸天、苍穹、太阳和月亮在转。……这笨蛋想推翻整个天文科学;但是《圣经》告诉我们[《约书亚记》10:13]约书亚命令太阳停止不动,而不是叫地球不动。[4]

不久路德主要的副手梅兰希顿加入新教日益高涨的反哥白尼的呼声。哥白尼死后6年他写道:

> 我们的双眼见证,天体在空中每24小时旋转一周。可是某些人不是喜好猎奇就是在卖弄聪明,竟得出地球运动的结论;而且他们主张第八重天和太阳都不旋转。……只有缺乏诚实和庄重才会公然宣布这种观点,这是有害的例
> 192 子。一个善的心灵应接受并顺从上帝启示的真理。[5]

然后梅兰希顿开始收集大量反哥白尼的《圣经》段落,他强调了《传道书》(*Ecclesiastes* 1:4-5)的著名诗句,其中写有"地却永久长存"以及"日头出来,日头落下,急归所出之地"。最后他提议采取严格的措施来制止哥白尼派不敬神的学说。

其他的新教领袖也很快加入拒斥哥白尼的行列。加尔文在他的《〈创世纪〉注》(*Commentary on Genesis*)中引述《诗篇》(*Psalm*)第93篇开头的诗句——"大地同样坚定,不得动

摇”——他质问：“谁胆敢将哥白尼的权威置于圣灵之上？”[6]引述《圣经》日益成为反哥白尼论证的一个有利的来源。到了17世纪头几十年，许多教派的牧师都开始逐字逐句地在《圣经》中寻找新的能够挫败地动说的信徒们的段落。哥白尼学说越来越频繁地被贴上“不信神”和“无神论”的标签，大约在1610年以后，天主教会正式加入反对哥白尼学说的战斗，并正式指责它为异端。1616年，《天球运行论》和所有支持地球运动的著作被列入禁书目录。天主教徒被禁止讲授哥白尼学说，甚至不许阅读，只有那些经过修订、删除了所有关于地动说和日心说内容的版本除外。

以上的简述展示了被部署来反对哥白尼及其追随者的军械库里最流行、最强大的武器，但是几乎没有表明这场战争究竟是关于什么的。上面提到的大多数人非常愿意反对地球运动，把它看作是荒谬的或是和他们未能提到的权威相冲突的，但也许他们一开始并没有完全意识到，哥白尼学说对思想的整个构造具有潜在的破坏力。他们强烈的教条主义掩饰了他们的动机，但哥白尼学说并没有清除这些动机。不只是一幅宇宙图景，也不只是《圣经》的几行文字面临危机。基督教人生这幕戏剧和已经被置于这幕戏剧之上的基督教道德，不会那么容易适应这样的宇宙，在其中地球只是诸多行星之一。在但丁于14世纪初描述的基督教思想的传统结构中，宇宙论、道德和神学就一直交织在一起。3个世纪后，在关于哥白尼学说的争论达到顶点时所表现出来的劲头和恶毒，证明了这一传统的力量和生命力。 193

当哥白尼的学说被认真对待的时候,它给虔信的基督徒提出了许多重大的问题。例如,如果地球仅仅是六颗行星之一的话,人的堕落与救赎的故事作为基督教生活的重要支柱如何才能保留?如果还有其他本质上类似地球的物体,上帝的善必然使它们也有人居住。但是,如果其他行星上也有人的话,他们怎么会是亚当和夏娃的后代,怎么会有遗传的原罪呢?而只有这些才能解释为什么人类在全善全能的神为他创造的地球上会有那些无法理解的艰辛。再者,其他行星上的人,怎么会知道有一个救世主将永生的可能性向他们敞开呢?或者,如果地球是一颗行星、一个离开宇宙中心的天体,人类作为恶魔与天使之间的中介和焦点的地位又会变成什么呢?如果作为行星的地球分有了天体的本性,它就不能成为罪恶的巢穴,而人类本该渴望逃离它而趋向天的神圣的纯洁性。同样,如果天分有了从行星地球上可以清楚看到的恶和不完美,它就不能成为上帝合适的住所。最糟糕的是,如果宇宙像许多后期哥白尼派认为的那样是无限的,那什么地方能够安放上帝的宝座呢?在一个无限的宇宙中,人将如何找到上帝和基督呢?

这些问题是有答案的,但答案不容易得到;它们并非无关紧要;它们有助于改变普通人的宗教体验。哥白尼学说需要人们转变对于自己和上帝的关系以及对于道德之根基的认识。这种转变不可能在一夜之间完成,而且在哥白尼学说的证据仍然像《天球运行论》中那样不具有决定性的时候,这种转变几乎没有开始。在转变完成之前,敏感的观测者们很可能发现传统的价值观与新宇宙论相冲突,而且指控哥白尼学说为无神论的频率,证明了行星地球的概念对许多观测者来说已经构成了对既成秩序的威胁。

但是无神论的指责仅仅是间接的证据。更有力的证词来自那些感到不得不认真对待哥白尼的革新的人们。早在 1611 年, 194
英国诗人、牧师约翰・邓恩(John Donnes)对哥白尼主义者说:“你们的意见很可能是真的……[无论如何,它们正]悄悄钻进每个人的思想中。”[7]但是,他从即将来临的转变中,除了罪恶,几乎什么也不能发现。就在他极不情愿地承认了地动可能性的同一年,他在《剖析世界》(*The Anatomy of the World*)中刻画了对日益迫近的传统宇宙论的解体的不安,在这首诗中“这整个世界的脆弱和腐朽被描述出来了”。邓恩的不安有一部分就特别来自哥白尼学说:

> 新哲学让一切事情都起疑,
> 火元素被排除在外;
> 太阳迷失,地球呢,
> 人们的智慧也不能指引他去哪里寻找
> 人们公开地承认这个世界已被消耗殆尽
> 在星丛中,在天空里
> 他们寻觅如此多的新东西
> 然而这些也随之化为原子
> 所有的东西都成碎片,将它们黏合在一起的东西不复

存在

所有的都只是原料,所有的只是相互关联
王子与臣属,父亲与儿子,都被忘记
因为每一个人都认定自己是一只凤凰
于是他不属于上述任何一种
他本来应该如此归属,但是他认定他只是他自己[8]

56年之后,至少科学家们已经压倒性地接受了地球的运动以及地球作为行星的身份时,哥白尼学说给英国诗人约翰·弥尔顿带来了同样的基督教道德问题,尽管他用不同的方法解决了这个问题。像邓恩一样,弥尔顿认为哥白尼的革新很可能是正确的。在《失乐园》(*Paradise Lost*)中,他用很长的篇幅描述了两个对立的世界体系——托勒密体系和哥白尼体系——但他拒绝在他描述的二者之间深奥的技术争论中偏袒任何一方。但是在他的旨在"向世人昭示天道"[9]的史诗中,他不得不使用传统的宇宙论框架。《失乐园》的宇宙和但丁的宇宙不尽相同;弥尔顿的天堂和地狱的位置所源自的传统比但丁的还要古老。但是弥尔顿描绘人之堕落的大地舞台,仍然必须是一个唯一、稳定、位于中心的物体,是上帝为人创造的。尽管《天球运行论》
195 的出版已经过去一个多世纪了,基督教的这幕戏剧以及建立在它之上的道德,仍然不能适应新的宇宙,在这个宇宙中,地球只是一颗行星,新的世界可以"在行星和天空上"不断被发现。

邓恩的不安和弥尔顿的宇宙论选择,说明了科学界之外的一般情况,而这在17世纪是关于哥白尼学说的争论的有机组成部分。这些情况,甚至比哥白尼学说表面上的荒谬性或者它与既有运动定律之间明显的冲突,更加能够说明它在科学圈子之外所遭遇的敌意。但是它们也许既不能完全说明这种敌意有多强烈,也不能完全说明新教和天主教领袖都具有的意愿:使反哥白尼主义成为教会的官方教义,以便证明对哥白尼派的迫害是正当的。存在对哥白尼的革新的强烈抵抗是容易理解的——它明显的荒谬性和破坏性并没有被有效的证据所抵消——但是,这种抵抗偶尔采取的极端形式就让人难以理解了。在16世纪中期以前,基督教的历史上没有这样的先例:主要宗教群体的官方领袖使用《圣经》文本的字面意义来镇压一个科学的、宇宙论的理论。甚至在天主教的早期,当著名的教父如拉克坦修等引用《圣经》来摧毁古典的宇宙论时,也不存在一个教徒们必须追随的天主教官方宇宙论立场。

实际上,新教官方的反对的激烈程度,远比天主教的容易理解,因为新教的反对似乎可以与源自教会分裂的一个更基本的争论联系起来。路德和加尔文以及他们的追随者希望回归纯朴的基督教,就像在耶稣和早期基督教父的言论中所发现的那样。对于新教的领袖来说,《圣经》是基督教知识唯一的基本来源。他们激烈地反对接二连三的专制教廷在信仰者和他们信仰的源泉之间设置的宗教仪式和微妙的说理。他们痛恨对《圣经》的繁复的隐喻和寓言式的解释,他们在宇宙论问题上对《圣经》字面意义的坚持,自拉克坦修、巴兹尔、科斯马斯的时代以来从未 196

有过。对他们来说,哥白尼似乎是所有拐弯抹角的重新解释的一个象征,这些解释已经在中世纪晚期将基督徒与他们的信仰基础相分裂。因此,新教官方用狂暴的雷鸣来对准哥白尼几乎是自然的。容忍哥白尼学说,就会是容忍某种对待《圣经》和对待常识的态度,在新教徒看来,正是这种态度已把基督教引入歧途。

哥白尼学说因此间接地卷入了新教和天主教之间更大的宗教冲突之中,这种卷入肯定可以解释哥白尼学说的争论为何会招致某些极度的怨恨。新教领袖如路德、加尔文、梅兰希顿等,带头引用《圣经》来反对哥白尼和促进对哥白尼派的镇压。因为新教徒从未拥有天主教所拥有的警察机构,他们的压制措施很难有后来天主教徒所采取的那样有效,而且在哥白尼学说的证据变得难以抵挡时,它们更容易被放弃。不过新教徒仍然提供了第一个有效的制度化的反对。莱茵霍德对他在计算《普鲁士星表》时运用的数学体系的物理真实性保持沉默,通常认为这显示了新教的维滕堡大学对哥白尼学说的正式反对。在《天球运行论》的开头加上了伪造的辩解书的奥西安德也是一个新教徒。哥白尼天文学的第一个直言不讳的捍卫者莱蒂克斯也是一个新教徒,不过他的《第一论述》写于他离开维滕堡之后和《天球运行论》出版之前;在返回维滕堡之后,他再也没有发表过哥白尼主义的文章。

哥白尼死后60年间,天主教几乎没有像新教那样反对哥白尼学说。个别天主教神父表达了他们对新的地球概念的怀疑和憎恨,但是教廷本身保持了沉默。在一流的天主教大学中,《天球运行论》被阅读，而且至少是偶尔地被教授。莱茵霍德基于哥白尼数学体系的《普鲁士星表》在 1582 年被格里高利十三世用于改革为天主教世界颁布的历法。哥白尼自己也曾是一个神 197
父，而且德高望重，对天文学和其他事务均广泛地发表意见。他的著作被题献给教皇，在催他出版这部著作的朋友中有天主教的一个主教和一个红衣主教。在 14、15 和 16 世纪期间，教会并没有强迫它的成员在宇宙论上保持一致。《天球运行论》本身就是在有关科学和世俗哲学的领域许可给教士们的言论自由的产物。甚至在《天球运行论》之前，教会就已经孕育了更具革命性的宇宙论概念而未引起神学上的慌乱。在 15 世纪，赫赫有名的红衣主教、教廷特命大使库萨的尼古拉已经提出过一个激进的新柏拉图主义的宇宙论，甚至并不担心他的观点与《圣经》之间的冲突。尽管他把地球描绘成一个运动的星体，就像太阳和其他恒星一样，尽管他的著作广泛传播、影响很大，但他并没有受到他的教会的处罚甚至是批评。

因此，当 1616 年(更明确地说是 1633 年)教会禁止教授或相信太阳是宇宙的中心以及地球绕太阳转动的时候，教会是在逆转几个世纪以来天主教实践中所暗含的立场。这一逆转使许多虔诚的天主教徒感到震惊，因为它允许教会反对一个几乎每天都有新证据被发现的物理学学说，也因为对于教会来说，明显已经存在另一个可选择的态度。同一策略在 12 和 13 世纪曾允许教会包容托勒密和亚里士多德，也可以在 17 世纪应用于哥白尼的学说。它们已经以有限的方式得到了运用。奥瑞斯姆在

14 世纪关于地球周日旋转的讨论,就没有忽略《圣经》中地球不动的证据。他先引用了上面提到过的两段《圣经》中的话,然后做了回答:

> 对于……有关《圣经》说太阳转动等事情的讨论,人们可以说,这里是为了适合普通人说话的方式,就跟[其他]几处一样。例如,《圣经》中记载了上帝后悔以及发怒和息怒,还有所有其他的并不完全是听起来那么回事的事迹。这个看法也适合于我们的问题,我们读到上帝用云彩覆盖天空:……但实际上是天空覆在云上。[10]

198 尽管哥白尼学说需要的重新解释可能会更加极端,代价也更高,但相同类型的论证应该就够用了。18 和 19 世纪的时候,也使用了类似的论证。甚至在 17 世纪,在禁止哥白尼学说的官方决议已经生效的时候,一些天主教领袖意识到,类似这些影响深远的重新表述很可能是必要的。1615 年,教会官方首领红衣主教贝拉明,这个一年以后谴责哥白尼观点的人,写信给哥白尼主义者弗斯卡里尼(Foscarini)说:

> 假如有真实的证据表明太阳是宇宙的中心,地球处在第三重天,不是太阳绕着地球转动而是地球绕着太阳转动,那么我们就应当非常慎重地去解释那些似乎教导相反意见的《圣经》章节,宁可承认我们没有理解它们,也不要宣称一个被证明是正确的观点是错误的。[11]

贝拉明的自由开明很有可能只是表面上的，而不是真实的。他的信中下一句写道："但是，至于我自己，我不会相信有这样的证据存在，除非它们展现在我面前"，而且这句话是在完全知道望远镜获得的种种发现的情况下说出来的，而伽利略正是利用这些发现为哥白尼的革新提供了强有力的新证据。我们可以怀疑要什么样的证据才会让贝拉明视为反对《圣经》字面意思的"真实的证据"。但他至少原则上意识到，有可能存在证据使重新解释成为必要。只有到了17世纪20年代，天主教的权威们才开始对《圣经》的证据给予越来越大的分量，并且相比过去几个世纪对思辨性的异议给予了更少的言论自由。

不断增长的原教旨主义立场构成天主教宣判哥白尼有罪的基础，我认为这种立场一定是教会对新教的反叛所带来的压力的一种回应。事实上，哥白尼学说在反新教改革运动期间被定罪，而此时正是教会企图适应新教批评而进行的内部改革导致最大震荡的时候。反哥白尼主义（至少部分地）似乎是这些改革的举措之一。1610年以后教会对哥白尼学说更为敏感的另一个原因，大概是终于对地球运动更完全的神学后果有所醒悟。在16世纪，这些后果很少被搞清楚。但是在1600年，哲学家、 199
神秘主义者乔尔丹诺·布鲁诺被处死在罗马的火刑柱上，这一整个欧洲都闻其喧嚣的事件强调了那些神学后果。布鲁诺被处死并不是因为哥白尼学说，而是因为他对三位一体的看法中包含了一系列神学异端思想，这是天主教以前就处死过的异端思想。他常常被称作科学的殉道者，但他并不是。不过，布鲁诺发现哥白尼的学说同他的新柏拉图主义和德谟克利特式的无限宇宙观相适合,他的宇宙包含了由一位多产的神产生出来的无限个世界。他在英国和欧洲大陆宣传哥白尼学说,并给它赋予了一种在《天球运行论》中找不到的意义(见下面第七章)。教会当然害怕布鲁诺的哥白尼学说,并且这种恐惧可能也刺激了他们做出前述回应。

但不管什么原因,教会的确在 1616 年使哥白尼学说成为教义上的争端,而且在这场反对地球运动的战斗中所有最过分的行为——宣判哥白尼的学说有罪、伽利略放弃主张并被"关押"、天主教中著名的哥白尼主义者被免职和放逐——都发生在这一年或以后。宗教裁判所针对哥白尼学说的机器一旦发动,就很难停下了。直到 1822 年,教会才允许刊印认为地球运动是物理实在的书籍,而那时所有新教教派,除了最顽固保守的以外,都早已被说服了。教会对地球静止问题的官方介入,对天主教科学,以及后来对教会的声誉都造成了不可挽回的损害。1633 年,年迈的伽利略悲惨地被迫放弃自己的主张,在天主教文献资料中没有一件事像此事那么频繁那么恰当地被引用来反对教会。

伽利略被迫放弃主张这件事,标志着反对哥白尼学说的战斗达到了顶点,而且,颇具讽刺意味的是,他的放弃声明直到战斗的结果已经可以预见的时候才发表。在 1610 年之前,当对哥白尼学说的反对汇合时,除了地动说最狂热的拥护者以外,所有人本该都被迫承认,哥白尼学说的证据微弱而反对的证据强大。

也许《天球运行论》的根本前提本该废除。但是到了 1633 年，事情不是这样了。在 17 世纪的头几十年间，新的、更强大的证据被发现，战斗的局面改变了。甚至在伽利略放弃主张之前，新的证据就已经把对哥白尼学说的反对，变成了一种毫无希望的殿后行动。本章余下的部分将考察三位哥白尼的直接继承者从 200
天空中得到的新证据。

第谷・布拉赫

如果说哥白尼是 16 世纪上半叶欧洲最伟大的天文学家，那么第谷・布拉赫（1546—1601）就是下半叶杰出的天文学权威。而且，单纯从技术的精确程度上来评判的话，布拉赫更胜一筹。但是，对比在很大程度上没有意义，因为两人有不同的长处和短处，这些长处和短处不易融合到一种性格中，而两种长处对哥白尼革命都是必不可少的。作为一个宇宙论和天文学的理论家，布拉赫显示出一种相对传统的思维框架。他的工作很少表现出新柏拉图主义那样对于数学和谐性的关注，这种和谐性在哥白尼跟托勒密传统决裂的过程中发挥了作用，并且在最初提供了地球运动唯一实在的证据。他没有为天文学理论提出持久的革新。事实上，他毕生都是哥白尼学说的反对者，他巨大的声望推迟了天文学家们转向新的理论。

尽管布拉赫不是天文学概念的革新者，但他为天文观测技术和天文数据所要求的精确性标准方面的巨大进步做出了贡献。他是所有肉眼观测者中最伟大的。他设计和制造了许多比过去使用过的更大、更稳定、校正得更准的新仪器。凭借无比的天才,他检查并纠正了在这些仪器的使用中发生的许多错误,建立起一整套关于搜集行星和恒星位置的精确信息的方法。最重要的是,他开始对行星实行定期观测,只要行星穿过天际,而不只是在某些特别有利的位置才观测。现代的望远镜观测表明,当布拉赫极为细致地测定恒星的位置时,他的数据精度总是可以达到1′,甚至更好,这是肉眼观测的非凡成就。他对行星位置的观测精度通常可靠至4′,是古代最好的观测者所达到的精度
201 的两倍多。不过比布拉赫的个人观测的精度更重要的,是他所积累的数据整体的可信度和广度。在他的一生中,他和他训练的观测者,把欧洲天文学从对古代数据的依赖中解放了出来,并且消除了一系列由于错误数据产生的表面的天文学问题。他的观测为行星问题提供了一种新的表述,而这种新的表述是问题解决的一个先决条件。没有一种行星理论能够让哥白尼使用的数据协调起来。

可信的、广泛的、最新的数据是布拉赫对解决行星问题作出的主要贡献。但是,在哥白尼革命中,他还扮演了另一个更显著的角色,即他创造了一个迅速取代托勒密体系的天文学体系,作为那些像他本人那样不能接受地球运动的专业天文学家们新的凝聚点。布拉赫反对哥白尼的方案的诸理由都是平凡的理由,尽管他把它们发展得比大多数同代人更精致。但布拉赫给哥白尼理论在土星天球和恒星天球之间拉开的巨大的多余空间以特

别的强调，哥白尼理论的这个拉大仅仅是为了解释缺少可观测到的视差运动。他本人已经用他那些优秀的新仪器寻找过视差。因为没有找到，所以他认为必须拒绝地球的运动。唯一符合他的观测的替代解释，会要求恒星天球和土星之间的距离700倍于土星和太阳之间的距离。

但布拉赫毕竟是一位造诣极高的天文学家。尽管他反对地球运动，他仍然无法忽视《天球运行论》带给天文学的数学和谐性。新的和谐没有改变他的信念——因为对他来说，它们还不是足够有力的证据，以致能够弥补地球运动的内在困难——但是至少增加了他对托勒密体系的不满，所以他也拒绝了托勒密体系，而钟情于他自己发明的第三种体系。布拉赫的体系，即"第谷体系"，如图37所示。地球再一次固定于恒星天球的几何中心，用恒星天球的周日转动来解释恒星的周日旋转。像托勒密体系一样，太阳、月亮和行星每天和恒星一起在最外层天球的带动下向西运动，同时还有自己的东向轨道运动。在图中，这 202
些轨道运动用圆圈表示，尽管在完整的第谷体系中，小本轮、偏心圆和偏心匀速圆也是必需的。月亮和太阳的圆圈以地球为中心；到这里为止这个体系仍然是托勒密的。但是剩下的五颗行星的轨道的中心从地球变成了太阳。尽管也许不是有意识的，布拉赫的体系是对赫拉克利德体系的一个扩充，后者将水星和金星归于日心轨道。

第谷体系最显著、最有历史意义的特征就是，它适合作为对《天球运行论》导致的问题的折中解决。由于地球静止，而且处

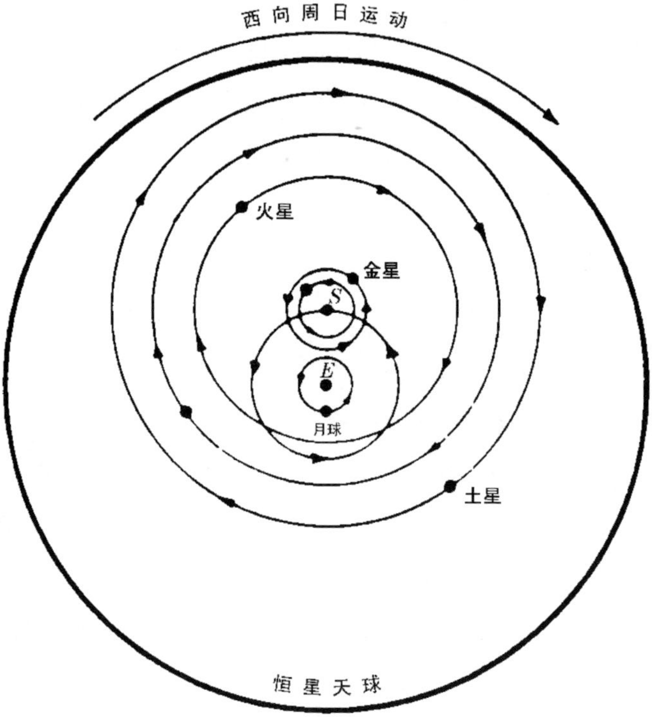

图 37　第谷体系。地球再一次处于旋转的恒星天球的中心，月亮和太阳在旧的托勒密轨道上运动。然而，其他的行星安在以太阳为共同圆心的本轮上。

在中心，因此所有反对哥白尼的方案的主要争论都消弭于无形了。《圣经》、运动定律以及恒星视差的缺失，所有这些都在布拉赫的方案中得到调和，而且调和的实现并没有牺牲哥白尼主要的数学和谐性。事实上，第谷体系和哥白尼体系在数学上是
203 完全等价的。距离的测定，内行星运动的明显反常，以及使哥白

尼坚信地球运动的其他新的和谐性,全都保留了。

第谷体系的和谐性可以通过在讨论哥白尼体系时所运用的技术,单独具体地加以阐述,但是对于目前要达到的目的,下面这个对哥白尼体系和第谷体系的数学等价性的简化证明已经足够了。想象图 37 中的恒星天球不断扩大,直到一个在运动的太阳上的观测者不再能够从太阳轨道的两端观测到恒星视差为止。这种扩大并不影响体系对行星运动的数学解释。现在假想在这个扩大的恒星天球中,各行星被类似图 38(a)(表示地球、太阳、火星)所示的机械装置所驱动,运行在自己的轨道上。在图中,太阳被一条长度固定的旋臂连接到中心的地球上,旋臂带动太阳绕地球逆时针转动;火星由另一条长度固定的旋臂与太阳相连,旋臂使火星绕太阳顺时针转动。因为两条旋臂的长度在整个运动过程中都是不变的,所以这个机械装置将产生图 37 所示的圆形轨道。

现在想象,在图 38(a)中旋臂的驱动机件不受干扰的情况下,把整个装置拿起来,让旋臂保持原来的转动,然后再把它放回去,但是让太阳固定在本来被地球占据的中心位置,这就成了图 38(b)所示的状态。旋臂跟原来长度一样,也还是由同样的装置以同样的速率驱动,因此他们在每一时刻都保持一样的**相对**位置。地球、太阳和火星在图 38(b)的安排之下保持着图 38(a)中的所有空间几何关系,而且因为只有装置的固定点改变了,所有的相对运动也是相同的。

但是图 38(b)的装置产生的运动是哥白尼体系中的运动。

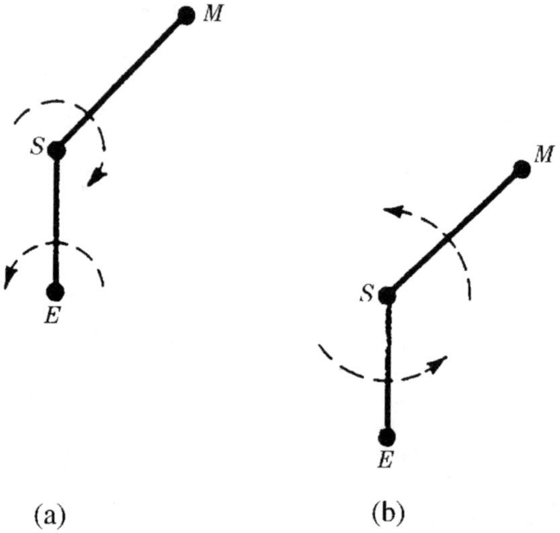

图 38　第谷体系(a)与哥白尼体系(b)的几何等价性。在(a)中太阳 *S* 被刚性旋臂 *ES* 带动,围绕静止的地球 *E* 向东旋转。同时,火星 *M* 被旋臂 *SM* 的匀速旋转带动绕 *S* 向西。由于 *ES* 的旋转比 *SM* 快得多,火星的总体运动是向东的,只有在 *SM* 扫过 *ES* 的短暂时期内例外。在第二张图(b)中显示同样的旋臂绕固定的太阳 *S* 旋转。*E*, *S* 和 *M* 的**相对**位置跟(a)中一致,而且当两图中的旋臂转动时也保持一致。特别注意在(b)中 ∠*ESM* 一定跟在(a)中一样是递减的,因为 *ES* 绕太阳转得比 *SM* 快得多。

也就是说,第二张图中显示的固定旋臂带动地球和火星在环绕太阳的圆形轨道上运行,这正是哥白尼描述的基本的轨道。将图 38 的假想装置复杂化,把全部行星包括进去,进行同样的论
204 证,就证明了等价的普遍性。忽略对于哥白尼体系的和谐性毫无意义的小本轮和偏心圆,只需让太阳而非地球保持固定,第谷

体系就很简单地转化成了哥白尼体系。在两个体系中行星的相对运动是相同的,因此和谐性也保留下来。从数学上说,两个体系中的运动唯一可能具有的区别就是恒星的视差运动,但是我们一开始就把恒星天球扩张到无法感知视差的程度,消除了这种运动。

第谷体系有它独有的不协调:大部分行星严重偏离中心;宇宙的中心不再是大部分天体运动的中心;很难设想任何一种物理机制能够产生出近似布拉赫的行星运动。因此第谷体系未能说服为数很少的新柏拉图主义的天文学家,如开普勒,他们已被 205
哥白尼体系伟大的对称性所吸引。但它确实征服了当时大多数技术娴熟的非哥白尼派天文学家,因为它为回避普遍体会到的两难困境提供了途径:它保持了哥白尼体系数学上的优势,又避开了物理学、宇宙论和神学上的不利因素。这是第谷体系真正的重要性。它几乎是一个完美的折中方案,回想起来,这个体系就像是因为对这种折中方案的迫切需求才诞生的。几乎所有很博学的 17 世纪托勒密天文学家都退向第谷体系,它就像是《天球运行论》的一个直接的副产品。

布拉赫本人会否认这回事。他宣称他的体系没有向哥白尼借鉴什么。但他不可能意识到压在他和他同代人肩上的重担。他在开始考虑自己的体系之前当然完全了解托勒密和哥白尼的天文学,他也预先清楚地知道他自己的体系要解决的困难。这个体系的迅速成功标示出需求的强烈和普遍。另外两个天文学家争夺布拉赫的优先权,并自称早已自行设计出类似的折中解决方案,这件事提供了又一证据,证明了《天球运行论》和它引起的天文学思潮在第谷体系的创立中发挥的作用。布拉赫和他的体系首次说明了上一章末尾归纳的主要论点:《天球运行论》给所有天文学家带来新的问题,从而改变了天文学的状态。

布拉赫对哥白尼的批评和他对行星问题的折中解决表明,他跟当时大多数天文学家一样无法突破传统的思想模式以承认地球的运动。在哥白尼的继承者中,布拉赫是庞大的保守派团体的一员。但是他的工作造成的影响可不是保守的。恰恰相反,他的体系和他的观测都迫使他的继承者们抛弃亚里士多德-托勒密宇宙的重要方面,从而驱使他们逐渐转向哥白尼的阵营。首先,布拉赫的体系有助于使天文学家熟悉哥白尼天文学的数学问题,因为第谷体系和哥白尼体系在几何上是等价的。更重要的是,布拉赫的体系迫使他的追随者们放弃过去用来带动行星沿轨道运转的水晶天球,对彗星的观测(下面要谈到)也助长
206 了这一趋势。如图 37 所示,在第谷体系中,火星轨道与太阳轨道相交。因此火星和太阳都不能嵌入到带他们转动的天球里面,否则两个天球就会互相穿透并且时刻穿过对方运动。同样,太阳天球也从水星和金星的天球中经过。抛弃水晶天球并不使人成为哥白尼派;哥白尼自己就用了天球来解释行星的运动。但是在一系列的修正中,天球已经成了亚里士多德宇宙论传统的不可或缺的要素,而这传统已成为哥白尼学说获胜的主要障碍。对传统中任何一类因素的打破都对哥白尼派有利,而第谷体系就其所有的传统要素而言,是一项很重要的突破。

布拉赫高超的观测在引领同代人走向新的宇宙论方面比他的体系更为重要。它们为开普勒的工作提供了不可或缺的基础，而开普勒把哥白尼的革新转变为行星问题第一个真正令人满意的解答。布拉赫收集的新数据甚至在被用来修正哥白尼的体系之前，就已经暗示了对经典宇宙论的又一严重背离的必要性——它们对天体的永恒不变性提出了疑问。1572 年底当布拉赫的天文学事业刚刚开始时，一个新天体出现在仙后座，与北斗七星隔着天极正对。首次观测到的时候它非常明亮，跟金星最亮时一样清晰；此后 18 个月内这个新的天空住客逐渐暗淡；最后在 1574 年初彻底消失。从一开始这个新的访客就引起了全欧洲科学家和非科学家的兴趣。它不可能是彗星这种唯一被天文学家和占星家广泛认同的天空异象，因为它没有尾巴，而且总是出现在恒星天球背景中同一位置。显然它是某种预兆；占星活动增加了；各地天文学家都把他们的观测和写作对准这个天空中的“新的恒星”。

“恒星”(star)这个词是这个新现象的天文学和宇宙论重要性的关键。如果它是一颗恒星，那么永恒不变的天空就发生了变化，从而月上天与易朽的地球之间的基本对立就成问题了。 207
如果它是一颗恒星，地球可能更容易被接受为一颗行星，因为地上的事情的流变特性现在也在天上发现了。布拉赫与他大部分的同代人都得出结论说这个来客是一颗恒星。类似图 39 所示的观测表明它不可能位于月球天球以下，甚至不可能离月下天太近。有可能它处在恒星中间，因为观测到它跟恒星一起运动。

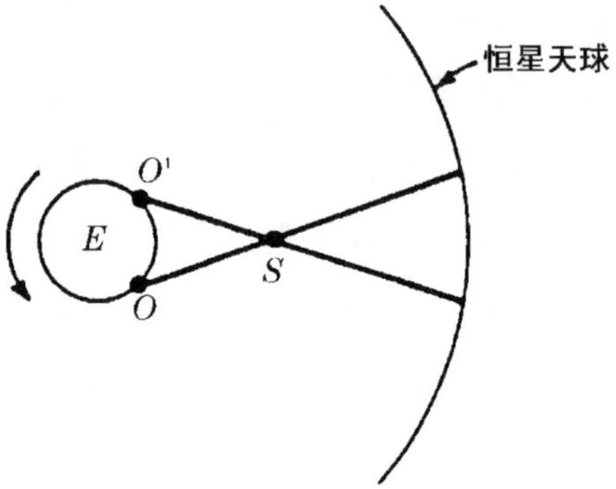

图 39　恒星下方的物体的周日视差。如果 *S* 位于地球和恒星天球之间，那么地上的观测者在 *O* 点和 *O′* 点进行观测时，它应该出现在恒星背景中不同的位置。并不需要两名观测者。地球的东向旋转（等价于恒星天球与被观测物体的西向旋转）6 小时就把观测者从 *O* 点带到 *O′* 点；旋转造成物体 *S* 连续地改变视位置，24 小时后回到它在恒星中的出发点。如果 *S* 跟月球一样近，它的视位移在 6 小时内就会接近 1°。物体离地球越远位移就越小。

借助现代工具上述技术可以用于测定到月球和行星的距离，但是肉眼观测不够精确，没法应用在这里。月亮太大而且其轨道运动太快，掩盖了这种视差效应。而行星又太远。

又一个引起宇宙论剧变的原因被发现了。

假如月上天可变的证据只有 1572 年这颗新的星辰，即新星（nova），那么 16 世纪关于天空可变的新发现就不那么有影响了。因为那是个短促的现象，无法驳倒那些拒绝布拉赫的数据的人；当数据发表时那颗星已经消失了；总会找到一些不太细致
208 的观测者，他们观测到的视差足以把新星置于月球下方。不过

幸运的是连续发现了更多月上天可变的证据，这是在1577、1580、1585、1590、1593和1596年布拉赫对彗星的仔细观测中发现的。仍然没有发现可测出的视差，因此彗星也位于月球天球的上方，它们的运动穿过从前被水晶天球填充的区域。

和对新星的观测一样，布拉赫关于彗星的论述也没有使所有的同代人信服。在17世纪前几十年，布拉赫常常受到抨击，有时跟哥白尼受到的批评一样尖刻，那些批评者相信有别的数据证明彗星和新星都是月下天现象，从而天的神圣不可侵犯得以保持下来。但布拉赫确实使许多天文学家看到了亚里士多德世界观的一个基本缺陷，更重要的是，他提供了一种论证模式，可以让怀疑者不断地检验他的结论。每隔几年都会出现明亮得足以用肉眼看到的彗星。当彗星的月上天特征从观测推断出来并被广泛讨论之后，它们为天的可变性提供的证据就不能再被无止境地忽略或歪曲。哥白尼派又一次成了受益者。

不知何故，在哥白尼死后这一个世纪，天文学观测和理论中的所有新事物，无论是不是哥白尼派提出的，都自行转变为哥白尼理论的证据。应该说，这个理论正在证明自己结果实的能力。但至少对于彗星和新星的情形，这个证明是很奇怪的，因为对彗星和新星的观测跟地球的运动一点关系也没有。一个托勒密天文学家跟一个哥白尼天文学家一样可以进行这些观测并做出评价。它们在任何直接的意义上都不是《天球运行论》的副产品，而第谷体系是。

但是它们也不可能完全独立于《天球运行论》，至少不能独立于产生它的思想环境。在16世纪末以前常常看到彗星。新星虽然对肉眼来说不如彗星那么常见,但是在布拉赫的时代以前肯定也偶尔被观测者看见;在布拉赫去世前一年又出现了一
209 次,1604年有了第三次。甚至要发现新星和彗星的月上天特征根本用不着布拉赫那么精密的仪器;1°的视差偏移不用任何仪器就能测出来,而且确有许多布拉赫的同代人靠几个世纪以来熟知的仪器独立推断出彗星是在月上天。哥白尼派的迈斯特林只用了一段丝线就确认1572年的新星在月球以上。简而言之,布拉赫和他的同代人用来加速传统宇宙论的衰落和哥白尼学说的兴起的那些观测,其实在远古以来的任何时候都可以做出。这些现象和所需的仪器在布拉赫出生之前两千年间一直就存在,但是从未进行观测,或者虽然作了观测但没有得到广泛的解释。在16世纪后半叶,古老的现象迅速改变了它们的意义和重要性。这种转变是难以理解的,除非考虑到科学思想的新气候,而哥白尼正是其中第一个杰出的代表。正如上一章末尾说的,《天球运行论》标记出了一个转折点,并且不再有回头的路。

约翰内斯·开普勒

布拉赫的工作表明,在1543年以后连哥白尼学说的对手——至少最有才干和最正直的那些——也不免要支持天文学和宇宙论的改革。无论他们是否赞同哥白尼,哥白尼已经改变了他们的视野。但是布拉赫这样的反哥白尼派的工作,并没有

展示出这些改变的程度。布拉赫最著名的同事,约翰内斯·开普勒(1571—1630)的研究,更好地指示了哥白尼死后天文学中增加的新问题。开普勒终身都是哥白尼派。他好像最初是被迈斯特林说服接受这个体系,当时他是新教的图宾根大学里的一名学生,而在学生时代之后,他对此的信念也从未动摇过。终其一生,他以狂想曲般的情调,将文艺复兴时期新柏拉图主义特有的思想运用于哥白尼所赋予太阳的那个角色的正当性上。他第一本重要的著作《宇宙的神秘》(*Cosmographical Mystery*)于1596年出版,以对哥白尼体系的大段辩护开篇,强调了我们在第五章讨论过的来自和谐性的所有论证,并且加进了许多新的论证:哥白尼的学说解释了为什么火星的本轮比木星的大那么多,而木星的又比土星的大许多;日心天文学解释了为什么在所有天空 210
漫游者当中只有太阳和月亮不逆行;如此等等。开普勒的论证跟哥白尼的相同,只是数量更多,但与哥白尼不同,开普勒把这些论证发展得更详细,而且有详尽的图表,首次展示了为新天文学所作的数学论证的充分力量。

但是,尽管开普勒对日心行星体系的概念赞不绝口,他对待哥白尼发展出来的特殊数学体系却有相当的批判性。开普勒的著作一再强调:哥白尼从未认识到他自己拥有的财富,而且在大胆地迈出第一步,将太阳和地球交换位置之后,他对自己体系的细节发展停留在过于接近托勒密的地方。开普勒敏感而不安地意识到《天球运行论》中不协调的陈旧残余,他毅然决定通过充分开发地球的新角色来清除它们,这就是将地球作为一颗跟其他行星一样受太阳支配的行星。

哥白尼并没有完全成功地把地球处理成跟日心体系中其他的行星一样的行星。与《天球运行论》第一卷定性的概述不同,后几卷发展的行星体系的数学解释为地球赋予了几项特殊的功能。例如,在托勒密体系中,所有行星的轨道平面被构造成相交于地球的中心,而地球的这个功能被哥白尼以一种新的形式保留了,他把所有轨道平面描绘成相交于地球轨道的中心。开普勒坚持认为,既然太阳支配所有行星,地球并没有独特的地位,那么轨道平面就应该相交于太阳。通过相应地重新设计哥白尼体系,他在解释行星对黄道的南北偏离方面取得了自托勒密以来的第一次重大进展。开普勒将严格的哥白尼主义应用于哥白尼的数学体系,从而改进了它。

对行星平等性的类似坚持使开普勒能够清除大批歪曲了哥白尼工作的假问题。例如,哥白尼相信水星和金星的偏心距会慢慢改变,而且他在体系中添加了轮子来解释这种变化。开普勒指出这种所谓的变化只是哥白尼对偏心距的定义不一致造成
211 的。在《天球运行论》中,地球轨道的偏心距是从太阳算起的[即图34(a)中的距离 SO_E],而所有其他轨道的偏心距则是从地球轨道的中心算起的(火星的偏心距在图34中是 O_EO_M)。开普勒坚持,在哥白尼宇宙中所有行星的偏心距都必须用同样的方式从太阳开始计算。当新方法具体体现在他的体系之中时,好几个偏心距表面上的变化消失了,计算所需的轮子的个数也减少了。

每个例子都表明,开普勒在努力使哥白尼过于托勒密式的数学技巧适应哥白尼式的以太阳为主宰的宇宙图景,正是因为坚持这种努力,开普勒最终解决了行星问题,把哥白尼笨重的体系转变成一项极其简单和精确的计算行星位置的技术。他最重要的发现是在研究火星运动时做出的。火星的偏心圆轨道以及与地球邻近所造成的不规则性一直是对数理天文学家才智的挑战。托勒密没能把它的运动解释得跟其他行星一样圆满,哥白尼也没有在托勒密的基础上做出改进。布拉赫试图给出新的解,他专为此目的作了一个漫长的系列观测,但是他在遭遇到这个问题的全部困难之后放弃了。开普勒在布拉赫一生中最后几年同布拉赫一道工作,他继承了新的观测数据,并在布拉赫死后自己研究这个问题。

这是异常艰苦的工作,占用了开普勒很长的时间,将近十年。必须设计两条轨道:火星轨道本身,还有以之观察火星的地球轨道。开普勒被迫一再改变计算这些轨道所用的圆周组合。一个又一个体系被尝试又被抛弃了,因为它们都没法跟布拉赫卓越的观测相符合。所有的中间解都比托勒密和哥白尼的体系强;有些给出的误差不大于8′,完全在古代观测的精度之内。大多数被开普勒抛弃的体系都可以让所有早先的数理天文学家感到满意,但是他们都生活在布拉赫之前,而布拉赫的数据精确到4′。开普勒说,神的仁慈赐予我们一位最勤勉的观测家第谷· 212
布拉赫,因此我们应该以感恩之心好好利用这一赠予去发现真正的天的运动才对。

一长串不成功的试验迫使开普勒做出结论，没有任何基于组合圆的体系能够解决这个问题。他设想肯定有某种别的几何图形包含了问题的答案。他试了各种不同的卵圆形，但都不能消除他的试验性理论和观测之间的偏差。然后，他偶然注意到偏差本身以一种熟悉的数学方式变化，他研究了这种规律性，发现若行星以变化的速率沿椭圆轨道运行，就可以使理论与观测相符合。速率的变化遵从一个他也明确给出了的简单定律。这就是开普勒在 1609 年首次出版的《论火星的运动》（*On the Motion of Mars*）中公布的结果。这个结果比阿波罗尼和希帕克斯以来应用的所有数学技巧都简单，而给出的预测远比过去所有的预测都精确。行星问题终于得到了解决，而且是在一个哥白尼宇宙中解决的。

图 40 详细描述了构成开普勒的（也是我们的）行星问题最终解答的两条定律。行星沿单纯的椭圆轨道运行，太阳占据每个椭圆轨道的两个焦点之一——这是开普勒第一定律。紧接着是他的第二定律，完善了第一定律所表达的描述——每颗行星的轨道速率以这样的方式变化，使得行星到太阳的连线在相等的时间间隔内扫过相等的椭圆面积。当椭圆取代了托勒密和哥白尼天文学共有的基本圆形轨道，当等面积定律取代了相对于中心点或接近中心点的匀速运动的定律，所有这些偏心圆、本轮、偏心匀速圆以及其他特设性装置，都不再需要了。单独一种非复合的几何曲线和单独一个速度定律就足以预测行星的位置，这还是第一次；而且预测结果跟观测一样精确，这也是第一次。

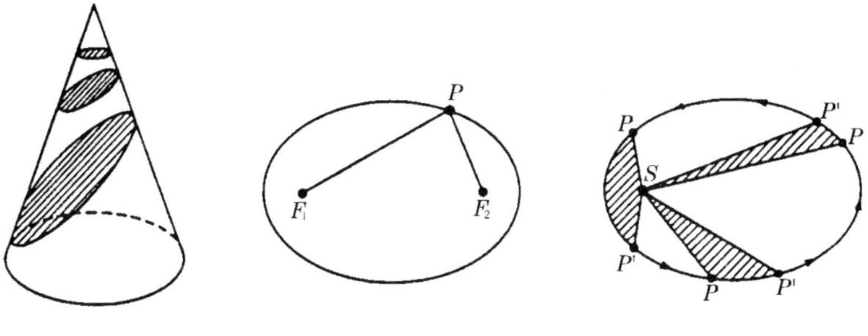

(a)　(b)　(c)

图 40　开普勒的前两条定律。图(a)和(b)定义了椭圆,所有遵从开普勒第一定律的行星都必须沿这种几何曲线运行。图(a)中椭圆显示为平面交圆锥所得的封闭曲线。若平面与圆锥的轴垂直,交线是一个圆,即椭圆的特殊情形。当平面倾斜时,相交的曲线就拉伸成为较典型的椭圆图形。

图(b)给出了更现代且更为有用的椭圆定义。将松弛的细线两端系在平面上两点 F_1 和 F_2,将铅笔 P 插入细线然后移动,使细线时刻保持紧绷,铅笔尖就生成一个椭圆。改变细线的长度或移动焦点 F_1 和 F_2 互相靠近或远离就改变了椭圆的形状,改变的方式与图(a)中平面倾斜时的变化相同。大部分行星轨道非常接近圆形,因此相应的椭圆的焦点非常靠近。

图(c)演示了开普勒第二定律,它决定轨道速率。太阳按照第一定律所要求的位于椭圆的一个焦点,它的中心以直线连接到行星的几个位置 P 和 P',其排列使得三块阴影 SPP' 面积相等。第二定律说,因为这些面积相等,行星必定在相等的时间内经过对应的弧 PP'。当行星离太阳近的时候运行得相对快一些,以便使较短的线 SP 在单位时间内扫过的面积与行星在离太阳较远的地方运行较慢的时候较长的线 SP 扫过的面积相等。

因此,现代科学继承的哥白尼天文学体系是开普勒和哥白尼相结合的产物。开普勒的六椭圆体系使日心天文学生效了,

213 把哥白尼的革新中所隐含的经济性和丰富性同时显现出来。我们必须试着去发现从哥白尼体系到它的现代形式——开普勒体系的转变需要什么条件。开普勒的工作的两个先决条件已经很明显了。他必须是坚定的哥白尼派,这样才会在一开始探索更恰当的轨道时把地球仅仅当作行星来处理,才会把所有行星的轨道面构造成通过太阳的中心。另外,他需要布拉赫的数据。哥白尼和他的欧洲前辈们使用的数据充满了错误,以致无法用
214 任何一套简单的轨道来解释,而且就算没有错误,它们也不够用。正如开普勒自己表明的,精确性不如布拉赫的那些观测数据都可以用组合圆的经典体系加以解释。然而,开普勒得出他的著名定律的过程远不只是由于可以获得精确的数据以及事先确认地球是一颗行星。开普勒是一个狂热的新柏拉图主义者。他相信数学上简单的定律是所有自然现象的基础,并且相信太阳是所有天体运动的物理原因。他对天文学最持久和最短暂的贡献,都显示了他那往往是神秘的新柏拉图主义信念的这两个方面。

在本书第四章末尾所引的一段话中,开普勒将太阳描述为这样的物体:“只有他以他的高贵和力量,显得适合……[推动行星在轨道上运行],并配得上成为上帝自身的家,虽还说不上是第一推动。”这一信念,与前面讨论过的某种内在的不协调一道,构成了他抛弃第谷体系的原因。这一信念在他自己的研究当中,尤其是在推导出第一定律所依赖的第二定律时扮演了极为重要的角色。第二定律在起源上只跟未加工的最原始的那种

观测有关。它更是来自开普勒的物理直觉:行星被从太阳放射出的一种动力的射线——“运动的精气”(anima motrix)推动沿轨道运行。开普勒相信,这种射线一定受限于黄道平面,而所有的行星都在黄道平面或附近运行。因此冲击到行星上的射线的数量跟相应的驱动行星环绕太阳的力,会随着行星与太阳之间距离的增大而减小。离开太阳的距离是两倍,落到行星上的“运动的精气”的射线就会是一半那么多[图41(a)],因此行星在轨道上的速率就会是最初离太阳的距离时的速率的一半。行星 P 沿偏心圆或某种别的封闭曲线绕太阳 S 运行[图41(b)],其速率必定与 SP 成反比。当行星在近日点 p 离太阳最近时速率最大,在远日点 a 行星离太阳最远时速率最小。当行星沿轨道运行的时候,它的速率将在这两个极值之间连续变化。

开普勒早在开始研究椭圆轨道和将面积定律叙述为我们熟悉的现代形式之前,就已经得出这个距离反比的速度定律,取代 215

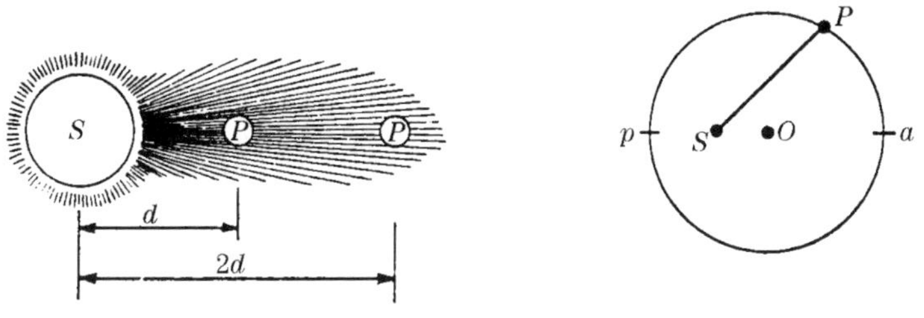

(a)　　(b)

图41　开普勒最早的速度定律。图(a)显示典型的“运动的精气”的射线从太阳放射出来,这是开普勒推导定律所依据的物理理论。图(b)显示这条定律如何能够用于在偏心圆上运行的行星。

了古代的匀速圆周运动定律和允许相对于偏心匀速点作匀速运动的托勒密式的变体。这个早期的速度定律简直是变戏法般地产生于一个奇怪的直觉,一个很快就被他的继承者抛弃了的直觉,即对必定支配着太阳主宰的宇宙的力的直觉。而且,这个早期形式不完全正确。后来的面积定律,即开普勒第二定律,跟距离反比定律并不等价,面积定律给出的结果要稍好一些。但在用来计算行星位置时,两种形式导出几乎相同的预测结果。开普勒终生都错误地以为二者原则上等价,并交替地使用它们。由于它全部的富于想象的暗示,早期的新柏拉图主义式的速度定律被证明是开普勒最有成效的研究的基础。

跟他对速度定律的推导不同,开普勒关于椭圆轨道的工作完全依赖于对手边最优秀的天文观测数据进行最艰苦最彻底的研究。一个又一个试验轨道被抛弃,因为经过繁重的计算后发现它们都不能很好地符合布拉赫的数据。开普勒一丝不苟地尝试修改他的轨道以适应客观数据,这经常被当作科学方法的一个最好的早期事例加以引用。不过椭圆轨道定律,即开普勒第一定律,甚至也不只是来自观测和计算。只有假定行星轨道是
216 严格可重返的(在开普勒的工作之后是这样,但之前不是),才会需要一条速度定律来从肉眼观测数据计算出轨道的形状。在分析布拉赫的数据时,开普勒经常用到他早先的新柏拉图主义猜想。

在我们前面对天文学理论的讨论中,轨道、速度定律以及观测之间的相互关系都被遮蔽了,因为古代和中世纪的天文学家

都先行选择了一条简单的速度定律。在开普勒之前，天文学家假定推动行星沿轨道运行的组合圆中每一个圆都相对其中心或接近中心的一个点匀速旋转。如果没有某种类似的假定，他们就没法开始完善轨道以适合观测，因为如果缺少速度定律，给定一个轨道几乎或完全无法断定行星在特定的时刻出现在恒星中的什么位置。无论速度定律还是轨道，都不可能互相独立地从观测推导出来，也不可能互相独立地由观测加以检验。因此，当开普勒拒绝了古代的匀速运动定律之后，他不得不代之以别的定律，否则就要全面放弃对行星的计算。实际上，他直到发展出自己的定律之后（很可能是因为此）才丢弃了古代的定律。他的新柏拉图主义的直觉告诉他，他自己的定律比古代相应的定律更适合支配一个太阳主宰的宇宙中天体的运动。

开普勒推导距离反比定律的过程不但显示了他对数学和谐性的信仰，也显示了他对太阳作为使动角色的信念。发展出“运动的精气”概念以后，开普勒坚持认为它必定以最简单的方式与原始观测数据相一致。例如，他知道行星在近日点运行最快，但他几乎没有别的数据可以作为距离反比定律的基础，仅有的一点数据也都不是定量的。可是开普勒对数的和谐性的信仰以及这种信仰在他的工作中所起的作用，在现代天文学从他那里继承的另一条定律中更加有力地呈现出来。这就是所谓的开普勒第三定律，1619 年在《世界的和谐》（*Harmonies of the World*）一书中宣布了这一定律。

第三定律是一种新型的天文学定律。第一、第二定律跟古

代和中世纪的一样，只决定单个行星在它自己的轨道上的运动。相反，第三定律建立了不同轨道上的行星速率之间的关系。它
217 说：若 T_1 和 T_2 是两颗行星在各自轨道上走完一圈的周期，R_1 和 R_2 是相应的行星与太阳之间的平均距离，则轨道周期的平方之比等于到太阳的平均距离的立方之比，即 $(T_1/T_2)^2 = (R_1/R_2)^3$。这是一条迷人的定律，因为它指出了一种过去从未在行星体系中察觉到的规律性。不过，至少在开普勒时代，它做的就只有这么多。第三定律自身并未改变行星理论，它也没有让天文学家能够计算出前所未知的量。跟每条行星轨道相关联的尺寸和周期都预先知道了。

尽管它几乎没有直接的实际作用，但第三定律正是那种在开普勒的毕生事业中最令他着迷的定律。他是数学上的新柏拉图主义者或新毕达哥拉斯主义者，相信整个自然都是简单的数学规律性的例证，而发现这些规律正是科学家的任务。对于开普勒和别的具有他这种性情的人来说，一条简单的数学规律本身就是一个解释。对他来说第三定律在自身之内解释了为什么行星轨道被上帝以现在这种特殊方式安排，而这种来自数学和谐性的解释正是开普勒一直在天空中寻求的。他提出了大量同类的定律，这些定律早已被抛弃，因为它们虽然具有和谐性，但却跟观测符合得不够好，所以显得没有意义。但开普勒不这么挑剔。他认为他发现并证明了一大批这种数学规律，而且这些都是他最喜欢的天文学定律。

在开普勒的第一本主要著作《宇宙的神秘》中，他论证说行星的个数和它们的轨道尺寸都可以通过行星的天球和5个正多面体或者叫“宇宙”多面体之间的关系推断出来。这些多面体如图42(a)所示，它们的唯一特征是每个多面体的所有面都全等，而且每个面都是正多边形。古代就已经证明只能存在5个这样的多面体：正方体，正四面体，正十二面体，正二十面体和正八面体。开普勒宣称，如果土星天球外接于正方体，木星天球内切于正方体，并且正四面体内接于木星天球，火星天球内切于正四面体，对其余3个多面体和其余3个天球依此类推，那么所有 218
天球的相对尺度就正好是哥白尼通过测量确定的相对尺度。这一结构如图42(b)所示。如果使用它，就只能有6颗行星，对应于5个正多面体；而且一旦使用了它，行星天球可能的相对尺度就确定了。开普勒说，这就是为什么只有6颗行星的原因，也是它们为什么如此排列的原因。上帝的本质是数学的。

开普勒对正多面体的使用并不简单是年轻人的异想天开，如果说是的话，那他就一直没长大。同样定律的修订版20年后又出现在他的《世界的和谐》一书中，而这正是公布第三定律的 219
那本书。同样，在这本书里，开普勒精心设计了新的一套新柏拉图主义的规律，把行星轨道速率的最大值和最小值同音阶的和谐音程联系起来。这种对数的和谐的强烈信念在今天看起来很奇怪，不过这至少部分是因为今天的科学家们准备发现的和谐性更为深奥的缘故。开普勒对和谐性信念的运用也许看起来很幼稚，但这些信念本身与激励着当代少数最优秀的研究的那些

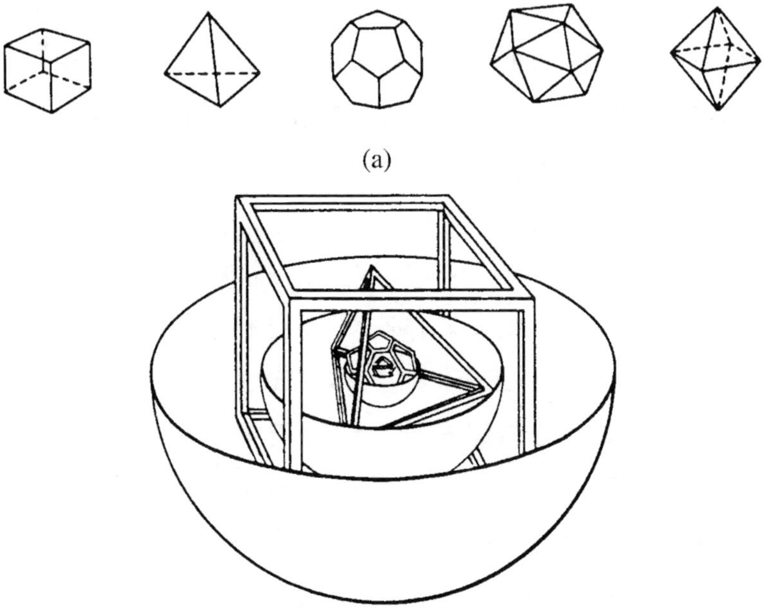

(a)

(b)

图 42　开普勒对 5 个正多面体的应用。图(a)显示这些多面体本身。从左到右依次为:正方体,正四面体,正十二面体,正二十面体和正八面体。这个顺序就是开普勒用来解释行星天球尺寸的顺序。图(b)显示如何使用这些多面体。土星天球外接于正方体,木星天球内切于正方体。正四面体内接于木星天球,依此类推。

信念并无根本的不同。毫无疑问,开普勒那些如今被我们抛弃的"定律"中所显示的科学态度,与促使他得出如今被我们保留下来的三条定律的态度难以区别。"定律"和三大定律,这两套东西都是来自同一个复兴的关于存在数学和谐性的信念,这一信念曾经在促使哥白尼同天文学传统决裂、使他相信地球的确是在运动等方面,发挥过巨大的作用。而在开普勒的工作中,尤其是在已被我们抛弃的那些部分中,新柏拉图主义那种要去发现圣灵置于自然中的数学和谐性的动力,以一种更纯粹更明显的形式显现出来。

伽利略

开普勒解决了行星问题。他的版本的哥白尼学说最终会毫无疑问地让所有天文学家相信哥白尼主义,尤其是在 1627 年开普勒发布《鲁道夫星表》之后。这张星表得自他的新理论,并且明显优于过去用的所有天文表。哥白尼革命的天文学部分的故事本该随着开普勒工作的逐渐接受而结束,因为他的工作包含了所有能使这场革命在天文学上持续下去的因素。但实际上,故事的天文学部分并未就此结束。1609 年意大利科学家伽利略(1564—1642)首次通过望远镜观看天空,结果首次为天文学贡献了一类性质上全新的数据,跟自古以来获得的数据都不同。伽利略的望远镜使天空呈现给天文学家的谜题改换了方式,并且使这些谜题非常容易解答,因为在伽利略手中,望远镜揭示了无数支持哥白尼主义的证据。不过伽利略对谜题的新陈述直到这些谜被其他方法解开之后才阐述出来。如果早一点宣布的 220
话,哥白尼革命的故事就大不相同了。等到宣布的时候,伽利略天文学工作的贡献基本上是扫尾,在胜利已经清晰在望之后才实施。

在1609年,望远镜是一种新仪器,尽管不清楚究竟有多新。伽利略听说荷兰有些磨镜片工人把两块镜片组合在一起,能够放大远处的物体;他自行试验了各种组合,很快制造出一台属于他自己的低倍望远镜。然后他做了一些显然以前从未有人做过的事情:他把他的望远镜对准了天空,而结果令人震惊。每一次观测都在天上发现了新的意料之外的物体。甚至当望远镜指向熟悉的天体太阳、月球和行星的时候,也发现了这些老朋友们显著的新面貌。伽利略在获悉望远镜之前几年就已经是哥白尼派,如今他设法使每个新发现都成为对哥白尼主义的论证。

望远镜首先揭开的是天空中的新世界,而这就是仅仅两年后邓恩所抱怨的东西。无论伽利略把望远镜转向哪儿,都发现了新的恒星。最拥挤的星座也增加了新的成员。银河在肉眼看来只是天上一道暗淡的光(它经常跟彗星一样被解释为月下天现象,或被解释成对太阳和月亮的散射光的反射),这时发现它是数量庞大的恒星的集合,这些恒星太暗淡,互相离得太近,以致肉眼没法分辨。整个夜空充满了不可胜数的新成员。某些哥白尼派预设的宇宙极大的扩张甚至是它的无限性,突然变得不那么荒唐了。布鲁诺的神秘宇宙图景几乎转化成了一项经验材料,这个宇宙的无限尺度和无数的成员显露了神的无限生殖力。

对恒星的观测也解决了哥白尼派曾面对的一个更为技术性的难题。肉眼观测者已经估算了恒星的角直径,并借助公认的地球与恒星天之间距离的估算,把角直径转换成对线尺寸的估

计。在托勒密宇宙中这些估算给出了并不荒谬的结果：恒星可能跟太阳一样大或差不多大。但是，正如布拉赫在对哥白尼主 221
义的抨击中一再强调的，如果哥白尼宇宙像恒星视差的缺失所要求的那么大，那么恒星一定大得难以置信。布拉赫计算出，天空中较亮的恒星会大到填满整个地球轨道还不止，很自然地，他拒绝相信这一点。但是当望远镜对准天空后，布拉赫的问题就变成了只是一个貌似如此的问题。恒星不需要有他估计的那么大。望远镜大大增加了天空中可见的恒星的数目，但并没有增大它们的表观尺寸。与太阳、月亮和行星这些都在伽利略的望远镜里放大了的天体不同，恒星仍保持着原来的大小。很显然，恒星的角直径被肉眼观测严重地高估了，这个错误现在被解释为大气扰动的结果，大气扰动模糊了恒星的图像，散射到眼睛里的区域比未经扭曲的图像单独覆盖的面积更大。同样的效应也使恒星看起来闪烁不定；这个效应被望远镜大大削弱了，因为望远镜把更多的光线聚集到眼睛里。

然而，恒星为哥白尼主义提供的证据并不是唯一的，甚至也不是最好的。当伽利略把他的望远镜转向月球时，他发现月球表面被凹地和陨石坑、深谷和山脉所覆盖。在太阳、月球和地球的相对位置已知的情况下测量陨石坑内的阴影和高山的阴影的长度，他能够估算出月球下陷的深度和突起的高度，从而着手建立月球地貌的三维描述。伽利略判断，它跟地球的地貌差别不大。于是，像彗星视差的测量一样，月球的望远镜观测又对天与地之间的传统区别提出了置疑，几乎紧接着，对太阳的望远镜观测又加强了这些质疑。太阳也显得不完美,黑斑在它的表面上时隐时现。仅黑斑的存在就与天界的完美性相冲突;它们时隐时现则与天的永恒不变性相矛盾;最糟的是,黑斑还跨太阳的盘面运动,说明太阳连续绕自身的轴旋转,从而为地球绕轴旋转提
222 供了可见的范例。

这还不是最糟的。伽利略用他的望远镜观察木星,发现天空中有 4 个小亮点离木星很近。连续几个晚上的观测发现它们以某种方式不断地调整其相对位置,若假定它们迅速地连续绕木星旋转就可以非常简单地解释此事(图 43)。这些物体是木星的 4 颗主要的卫星,它们的发现对 17 世纪的想象力造成了极大的冲击。似乎新的世界不仅“在天空上”有而且“在行星上”也有。更重要的是,无论按照托勒密的还是哥白尼的假设,都不能设想这些新的世界绕宇宙的中心以大致圆形的轨道运行。显然它们是绕着行星运行,因此它们的行为跟哥白尼天文学中地球的月亮是一样的。于是,木星卫星的发现又削弱了对哥白尼体系的一项反对意见。旧的天文学跟新的一样不得不承认由行星支配的卫星的存在。另外,也许是最重要的,对木星的观测为

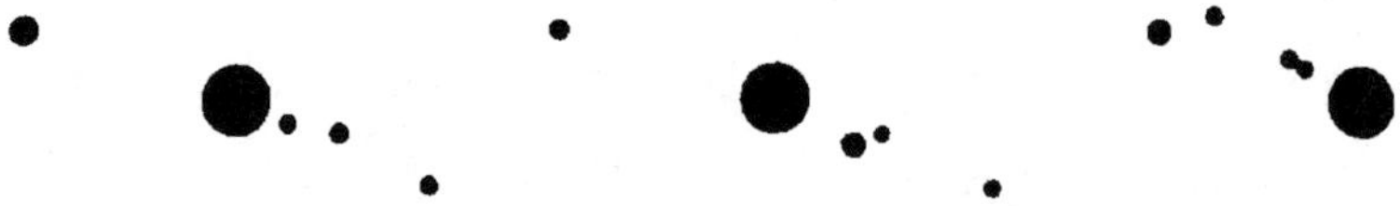

图 43　对木星及其卫星间隔几天的连续 3 次观测。4 颗小卫星不断地重新排列。假定卫星绕较大的行星连续旋转就很容易解释这一现象。

哥白尼的太阳系本身提供了一个看得见的模型。在行星的空间里这是一个被它自己的“行星”环绕的天体，正如已知的行星环绕太阳。望远镜使得支持哥白尼主义的论证倍增，跟天体本身数目的增加一样快。

还有许多来自于望远镜观测的论证，不过只有对金星的观测才为哥白尼的学说提供了充分的直接证据，值得我们在这里关注。哥白尼本人曾在《天球运行论》第一卷第10章里提到， 223
如果能够详细地观测到，金星的外观就可以为金星轨道的形状提供直接的信息。如果金星固定在本轮上，本轮沿着以地球为中心的均轮运动，且本轮的中心总是与地球太阳成一条直线，如图44(a)所示，那么地球上的观测者最多只能看到金星新月形的边缘。但如果像图44(b)那样让金星的轨道环绕太阳，地球上的观测者就应该可以看到几乎整个相循环，就跟月亮一样；只是接近“新”和“满”的相不易觉察，因为金星这些时候过于接近太阳。金星的相用肉眼没法分辨，肉眼看到的行星只是没有形状的点。但是望远镜把行星放大到足以看出形状。如图44(c) 224
所示，金星的形状提供了强有力的证据证明金星运行在日心轨道上。

伽利略的望远镜为哥白尼主义提供的证据是强有力的，但也是奇怪的。上面讨论的观测没有一个(也许最后一个除外)为哥白尼理论的主要原则——太阳的中心地位或行星绕太阳的运动——提供直接的证据。无论托勒密体系还是第谷体系都包含足够的空间可以容纳新发现的恒星；二者都可加以修正，允许

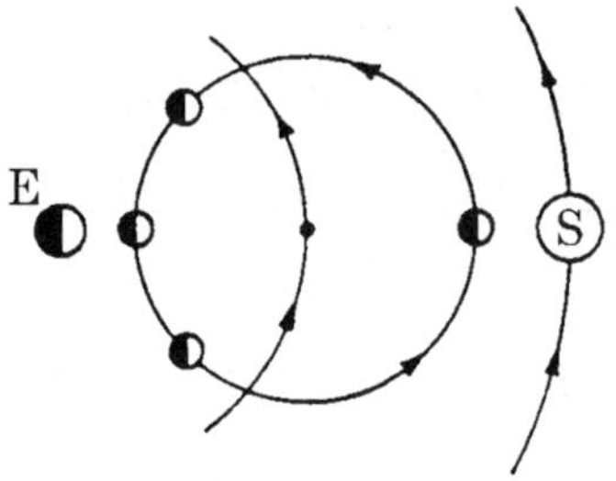

(a)

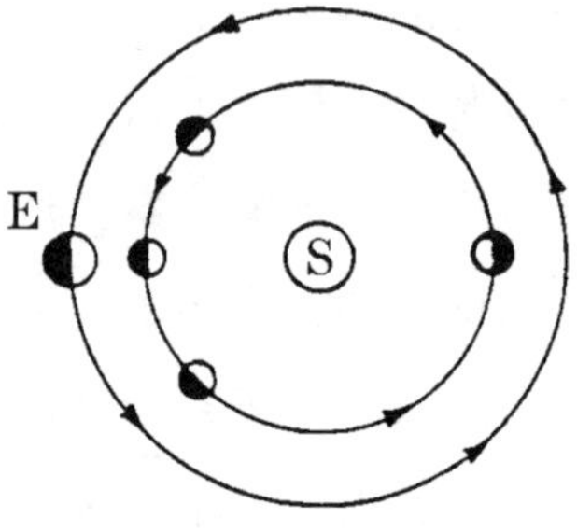

(b)

(c)

图44　金星的相。图(a)是托勒密体系中的,图(b)是哥白尼体系中的,图(c)是低倍望远镜中观察到的。在(a)中,地球上的观测者应该看不到比细月牙形更多的亮面。在(b)中,就在金星从太阳背后穿过之前或之后,他应该看到金星的几乎整个表面被照亮。图(c)左边依据低倍望远镜的观测,画出了当金星作为昏星刚刚变得可见时近乎圆形的轮廓。右边画出的连续观测显示了,当金星的轨道运动使它向地球靠拢时它是如何转亏并同时增大尺寸的。

天的不完美以及隶属于天体的卫星存在;至少第谷体系能够为观测到的金星的相和距离提供跟哥白尼体系一样好的解释。因此,望远镜并没有证明哥白尼的概念体系更合理。但是,它确实为战斗提供了非常有效的武器。它不是证据,但它是宣传。

1609年以后,托勒密体系主要的心理力量就是它的保守主义。坚持它的人不会非要学习新的方法不可。但是如果托勒密体系需要广泛的调整以适应望远镜的观测结果,它就连保守性这点吸引力都丧失了。彻底转向哥白尼主义,和调整到所需要的托勒密体系的新版本,其难易程度几乎是一样的,结果凡重视这些观测的人都采取了彻底转向。这些新的改宗者可能还被另一种考虑驱使:哥白尼派,或至少在宇宙论上较为激进的人,毕竟已经预言了望远镜所揭示的那种宇宙。他们已经精确预测了一个细节——金星的相。更重要的是,他们(至少是含糊地)预言了天空的不完美以及其成员的猛增。他们的宇宙图景,与望远镜所表明的宇宙呈现出明显的相似。没有哪句话比"我告诉过你是这样"更让人恼怒,也没有哪句话比它更有效。

对于天文学上的新入门者来说,望远镜的证据也许是多余的。开普勒定律和他的《鲁道夫星表》就已经同样地有效了,虽然生效慢得多。但是望远镜最大的直接影响并不针对这些新入门者。望远镜的第一个独特作用,是为哥白尼派的观点提供能被普遍接受的非数学化的证据。1609年以后,对天文学只有一知半解的人也有可能通过望远镜亲眼看到,宇宙跟常识的幼稚告诫并不符合。而在整个17世纪,他们的确去看了。望远镜成为一种流行的玩具。对天文学或任何科学此前从未表现出兴趣的人,也买来或借来这种新仪器,在晴朗的夜晚热切地搜索天空。业余观测者成了一种著名的角色,成为争相效法和拙劣模仿的对象。一种新的文学也随之诞生了。科普读物和科幻小说 225

的萌芽都可以在 17 世纪发现,一开始望远镜和它的发现是最显著的主题。这就是伽利略的天文学工作最重要的地方:它普及了天文学,而且普及的是哥白尼天文学。

托勒密天文学的衰落

开普勒的椭圆轨道和伽利略的望远镜观测并未直接粉碎哥白尼主义的反对方。恰恰相反,正如我们在本章开头提到的,最尖刻最喧嚣的反对是在开普勒和伽利略取得了他们主要的天文学发现之后才组织起来的。开普勒的工作就像 65 年前哥白尼的工作一样,只有训练有素的天文学家才容易接受,并且尽管知道开普勒所达到的高度精确性,许多天文学家仍然认为他的非正圆轨道和他决定行星速度的新技术过于怪异、过于志趣不投,以致无法立即接受。直到那个世纪的中叶以后,还可以发现一批优秀的欧洲天文学家试图证明开普勒的精确度可以由数学上不那么激进的体系重现出来。有的试图复归本轮;有的赞成使用椭圆,但坚持认为行星的速率相对于椭圆没被占据的那个焦点保持恒定;还有的试验了其他形状的轨道。这些尝试无一成功,随着这个世纪的继续,这种尝试越来越少。不过,甚至在欧洲最优秀的实用天文学家中,开普勒定律直到 17 世纪最后几十年才被普遍接受为行星计算的基础。

伽利略的观测一开始甚至遇到了更强烈的反对,虽然来自不同的群体。由于望远镜的出现,哥白尼主义变得不再深奥。

它不再主要被高度训练有素的数理天文学家所关注。因此它变得更加令人不安,令某些人觉得它更加危险。望远镜发现的新世界是邓恩的不安情绪的主要来源。几年后,望远镜的观测为天主教官方发动教会机器反对哥白尼主义提供了部分必要的动力。在1610年伽利略公开了他的发现之后,哥白尼主义已不再可能被当作虽然有用但没有物理意义的单纯的数学方法而不予理会。即使最乐观的人也不能继续把地动的概念视为短暂的心智失常,只要放任不管或许就会自动消失。所以,望远镜中的发现为许多持续反对哥白尼学说的人提供了一个自然而又合适的焦点。这些发现比连篇的数学计算更快更清楚地揭示了真正的宇宙论问题处在危险之中。 226

反对意见具有各种不同的形式。伽利略的一些最狂热的反对者甚至拒绝使用他的新仪器,他们断言,如果上帝打算让人类用这么一个发明来获取知识的话,他就会赐予人类有望远能力的眼睛。别的反对者虽然愿意甚至是渴望使用,也承认了新的现象,但他们声称这些新的物体根本不在天上,只是望远镜本身引起的幻象。伽利略的大多数反对者表现得较为理智。他们像贝拉明那样,承认那些现象是在天上,但否认他们能够证明伽利略的论点。当然,在这一点上,他们倒是对的。尽管望远镜给出了不少论证,但什么也没有证明。

对望远镜观测结果的持续反对是17世纪对哥白尼主义更深入持久的反对的表现。二者都来自同一根源:潜意识中不情愿接受宇宙论的解体,而这个宇宙论在几个世纪里一直是日常实际生活与精神生活的基础。在开普勒和伽利略以后对科学家们意味着经济性的概念重新定向，对于邓恩和弥尔顿这样主要关注其他领域的人来说，常常意味着概念融贯性的丧失，而一些首先关心宗教、道德或审美的人则继续长时间地激烈反对哥白尼主义。直到 17 世纪中叶，攻击才略为缓和。在 18 世纪头几十年，还继续出现许多重要的小册子，坚持《圣经》的字面解释，
227 坚称地球运动是荒谬的。迟至 1873 年，美国一所路德宗的教师学校的前校长还出版著作谴责哥白尼、牛顿以及随后的一系列卓越的天文学家背离了《圣经》宇宙论。甚至在今天，报纸偶尔还会报道某个坚持地球独特性和静止性的老糊涂的断言。旧的概念图式从来没有消亡！

但是旧的概念图式的确衰退了，而且地球独特且静止的概念的逐渐灭亡明显始于开普勒和伽利略的工作，尽管几乎觉察不到。1642 年伽利略去世，在其后的一个半世纪里，地心宇宙的信念逐步从心智健全的一项基本标志转变为一些标记，先是标志着顽固保守，然后是极端狭隘，最后是彻底狂热。到 17 世纪中叶，已经很难找出一个重要的天文学家不是哥白尼派；到那个世纪末则完全不可能找到。初等天文学的反应要迟缓一些，不过在那个世纪的最后几十年，在许多著名的新教大学里，哥白尼、托勒密和第谷天文学并列讲授，而到了 18 世纪，关于后两种体系的讲座逐渐结束。通俗天文学感受到哥白尼主义的冲击最慢；为了给普通大众和他们的老师一种新的常识，为了使哥白尼的宇宙成为欧洲人的公共财产，花费了 18 世纪大部分的时间。

哥白尼主义的胜利有一个逐步的过程,这个过程的快慢受到社会状况、专家的接纳以及宗教信仰极大的影响。尽管有困难和曲折,这个过程总是不可避免的,至少跟思想史家所知道的任何一个思想进程一样不可避免。

哥白尼宇宙在伽利略死后一个半世纪里被同化接受,然而,这个宇宙并不是哥白尼的,甚至也不是伽利略和开普勒的。它的新结构也不主要来自天文学证据。哥白尼和追随他的天文学家们首先与亚里士多德宇宙论成功进行了实质性的决裂,并开始建设新的宇宙。但早期的哥白尼派并不完全明白他们的工作将引向何方。在 17 世纪,很多其他科学的和宇宙论的思潮会合 228
起来,修改并完善曾经指导过它们思想的宇宙论框架。18、19 和 20 世纪所继承的哥白尼主义,是经过重建以适应 17 世纪牛顿世界机械概念的哥白尼主义。将哥白尼天文学整合进 17 世纪所设想的完善而融贯的宇宙中,这个最终的历史性整合是本书最后一章的主题,不过为了适于作为结尾,我们只以有限的细节和透视缩短的视角来处理。就哥白尼革命仅仅作为天文学思想中的一场革命而言,它的故事到这里就结束了。接下去将部分地概述在科学和宇宙论方面更大范围的革命——这场革命始于哥白尼,但通过它最终完成了哥白尼革命。

第七章　新的宇宙

新的科学观

229 开普勒和伽利略搜集了令人印象深刻的证据来支持地球作为运动行星的地位。然而,椭圆轨道的概念和望远镜收集的新数据仅仅是**支持**行星地球的**天文学**证据。它们并没有回应那些**反对**它的**非天文学**的证据。在它们仍未得到回答的时候,这里的每一种论据,无论物理学的、宇宙论的还是宗教的,都证实技术天文学的概念与在其他学科以及哲学中使用的概念有着极大的差异。对天文学革新提出质疑越是困难,其他思想领域中进行调整的需求就越迫切。直到做出了这些调整,哥白尼革命才算完成。

科学思想中大多数大规模剧变都会产生类似的概念差异。例如,我们今天处在普朗克、爱因斯坦和玻尔启动的科学革命的后期。他们的新概念和当代革命所依赖的其他东西,都显示出与哥白尼的行星地球概念密切的历史相似性。像玻尔的原子和爱因斯坦的空间有限无界等概念,都是为了解决单个科学门类中的紧迫问题而引入的。接受它们的人起初是因为它们所在的领域中极为迫切的需求,而不顾及它们与常识、物理直觉以及其他学科的基本概念存在明显冲突。它们在某个时间被专业人士所使用,即使它们在较大的科学思想气候下看起来难以置信。

可是,不断地使用令哪怕最怪异的理论也变得似乎合理了,一旦显得合理,新的概念就获得了更多的科学功用。用第一章的话来说,它已不再只是一个为了经济地描述已知事物而做出的自相矛盾的特设性方案,而变成了解释和探索自然的基本 230
工具。到了这一阶段,新的概念就不可能被限制在单一的科学专业中。自然不应该在不同的领域中显示出不相容的性质。如果物理学家的电子可以在轨道间不经中间区域发生跃迁,那么化学家的电子也应具有同样的能力,哲学家的物质和空间的概念也需要重新审视。一个科学专业中的每一项基础性的革新都不可避免地会改变相邻的科学领域,并且也会较缓慢地改变哲学家及受过教育的外行人的世界。

哥白尼的革新也不例外。在 17 世纪前几十年中,它顶多只是一项天文学上的革新。在天文学之外,它引起了许多的问题,跟它所解决掉的数值上的细节问题一样复杂,而且明显得多。为什么当地球沿着绕太阳的轨道运行时,重物还总是落向旋转着的地球表面呢?恒星到底有多远,它们在宇宙的结构中扮演怎样的角色?是什么在推动行星?天球没有了以后,行星如何保持在轨道之上?哥白尼天文学摧毁了这些问题的传统解答,但却没有提供替代物。在天文学可以令人信服地再度纳入一个统一的思想模式之前,需要一种新的物理学和新的宇宙论。

在17世纪末之前,新的科学和宇宙论已经被创造出来了,为此做出贡献的人们全都是哥白尼少数派的成员。他们对哥白尼主义的坚信给他们大部分的研究赋予了新的形态和方向。它提供了一套新的问题,其中的一个——什么推动地球——已经在我们对开普勒“运动的精气”的研究中简要地出现过了。另外,哥白尼主义还为解决新问题所需的概念和技术提供了大量线索。例如,通过假定天的法则与地的法则的一致性,就使得抛射运动成为行星运动的合法的信息来源。最后,哥白尼主义给许多宇宙理论赋予了新的意义和价值,这些理论虽然在古代和中世纪也作为少数派的观点流传着,但过去却被大部分科学家所忽视。在17世纪,这些新近流行起来的观点中有一些,尤其
231 是原子论,成为对科学的重要提示的持续来源。

这些新的问题、新的技术和新的评价,构成了17世纪的科学从哥白尼主义那里获得的新的透视。上一章显示了这种新的透视对天文学的影响。这一章我们将看到它在其他学科和宇宙论的发展中所起的作用,因为牛顿宇宙正是诞生于在哥白尼主义的帮助下变得丰饶多产的思想氛围中。但是牛顿宇宙不同于开普勒定律,后者是哥白尼革命在天文学方面的顶峰,而前者并不仅仅是哥白尼的革新的产物。因此,在讨论它的演化以及发现行星地球的概念如何最终获得融贯的意义时,我们偶尔会引入一些迄今为止一直被忽略了的概念和技术,因为它们直到哥白尼死后才跟天文学和宇宙论的发展有所关联。我们的问题现在变得比严格意义上的哥白尼革命范围更大了。

走向无限宇宙

亚里士多德的宇宙在多数版本中都是一个有限的宇宙——物质和空间都只到恒星天球为止——最早的哥白尼主义者保留了这种传统特征。在哥白尼、开普勒和伽利略的宇宙论中,太阳的中心与有限的恒星天球的中心重合;太阳只是跟地球交换了位置,成了唯一的中心天体,新柏拉图主义的神的标志。这个新的两球宇宙是对传统宇宙论的自然修正。由于没有具体的反证,这种观念本来会一直保持到19世纪,那时,改进了的望远镜显示出不同的恒星跟太阳之间有着非常不同的距离。

然而,两球结构在亚里士多德和哥白尼二人的世界观中的地位很不一样;尤其是有限的概念,它在前者中具有的本质性功能在后者中彻底消失了。例如,在亚里士多德的科学中,需要恒星天球来带动恒星进行周日循环,并提供维持行星和地上物体运动的推动力。另外,外层天球定义了空间的绝对中心,所有重 232
物都会自动朝向这个中心运动。哥白尼的宇宙剥夺了恒星天球的所有这些功能,同时还剥夺了其他一些功能。地上的运动并没有要求一个绝对的空间中心;石头是落向运动着的地球。也不需要一个外层天球来产生天的运动;无论是否位于一个天球上,恒星都是静止的。哥白尼主义者仍然可以自由地选择保留天球,但只有传统能够提供这样做的动机。可以抛弃天球而又不破坏哥白尼物理学和宇宙论。

因此,哥白尼主义允许了宇宙论思想上的一种新的自由,其结果是产生了一种新的思辨的宇宙概念,它着实会让哥白尼和开普勒感到恐惧。哥白尼死后一个世纪,他的两球框架被一个恒星散布在无限空间各个角落的宇宙所取代。这些恒星中每一颗都是一个"太阳",而且其中许多被认为拥有自己的行星体系。到了1700年,被哥白尼降格为六颗行星之一的原本独一无二的地球已经变成宇宙的一粒微尘了。

尽管历史学家对这种新的哥白尼概念建立的过程知之甚微,但其起源非常清楚。通过去掉外层天球的宇宙论功能,哥白尼复活了早期的三种思辨的宇宙概念,这三个概念分别与经院哲学、新柏拉图主义和原子论相联系。在《天球运行论》之前,这三种宇宙论的结构和目的截然不同,而且没有一个跟天的科学有关。但它们全都被哥白尼主义转变为科学的宇宙论,而且这种转变一旦完成,它们就显示出结构上明显的相似性。

首先考察在哥白尼之前最流行的无限宇宙的概念,它是由一些伊斯兰哲学家提出的,他们不能接受亚里士多德关于虚空的逻辑不可能性的证明。这个宇宙从中心的地球到旋转的恒星天球都跟亚里士多德的宇宙在实质上相同,但在恒星天球之外,空间并没有随着物质而不复存在。取而代之的是,整个亚里士多德宇宙作为核心嵌在没有物质的无限空间的中心,这个核心正是上帝及其天使的居所。由于没有限制上帝创造无限宇宙的能力,13世纪以后这一概念在欧洲相对比较流行。在哥白尼生活的时代流行的一些知名基础读物介绍过它,而且对这一概念

的了解,可能帮助了哥白尼为恒星天球的扩张作辩护,在没有观测到视差的情况下这是非常必要的。但在哥白尼以前,这种无 233
限宇宙的说法跟天文学的实践以及其他的科学都没有任何关系。只要天体被认为是处于连续运动之中,那就不能轻易地放置在最外层天球之外的无限空间里。这种空间的功能是神学的,而不是物理学或天文学的。

不过,哥白尼令恒星静止,使得将天文学功能赋予无限空间成为可能。在《天球运行论》出版之后过了一代人的时间,这种新的自由首次得到利用。1576 年,英国的哥白尼主义者托马斯·迪格斯(Thomas Digges)在对哥白尼第一卷与别处不同的简明意译中引入了无限宇宙的观念。其结果如图 45 所示,这是从迪格斯原版的示意图翻印的。宇宙中间的核心部分与《天球运行论》的宇宙相同,但是恒星离开了静止的恒星天球的表面,散布在其外的过去少数派宇宙论传统所假设的无限空间之中。尽管哥白尼的直接继承者中很少有人走得像迪格斯一样远,但他们中有许多人认识到,恒星不再非得位于一个天球上,各个恒星与太阳的距离可以不相同,并不会影响到现象。当伽利略的望远镜在原先什么也看不到的地方发现了无数新的恒星时,对于思维不那么传统的天文学家来说,恒星散布在无限遥远的空间中几乎就是一个经验事实了。

迪格斯是第一个描述无限的哥白尼宇宙的人,但他只是因为无意中引进了一个悖论才达到那种无限性,这个悖论在古代和中世纪为拒斥无限空间提供了一个最主要的原因。迪格斯的

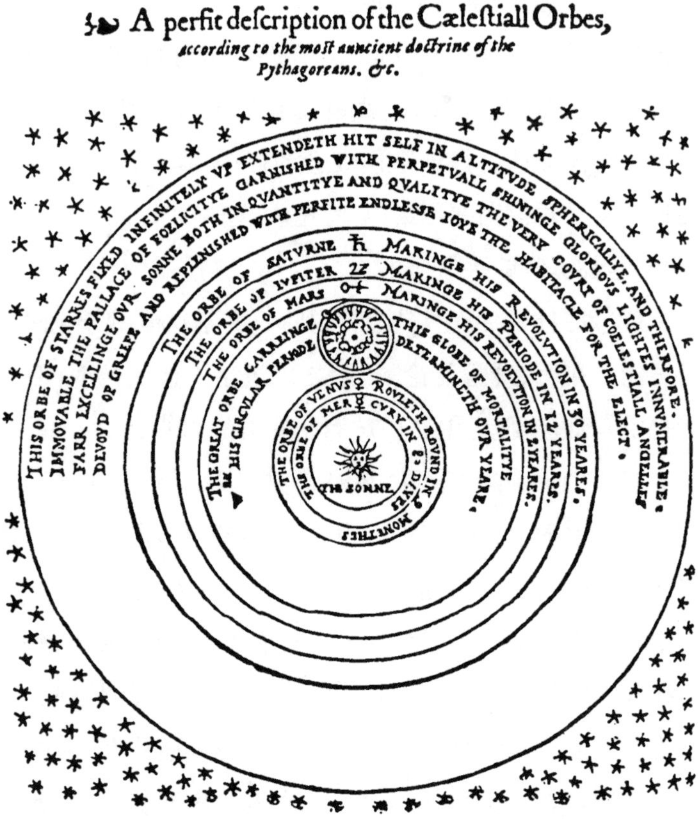

图 45　托马斯·迪格斯的无限的哥白尼宇宙，翻印自他于 1576 年出版的《天球运行的完整描述》(*Perfit Description of the Caelestiall Orbes*)。这幅图跟哥白尼宇宙所有其他的早期草图相似，只是恒星不再被束缚在天球的表面。恒星均不在这个天球之内(否则就会存在可观测到的恒星视差了)，但这个天球之外的无限空间中却布满了恒星。然而，要注意到太阳仍然保持了特权地位，而且相邻的恒星之间的距离远远小于太阳和天球之间的距离。在迪格斯的宇宙中，太阳并不仅仅是一颗恒星而已。

位于中心的独一无二的太阳就是一个矛盾，因为它并不比任何一颗恒星和行星更“位于中心”。中心就是与边界上所有点都等距的一个点，在无限宇宙中要么各点都满足这个条件，要么任一点都不符合。这一悖论在哥白尼之前一个世纪已经由重要的新柏拉图主义者库萨的尼古拉完整地详细阐述过。他相信宇宙是一个无限的球体——他说过，比这小的球体跟上帝在创造方面的全能不一致——而且他通过断言这个球体的中心无论在哪
里都跟边界相重合，来表述所产生的悖论。在他的宇宙中，每个 234
物体无论运动还是静止，都同时既在中心，又在表面，也在内部。
因为空间中每一部分都无法与其他任何一部分相区分，空间的 235
占据者——地球、行星和恒星——必定全部在运动，而且全部具有相同的本性。

库萨的观点提供了因哥白尼主义而被转化的宇宙论的第二个范例。当库萨在《天球运行论》出版前100年提出它时，这种宇宙论没有丝毫科学上的意义。在宇宙论方面，库萨是一位神秘主义者，他乐于拒斥现象，因为他对于无限的神性有着超验的理解，而所有的悖论在神那里都会得到调和。但新柏拉图主义对无限及其悖论的坚持并非与现象和科学内在地不一致。在哥白尼死后，同样的坚持为意大利神秘主义者乔丹诺·布鲁诺的宇宙论著作提供了动机和重现的主题，在布鲁诺的宇宙观中，无限与现象都被哥白尼主义所调和了。布鲁诺的宇宙论方法几乎并不比深深地影响他的库萨的方法更关注科学和那些现象。但无论动机为何，布鲁诺是对的。太阳并不需要位于中心；实际

上，根本不需要中心。哥白尼太阳系可以放在无限宇宙中的任何地方。只要假定太阳跟最近的恒星相距足够远以解释视差的不存在，现象就可以被维护。

布鲁诺对一个无限且无中心的宇宙和现象之间的调和，只是他的宇宙论构造的一部分。从 1584 年左右开始，他也明确了哥白尼太阳系跟他的无限空间中其他天界居民之间的物理关系。他认为，太阳仅仅是散布在无限宽广的空间中的无数恒星中的一颗；在无限天空中其他的一些天体必定拥有类似于地球的行星。不仅地球，还有太阳以及整个太阳系都变成了迷失在无穷的上帝造物中无关痛痒的小斑点；经院学者紧凑有序的宇宙已经成了一个巨大的混沌；对传统的哥白尼式背离已经达到极点。

尽管它很激进，但这个对哥白尼主义的最后拓展几乎没有任何新奇之处。布鲁诺出生之前两千年，古代原子论者留基波和德谟克利特已经设想了一个无限宇宙，包含许多个运动的地
236 球和许多个太阳。在古代，他们的学说从未撼动过亚里士多德思想作为科学基础的地位，他们的著作在中世纪几乎完全消失了。但他们的后继者伊壁鸠鲁和卢克莱修的作品，属于文艺复兴人文主义者发掘的重要文学典籍。从这些著作中，特别从卢克莱修的《物性论》（*De Rerum Natura*）中，布鲁诺推导出他的许多最富有成效的概念。在布鲁诺的宇宙论中，第三种古代的思辨宇宙概念被它与哥白尼主义的亲缘关系所复活，并赋予了新的极端相似性。

这种亲缘关系有些令人惊讶,因为从历史上和逻辑上讲,原子论和哥白尼主义似乎是完全不同的学说。古代原子论者主要不是从观测出发提出他们宇宙论的主要学说,而是出于解决表面上的逻辑悖论的企图。他们感觉到,只有当现实世界由微小的不可分的微粒即原子构成时,有限物体的存在及其运动才可以得到解释,而原子在广大空旷的空间即虚空中自由地游荡。虚空是解释运动所必需的;如果没有空无一物的空间,就不会有位置让物质移动进去了。同样,对他们而言,似乎终极粒子的不可分性对有限物体的存在是必不可少的;如果物质无限可分,它的终极部分将纯粹是几何点,完全不占据空间。单独来看,不占体积的部分构造出有限物体似乎是不可能的。零加零等于零,无论重复多少次还是一样。因此,原子论者认为实在必定由不可分的原子和虚空构成,这个前提是他们的世界观的基础,跟哥白尼主义没什么关系。

然而,这一前提带来一些并非毫无关系的显著的后果。例如,原子论者的虚空在广延上必须是无限的。它只可能被物质所包围,而且物质一定会反过来被更多的虚空包围。当物质与空间不再像亚里士多德的物理学中那样合二为一,包围宇宙的过程就永无休止了。再者,在原子论者的宇宙中没有特殊的位置或是独一无二的物体。虚空本身是中性的;每个位置都与其他位置相同。地球或太阳存在于这个区域而不是那个区域,只不过因为原子偶然的运动和碰撞恰好在这个位置上产生了聚集,而且一旦原子碰巧相遇后,它们就会缠绕和粘连在一起。这一过程同 237

样可以发生在其他任何地方。实际上,由于宇宙是无限的,并且包含了无限多的原子,这个过程几乎肯定某一时刻在其他地方已经发生了。许多的地球和太阳还有许多的原子充斥了原子论宇宙论的无限虚空。天与地的二分是不可能的。根据原子论者的说法,同种物质在中性的无限虚空中到处都服从相同的定律。

由于哥白尼主义也破坏了地球的唯一性,废除了天与地的区分,并暗示了宇宙的无限性,原子论的无限虚空为哥白尼的太阳系,更是为许多个太阳系提供了很自然的归宿。布鲁诺的主要贡献就是认识到并详细阐明了这两种古代和现代学说之间朦胧的亲缘关系。一旦认识到这种关系,原子论被证明是在 17 世纪使有限的哥白尼宇宙转变为无限的、多世界的宇宙的几种思潮中最有效、影响最深远的一种。然而宇宙尺度的扩展只是原子论在新宇宙的建构中所起的第一个重要作用。

微粒宇宙

17 世纪早期,原子论经历了一场大规模的复苏。原子论与哥白尼主义牢固地融合,成为指导科学想象的"新哲学"的基本原则,一部分原因是它与哥白尼主义有着重要的一致性,还有一部分原因是已提出的宇宙论中只有它可以取代越来越不为人信服的经院世界观。邓恩悲叹宇宙由于"新哲学"而"随之被碾为原子",这是这两股原本分离的思潮合流的早期征兆。到了 1630 年,大部分主导着物理科学研究的人们展示了这种融合的影响。他们相信地球是一颗运动的行星，并运用源自古代原子论的一套“微粒”假说来奋力应对这一哥白尼概念带来的问题。

使 17 世纪科学发生改变的“微粒论”常常违背古代原子论的假说，但它仍然是原子论。一些“新哲学家”相信终极粒子在 238
原则上是可分的，但所有人都同意它们很少或是从未被实际分割过。也有一些人对虚空抱有怀疑，他们用以太流来填充整个空间，但这种以太流在多数场合下跟虚空一样中立、不活动。并且，最重要的是，所有人都同意各种粒子的运动、相互作用与结合是由上帝创世时加给这些微粒的定律支配的。对微粒论者来说，去发现这些定律是新科学纲领中的首要问题。其次则是应用这些定律来解释感觉经验的丰富流变。

法国哲学家勒内·笛卡尔（1596—1650）是第一位系统地将这一纲领应用到哥白尼宇宙问题上的人。他从追问单个微粒如何在虚空中运动入手。然后考虑这样的自由运动在与另一颗微粒碰撞之后如何改变。由于他相信微粒宇宙中所有变化都源于一连串时常被微粒间的碰撞打断的自由微粒运动，笛卡尔期望从前面那些问题的解答演绎出哥白尼宇宙的完整结构。尽管他的演绎全都是直觉的，而且大部分是错的，但他的想象力为他的理性所指出的宇宙论被证明是极为可信的。笛卡尔的观点的详细内容最先出现在他 1644 年出版的《哲学原理》（*Principles of Philosophy*）中，此后他的学说支配大部分科学近一个世纪。

笛卡尔对他第一个问题的回答极为成功。通过将中世纪冲力理论的新版本应用于原子论宇宙论的无限且中立的空间中的微粒,他得出了惯性定律的第一个明确表述。他说,在虚空中静止的微粒将保持静止,运动的微粒将以不变的速度沿直线继续运动,除非另一微粒使它转向。粒子速度的恒定是冲力理论(本书第四章倒数第二节讨论过)的直接推论,非常像伽利略曾提出的理论。但运动的直线性是新奇而又极有意义的,它代表
239 了原子论为17世纪科学所提供的成果丰富的暗示。原子论者的无限虚空是没有中心的空间,并且(除了在17世纪早期就被抛弃的一些低劣的版本之外)也没有任何像“上”或“下”这样固有的方向。在这样的一个空间中,一个不受外来影响的物体只可能静止或一直向前运动。哥白尼、伽利略和其他早期哥白尼主义者从经院的冲力理论中借鉴来的自我维持的圆周运动是不可能的。在笛卡尔的工作之后,这类运动在哥白尼宇宙的构造中不再扮演重要的角色。

笛卡尔认识到,在自然界中,所有粒子或粒子团都在不断地改变速度和方向。笛卡尔说,这些改变必定是由来自其他物体的外在推力和拉力(见图46)引起的。因此,微粒的碰撞就是研究的第二个主题,笛卡尔对它的研究不太成功。他的七条碰撞定律中仅有一条被他的继承者所保留。尽管笛卡尔的碰撞定律被抛弃了,但他关于碰撞过程的概念却没有被抛弃。微粒论再次引入了一个新问题,这个问题在笛卡尔死后30年中得到了解决。从这个解答中不仅得到了动量守恒定律,还得到了(虽然
240 不那么直接)力跟它产生的动量变化之间的概念关系。二者都是迈向牛顿宇宙的基本步骤。

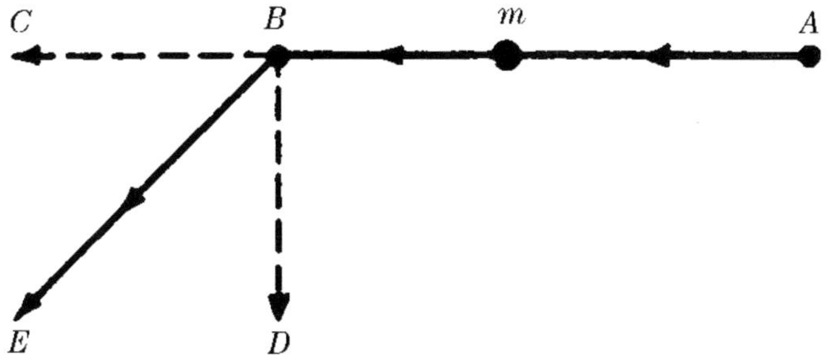

图 46 施加在一个惯性运动上的推动力的效果。在点 A,物体 m 被施加了一个突然的向 B 的推力。如果没有其他的推力干预,该物体将沿直线由 A 向 B 匀速运动。如果当该物体到达 B 时又被施加了一个同样方向的推力,它将继续向 C 直线运动,但速度增加了。如果施以反方向的力,它可能会以减小了的速度继续向 C 运动,或者,如果第二个推力足够大,物体会从 B 后退,沿直线返回 A 点。最后,如果物体到达 B 点时被施以朝着 D 点的横向推力,它就会沿斜线 BE 开始新的惯性运动。沿 BE 的惯性运动可以设想为两个同时进行的惯性运动的合成,一个沿 BC 方向,由在 A 点的第一个推力产生,另一个沿 BD 方向,由在 B 点的第二个横向推力产生。

在他的运动和碰撞定律向哥白尼的宇宙结构发展的进程中,笛卡尔引入了一个概念,这个概念从 17 世纪以来严重地掩盖了他的科学和宇宙论的微粒论基础。他把宇宙充满了。但填充笛卡尔空间的物质在结构上到处都是粒子性的,为确定这种粒子性充实体的行为,笛卡尔不断地在想象中运用虚空。他首先用它来确定单个粒子的运动和碰撞的定律。然后,为了发现这些定律如何在一个充实体中起作用,他大概先设想粒子在一个虚空中游荡,它们的惯性运动被碰撞不时地打断;接着他逐渐把虚空挤出系统之外，让粒子越来越靠近，直到最终它们的运动和碰撞均融合成充实体中的一个单一过程。不幸的是，在充实体中必须同时考虑所有粒子的运动，而这是个极为复杂的问题，笛卡尔几乎没有尝试过解决它。相反，他满足于从他的微粒定律极富想象力地直接跳到最终解答，而不在任何一个绝对必要的中间步骤上停留。

对笛卡尔来说，充实体中唯一的持久运动必定以环流的形式出现，这似乎是自明的。在这样的流中每个粒子都向前推动离它最近的粒子，最后，为了避免真空的出现，这个推力又回到第一个粒子，形成了近似环状的路径。这个过程填满了潜在的虚空后，然后又重新开始。因为对于笛卡尔，这种环流是唯一可能的持久运动，所以他相信无论创世的时候上帝给了微粒怎样的推动，它们最终都会在布满于空间中的一系列涡旋中循环。图 47 再现了这些涡旋中的一小部分，它来自笛卡尔一部早期著作中的一个图示。

笛卡尔的每一个涡旋都至少潜在地是一个太阳系，由惯性和碰撞的微粒定律生成，并服从这些定律。举例来说，微粒的碰撞刚好与惯性赋予涡旋中每一微粒的离心倾向相平衡。如果去掉所有其他的粒子，单个粒子就会沿着正常环形轨道的切线方
242 向一直运动下去，从而脱离涡旋。它并没有这样只不过因为涡旋中在它外侧的微粒不断碰撞使它向着中心返回。同样的碰撞使构成行星的稳定微粒团以近似圆形的路径围绕涡旋中心运动。

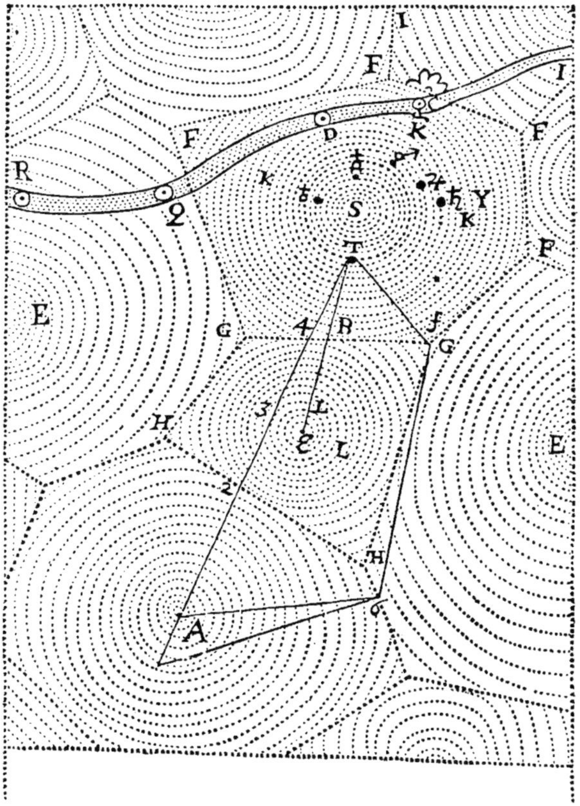

图 47　笛卡尔的涡旋宇宙论，翻印自他的《论光》(*The World or a Treatise on Light*)一书。点 S、E、A 和 ε 都是涡旋的中心。束缚在中心的微粒急速搅拌，使这些中心自己发光，因此它们表现得像恒星一样。不同的虚线圆环(不必是精确的圆)代表构成涡旋的永恒旋转的微粒流的路径。围绕涡旋中心 S 的那些点就是行星，涡旋的流动带动它们扫过其轨道。横穿图上部的 C 是一颗彗星，因为它所处区域的流动太慢，不足以把它限制在连续的环形轨道上，所以它经过一个涡旋移动到另一个涡旋。别的涡旋充满了图外的空间，每一个都至少是潜在地代表了笛卡尔的多世界的哥白尼宇宙中一个太阳系的位置。 241

每个涡旋中心不断的急速搅拌运动导致了一种以波的形式从中心向空间各处传播的连续震荡。根据笛卡尔的说法，这种震荡就是光，从作为涡旋中心的太阳或恒星不断涌出。显然，无限多个以恒星为中心的行星系统已经从微粒论前提推导出来了。而且笛卡尔的推导并不只止于这些天象。比如，他假定了一组辅助的小涡旋来解释月球运动、潮汐和抛射运动，每颗行星周围都环绕着一组这样的小涡旋。这些小涡旋中的微粒碰撞使月球保持圆周运动并驱使下落的石头落向地球。在笛卡尔的宇宙中，重量本身跟运动、光和所有其他的可感现象一样，最终都可以追溯到受原子运动规律和相互作用规律支配的微粒碰撞。

今天，我们可以非常轻易地在笛卡尔对涡旋宇宙论的讨论和从它导出的天文学、光学、化学、生理学、地质学及动力学中发现错误和不足。他的眼光是启发性的，视野是广阔的，但是投入到其中任一部分的批判性思想少得可以忽略。他的微粒碰撞定律只不过提供了无数范例中的一种。但在 17 世纪科学的发展中，笛卡尔体系的各部分远不如它的整体重要。以惠更斯为首的笛卡尔的优秀继承者们是从他的基本概念而不是从细节的展开中获取了灵感。他们可以改变他的碰撞定律、他对涡旋的描述以及他的光传播定律，事实上他们也确实这样做了。但他们并没有放弃他关于宇宙是受几条特定微粒定律支配的微粒机器的概念。半个世纪以来，这一概念引导了对自洽的哥白尼宇宙的寻找。这种适合于哥白尼宇宙的基本的结构性概念受到一种古代世界观极大的激发，而正是哥白尼主义本身促使这种世界观流行起来，这看来不是巧合。

机械论的太阳系 243

从哥白尼的有限日心宇宙通向为哥白尼革命赋予最终形式的牛顿宇宙，有两条截然分开的历史路径。其中之一就是前面描述的哥白尼学说与微粒哲学之间的联系。另一条则是针对哥白尼学说引发的最为迫切的一个物理问题的一系列集中冲击，这个问题就是："什么推动了行星？"两条路径都是在哥白尼死后半个世纪开始的。它们的共同来源是在开普勒、布鲁诺和其他人把哥白尼工作中真正的创新同伪亚里士多德主义的要素分离开时创造出来的新的科学观。这两条路径在牛顿对哥白尼宇宙结构的最终表达中再度融合，并且都为这一表达提供了基本的要素。虽然明显的对应不时证明它们沿着相同的方向发展，但除了在起点和终点之外，这两条路径通常都是分开的。

对行星运动的物理解释在16、17世纪并不是全新的问题。无论亚里士多德、托勒密，还是中世纪的天文学家，都没办法完全确定行星运动中每一个细微的不规则性的物理原因。但传统科学至少解释了所有行星沿黄道的东向平均移动。行星和它们所嵌入的天球都是由完美的天上元素构成的，这种元素的本性表现为围绕宇宙中心做永恒的旋转。

哥白尼已经尝试保留对行星运动的这种传统解释。但天的自然运动的概念对日心宇宙不像对地心宇宙那么适合，哥白尼最初的学说里所包含的不和谐并没有隐藏多久。单是解释行星的东向移动,哥白尼体系就要求地球的每个粒子都自然地围绕两个不同的中心旋转——固定的宇宙中心和运动的地球中心。每一个类似于月亮这样的卫星粒子则被至少三个中心同时支配——宇宙的中心、所属行星的中心和卫星自身的中心。因此,哥白尼学说把圆周运动混合起来并把它们跟许多同时存在的固
244 定和运动的中心相关联的行为,危及了自足的圆周运动的可信度。进而,各种中心的多样性和运动性剥夺了哥白尼式的运动与空间内在几何结构之间任何确定的联系。在亚里士多德物理学中,所有自然运动都或朝向、或远离、或围绕宇宙的中心。这个中心尽管只是一个几何点,但却令人信服地拥有特殊的作为原因的地位,因为它是唯一的,可以根据它与空间边界的关系得以一劳永逸地确定。另一方面,哥白尼的方案则要求某些自然运动受运动着的中心支配,而运动着的中心不能仅凭几何位置就作为原因起作用。

在 16 世纪晚期和 17 世纪早期,其他新的天文学说汇聚在一起使行星的物理学问题变得更加尖锐。除恒星天球外的所有天球由于对彗星的新观测以及第谷体系的日益盛行而变得过时了。跟天球一起消失的是曾经解释了行星的平均圆周运动的整个物理机制。天球的这种消解也还没有终结古典进路的影响。迟至 1632 年,伽利略仍试图详述哥白尼的物理学理论,在其《关于两大世界体系的对话》一书中,他论证了即使没有天球,所有物质仍可以在一组复合圆周上自然地、规则地、永恒地旋转。可

是伽利略的逻辑论证的卓越和精妙之处——在主要的科学工作中一直鲜有能与之匹敌的——也不能长久地掩盖这种进路从根本上的不可信。他的《对话》重要是因为它是对哥白尼学说的极大普及,而他对物理学的不朽贡献是在别的著作中。在他死后,行星的物理问题的进展采取了完全不同的方向,因为还在伽利略的《对话》出现之前,开普勒的研究就已经为哥白尼学说的物理问题提供了一个新的维度,并提出了一套解决它的技术。

通过废除大量的本轮和偏心圆,开普勒首次有可能使天象的全部复杂性服从物理分析。像哥白尼和伽利略那种只处理行星的平均东向移动的解释,即使可信似乎也不充分。现在需要 245
解释的是几何上简单而精确的椭圆运动,而不是平均移动。但只有付出代价才能获得新的简单性与精确性。与古典天文学的平均圆周运动不同,受第二定律支配的椭圆运动不可能是自然运动,因为它们不是相对任何中心都对称。行星在均轮上或是在一个简单的本轮-均轮体系中匀速运动,从某种意义上说,它在它的轨道上各点都"做着相同的事"或者说"以相同的方式运动着";这种运动也许可以令人信服地被看成"自然的"运动。可是,遵循开普勒定律的行星运动在轨道上的各点都改变着速度、方向和曲率。这些改变似乎需要引入一种天际的力,这个力不断地作用使行星运动在轨道上各点都发生变化。在天上和在地上一样,一种不对称的运动很自然地被解释为连续的推力或拉力作用的结果。

换言之,哥白尼的革新首先摧毁了行星运动的传统解释,然后经过开普勒的调整,提出了一种处理天的物理学的极端新颖的途径。这种新途径最早在 16 世纪最后几十年和 17 世纪头几十年出现在开普勒本人的著作中。本质上,它是对哥白尼曾经用过并由伽利略复兴的统一天地规律的方法的倒置。哥白尼和伽利略将传统的属于天的自然圆周运动概念应用于地球,从而获得了统一性。开普勒把古代属于地的受迫运动概念应用于天,收到了同样的效果,而且更富有成效。在他无处不在的对太阳的新柏拉图主义式理解的指导下,开普勒引入了从太阳和诸行星发射出的力,为行星运动提供了因果性基础。在他的著作中,太阳系首次按照地上的机制来构造。尽管它最初的概念十分粗糙,但后来的发展都采取了开普勒的方法。

开普勒的第一种太阳的力就是我们在第六章简要讨论过的运动精气。开普勒将它形象化为椭圆平面上从太阳投射出的一组射线,被太阳的连续旋转所带动。当运动的臂经过行星时就
246 推动它,迫使行星以连续的圆周环绕太阳。为使基本的圆周轨道变为椭圆轨道需要有第二种力,它改变太阳和位于轨道不同部分的行星之间的距离。开普勒把第二种力定为磁力。此前不久英国内科医生吉尔伯特(William Gilbert)在 1600 年出版的非常有影响的《论磁》(*On the Magnet*)一书中全面考察和记录了磁力的属性。吉尔伯特已经认识到地球本身是一个巨大的磁体,开普勒把这种普遍性扩展到太阳系所有其他天体。开普勒说,不仅是地球,还有行星和太阳也都是磁体,它们各种磁极之间的吸引和排斥决定了行星运动的轨迹。

开普勒的继承者没有几个会像看待他对行星轨道的数学描述那样认真看待他的物理理论。该理论的细节如图 48 所示。他的一些动力学概念在他著书的时候就已经过时了;太阳旋转 247
得太慢,以至于无法解释观测到的行星运动周期;当使用磁针进行观测时发现地球磁轴的方向跟解释天文观测所需的方向不符。因此,开普勒死后,运动精气和磁性太阳在 17 世纪的科学著作中就很少出现了。但开普勒把太阳系当作自足自治的机器

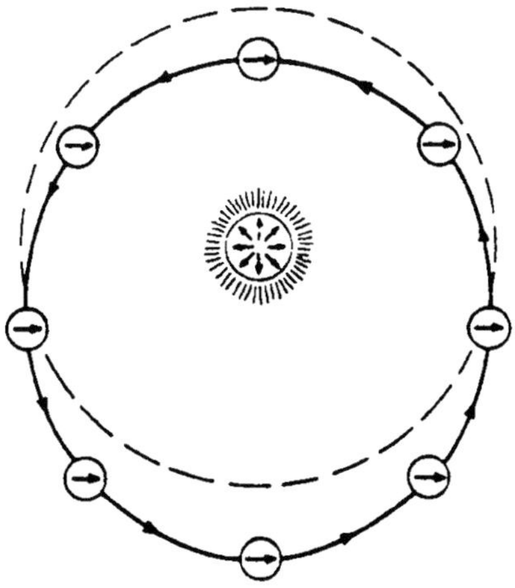

图 48　开普勒机械论的太阳系。太阳出现在图的中心处,它辐射出的线代表运动精气,在没有另外磁力的情况下,运动精气将推动行星 *P* 沿着以太阳为中心的虚线圆周运动。根据开普勒的说法,磁体使圆周运动变成椭圆。图中用箭头代表磁体。太阳的南磁极深埋在它的中心,不产生任何影响。北磁极均匀分布在太阳表面。地球的磁轴在地球运动时总是保持与自身几乎平行。因此,每当行星在图的中垂线右侧时,它的南磁极比北磁极更接近太阳,于是行星逐渐被吸引向太阳。在该圆周运动的另一半,行星逐渐被排斥。在所有位置上,行星的轨道速度都和行星到太阳的距离成反比,因为运动精气在靠近太阳的地方较为强盛。

的概念一再重现。随着17世纪哥白尼主义的发展,这种概念被证明有着双重的重要性。

首先,开普勒的物理体系尽管完全独立于微粒哲学,但却使微粒论的一些最重要的结论得到加强。特别是它提供了又一条通向无限、中立的空间概念的自然路径。在开普勒的行星机械论中,一颗行星的运动仅依赖于它和另一个物理实体——太阳的关系。无论太阳的位置在哪里,磁力和运动精气都同样有效地发挥作用。尽管开普勒仍把太阳放在有限的恒星天球的中心,但这样的中心并不是必需的。微粒论已经得出过相同的结论,但却是出自非常不同的动机,经由完全不同的道路。显然,哥白尼主义最引人注目的一些结论不可能被通往融贯的哥白尼宇宙的任何途径所压制。

开普勒用受迫的、由外力决定的行星运动取代了传统的天的物理学中自然、无外力干涉并由空间位置决定的运动,这在17世纪的科学发展中还有另一个主要的作用。开普勒机械论的太阳系在以牛顿《原理》的体系为顶峰的一系列体系中占据首位。从历史的角度看,中间的发展是极为复杂的。它们依赖于新的一套动力学概念和数学技巧的曲折演化与艰难的同化,它们本身足以作为又一本书的主题了。但开普勒到牛顿的路径从概念上讲却是相对简单的。少许重要的修改就能把开普勒的体系变成性质上很类似牛顿的体系,这些修改是人们认识到笛卡尔惯性运动概念在天的物理学中的作用后产生的直接后果。这一概念的缺乏是开普勒的机械论太阳系与牛顿的直接前辈们

设计的类似体系得以区别的基本特征。后一类中的两种分别由 248
意大利人博雷利(G. A. Borelli,1608—1679)和英国人胡克(Robert Hook,1635—1703)设计的体系,可以使我们非常地接近于牛顿体系的定性特征。

博雷利的惯性运动概念远不如胡克的完整,因此他的行星理论更接近于开普勒。不同于开普勒的是,博雷利意识到单纯为了避免行星趋于静止并不需要任何推力。但他保留了运动精气的说法来解释行星速度随着行星距离太阳的远近发生的改变,有时他似乎也把运动精气当作一个连续推动者。在其他方
面,他跟开普勒(以及亚里士多德)的决裂更加彻底。特别是博 249
雷利认识到(并用图 49 描述的假想模型证明了)来自运动精气的推力并不能使行星在封闭的轨道上运行。博雷利认为,除非存在其他的力笔直地向着太阳拉住行星,否则每一颗行星都会沿着与其轨道相切的直线飞出去,从而彻底脱离太阳系。因此为了维持稳定的轨道博雷利引入了另一种力,它不断地使正要离开的行星向着太阳偏转。在他的模型中,博雷利使用磁体来模拟这种力;在天上,他把这种力换成所有行星都会落向中心太阳的自然倾向,显示出亚里士多德概念的残留力量。

博雷利关于太阳系的概念在 1666 年出版的一本书中做了详细的叙述,同年,胡克也最终证明了天上的运动和地上机械的运动是完全类似的。由于深受笛卡尔的影响,胡克从惯性运动以及天地规律相等同的完整概念入手,从而能够抛弃运动精气与运动的自然倾向的残余。他认为运动的行星应该在空间中沿

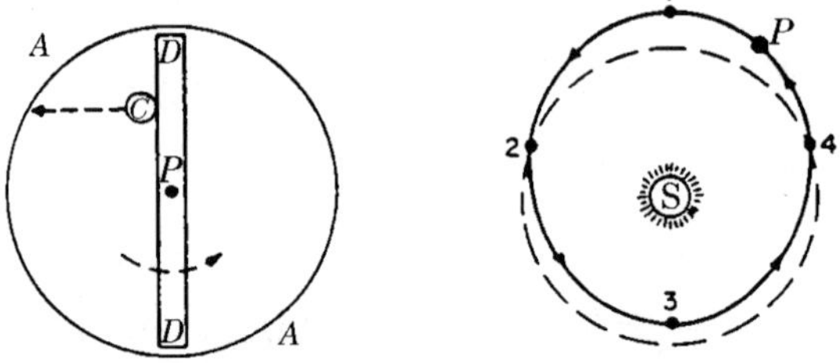

(a) (b)

图 49　博雷利的行星理论。图(a)显示了博雷利的行星机械模型,其中木塞 *C* 被旋臂 *DD* 推动在碗 *AA* 中逆时针运转。当旋臂转速加快时,木塞由于受到沿直线运动的惯性倾向的主导性影响,也会加速盘旋,向外趋向碗的边缘。如果旋臂转得慢一些,木塞就会向碗的中心盘旋,因为力臂缓慢旋转产生的微弱的离心倾向无法克服在 *C* 与 *P* 安放的磁体之间的吸引力。在适当的中等速度之下,向心与离心这两种相反的倾向正好平衡,木塞将在连续的圆周上运动,这就是基本的哥白尼轨道。

图(b)描述了博雷利对椭圆轨道的推导。当行星沿虚线环运动时,运动精气产生的离心倾向刚好平衡行星落向太阳的倾向,因此轨道是一个圆。现在如果把行星从虚线上移开,放在实线上处于圆环外的位置 1,它的运动就会变慢,相当于图(a)中旋臂缓慢转动,这是因为离太阳越远的地方运动精气就越微弱。结果行星将开始沿实线朝着太阳向内盘旋,在位置 2 穿过虚线环,继续运动到位置 3,在此处,增强了的运动精气使它的速度增大,足以克服向内的移动。然后行星开始向外盘旋,使行星回到位置 1。博雷利断言最终形成的轨道将是一个椭圆。

直线持续匀速运动,因为感官并未显示出有什么东西推动或拉拽它。由于它的运动并不是直线,而是环绕太阳的连续的闭合曲线,所以感官的直接证据必定是被误导了。在太阳和每颗行星之间必定有另一个吸引原理或力在起作用。胡克认为,这个力会不断地使行星的直线惯性运动朝向太阳发生偏转,这就是形成哥白尼轨道所需要的全部。

胡克对哥白尼式行星运动的直观理解如图 50(a)所示,不过这里采取了比胡克本人给出的解释更为清晰的形式。实线圆(或者可能是椭圆)为行星的哥白尼轨道,行星显示在轨道上的 *P* 点,以恒定速度运动。如果太阳 *S* 和行星之间没有力的作用,

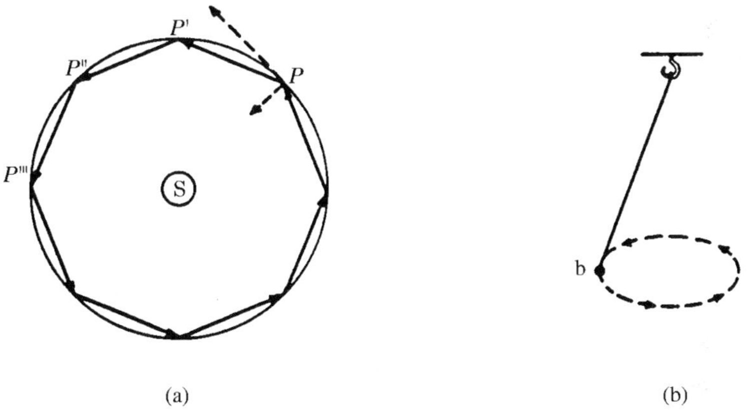

图 50 胡克的行星理论(a)及钟摆演示(b)。在图(a)中,行星在 P, P', P''……各点上被施以一个突然的朝向太阳 S 的推力。每一次的推力都改变了行星惯性运动的方向,所有推力的结果形成了沿多边形边界的运动。增加行星被推向中心的点的个数就增加了多边形的边数。极限情况下,向着中心的连续推力就产生圆周运动。利用图(b)描述的装置可以从物理上演示这种圆周运动。摆锤 b 若不受侧向推力,就会被它的重量直接拉向靠近虚线圆中心的一个点。但若摆锤受到一个与摆绳垂直的初始水平推力,摆锤的重量就只能使运动偏转为一条曲线。如果推力恰到好处,摆锤将在水平圆周或拉长的近似椭圆的轨道上旋转。

行星应该沿着与轨道相切的虚线向外直线运动，速度总保持不变。但如果行星在 P 点突然被急剧推向太阳，那么（回想一下图 46）它将获得一个同时朝向太阳的运动，如图中的短虚射线
250 所示。这两个运动产生一个新的惯性运动，它沿着图中的实线箭头方向，在 P' 点重新回到实际的轨道上。如果行星在 P' 又一次被急剧推向太阳，它将开始沿第二条实线箭头向点 P'' 运动，这一过程不断继续，直至行星最终回到点 P。

上面所描述的连续推力并没有使行星沿着代表其轨道的光滑曲线运动，而是沿着一个多边形运动。但多边形上一系列实线箭头跟行星的轨道很近似，这种近似还可以无限制地改进。例如，假定传递到 P，P'，P''……的冲力减弱，使得行星在这些点
251 上发生的偏转变小，从而更快地回到它们的曲线轨道上；又假定最初的一系列冲力（现在力量减弱了）由传递到 P 与 P' 之间、P' 与 P'' 之间……以及行星重新回到曲线上的点上的一系列新的冲力所补充。这样形成的运动仍然会是多边形而不是椭圆或圆形，不过这个多边形现在更加近似于圆了。当单独的冲力进一步减弱力量、增加数量时，这种近似就更接近了。最后，当单独的冲力变得无限小而且无限多的时候，行星在它的轨道上每一点都向着太阳发生偏转，如果使其偏转的力总是力度合适，得到的曲线就正好是想要的椭圆或圆形。

这就是胡克的假说，它仍然十分含糊。胡克不知道如何把力的强弱跟它产生的偏转的大小联系起来，也不知道如何由一系列连续的偏转产生一个椭圆。他没有也无法证明他的假说能

行得通。这项工作留给了牛顿。但是胡克能够赋予他的思想一个具体且似乎可以接受的形式,他建立了一个模型,能够产生出同单个向心力影响下形成的行星运动相类似的运动。在1666年,他在一次演讲(其主要内容我们刚刚描述过)的结尾向皇家学会的同事们展示了一种叫作圆锥摆[如图50(b)]的装置,它由一根可以朝任何方向自由运动的细线悬挂一个重锤构成。当拉动摆锤略微离开其最低位置时,对它唯一起作用的力就是近似指向钟摆最低点的拉力,这个最低点就是悬挂点下方一根摆线长度的位置。从离开最低点的一个静止位置释放摆锤,它只会被拉回来,然后在一个平面内稳定地来回振荡,跟普通钟摆一样。但如果在摆锤偏离之后,对它施加一个急剧的水平推力,方向跟它和最低点之间的连线垂直,那么它根本不会必然地回到最低点。相反,它可以在一个水平面上围绕最低点平稳地摆动,划出一条类似于行星轨道的连续轨道。如果以适当的速度朝恰当的方向出发,摆锤就会沿一个水平的圆周旋转。初始速度的细微差别则会使它在一个类似于椭圆的拉长的轨道上运行。向心力没法把运动的摆锤拉到中心。它只能使运动向着中心偏 252
转,从而产生一条连续曲线。既然单个向心力已经在实验室中产生了恰当形状的闭合轨道,胡克认为,天空中类似的力应该产生相同的效果。

胡克的模型使他含糊阐明的理论变得清晰且具有说服力,但它还有更大的重要性。行星的物理问题先是经历了哥白尼主义的影响,然后又经历了微粒主义与哥白尼主义的联合影响,对我们来说,胡克的模型有力地描绘了这一巨大而富有成果的变化。胡克的著作与开普勒和博雷利的著作相比,对行星运动的解释更多地成为应用力学的问题,原则上等同于钟摆和抛射这样的地上问题。地上的实验产生出对天的直接认识,对天的观测也提供可以直接应用于地球的信息。由《天球运行论》提出并被微粒哲学促进的对天地二分的消解最终完成了。水晶天球和所有其他特殊的天的装置都被废除了,代之以一个属于地的机械论,这种机械论已经被证明和亚里士多德的天球具有同样充分的功能。

引力与微粒宇宙

哥白尼的革新提出的另一个紧迫问题在新宇宙的演化中起到了本质性的作用:为什么无论地球在空间中什么地方,重物总是落向运动的地球表面?尽管哲学家们主张科学家不应该提出这种以“为什么”开头的问题,但在17世纪这类问题确实被提出过,而且颇具成效。例如笛卡尔就专为这个问题给出了一种解答,他认为松散的物体是受到以地球为中心的涡旋中的空气粒子碰撞而被推向地面的,而且这种解答直到牛顿死后还受到普遍信奉。不过早期的哥白尼主义者也提出了一种不同的解答:重物是由在所有物体小块之间都发生作用的内在吸引原理拉向地球的。一旦调整这种解答以适应微粒主义至少一部分的基本前提,基于内在吸引原则的解答就会战胜笛卡尔及其追随者的纯微粒主义解释。到 17 世纪末,今天被称作引力的吸引原理已经为地球上的大部分运动和天上的所有运动提供了答案。 253

和 17 世纪科学中出现的大部分概念一样,引力的前身可以追溯到古代。例如,柏拉图的某些前辈相信类似的实体必定相互吸引或排斥,二者必居其一。但是,除了对磁和电的研究以外,天生吸引与排斥的原则几乎没有什么具体应用,直到行星地球的概念将它们唤醒。引力和行星地球这两个貌似无关的概念之间的模糊联系,早在前面引述的奥瑞斯姆对亚里士多德《论天》的注释(第 115 页)中就明显地表现出来了。奥瑞斯姆说,空间中可能有许多的地球,但在这种情况下,石头必然落向地球是因为物质要自然地聚集到物质上,而不是因为它要聚集到宇宙的几何中心。

在《天球运行论》第一卷中,同样的需要引出了一个非常类似于奥瑞斯姆的概念。哥白尼说:"对我而言,引力[在此只是指重力]只是一种自然倾向,造物主将它赐予物体的各部分,以使这些部分结合成球形。"(见前面第 154 页)开普勒也详细描述过吸引原理在地球与其各部分之间发生作用的思想。他甚至认为同样的原则可能也在地球和月亮之间相互发生作用。仅仅在考虑地月系统以外的物体时,开普勒才会感到需要运动精气这种特殊的属于天的力。直到 1644 年笛卡尔对重力的微粒解释发表为止,哥白尼主义者一直继续沿用类似于开普勒的装置来解释石头的下落。要么存在一种内在的吸引原理,像磁力那样,地球通过它吸引石头,石头也吸引地球;要么(这种等价只适用于眼前的目的)石头拥有一种趋向地球之物理中心的内在倾向。

在17世纪中期以后,这些对石头下落的哥白尼解释很快被应用到由于惯性运动概念被同化接受引起的新的哥白尼主义问题上。首先是笛卡尔,之后又有博雷利、胡克、惠更斯和牛顿,他们都认识到行星若要沿着一条绕太阳的闭合轨道行进,就必须不断地“落”向太阳,从而把它的直线惯性运动变成一条曲线。
254 当意识到需要去解释这种“下落”时,每个哥白尼主义者都把自己对地面落体的解释的某些变化形式应用于天的情形。笛卡尔的行星被微粒的碰撞推向太阳;博雷利的行星具有趋向太阳的自然倾向;胡克的行星则被内在的相互吸引拉向太阳。这些我们都已经讨论过了。

然而,胡克和牛顿大约同时向前迈进了意义重大的一步。也许是受到笛卡尔关于地上和天上的下落运动由相同的机制支配的思想所引导,他们提出把行星拉向太阳和把月亮拉向地球的力跟导致石头和苹果下落的重力是相同的。我们可能永远都不会知道他们二人谁先获得了这种概念,但胡克至少是第一位公开宣布它的人,他在1674年的陈述作为对该设想的一种清晰表达仍然值得研读。这个设想被牛顿定量化、微粒化之后,引导了18和19世纪的科学想象。胡克写道:

> [以后]我将解释一个世界体系,它在许多细节上与任何已知的体系都不相同,[并且]在一切事情上符合机械运动

> 的普遍规则。这依赖于三项假设:首先,所有的天体无论什么样的,都具有吸引力或朝向自身中心的重力,它们凭借这种力不仅吸引自己的各部分,使之不能飞离,就像我们看到的地球的情形,同时它们也吸引着所有在其活动范围之内的其他天体;结果,不仅太阳和月亮对地球的躯体和运动有影响,地球也影响它们,而且水星、金星、火星、木星、土星通过它们的吸引力对地球的运动产生相当大的影响,同样地球相应的吸引力也对它们每一个的运动产生相当大的影响。第二项假设是:无论什么物体,只要进入简单直线运动,就会继续向前沿直线运动,直到被其他有效的力偏转使运动发生弯曲,画出一个圆、椭圆或其他更复杂的曲线。第三项假设是:被吸引的物体离吸引力的中心有多近,吸引力的效果就有多强。目前我还没有用实验方法验证过这几个量度是多少;但它是这样一种观念:如果能完全得到实施的话,那么它将会极大地帮助天文学家把所有天象运动归结为一个确定的规则,没有这个观念,我怀疑永远得不到正确的规则。[1] 255

胡克的前两项“假设”是新宇宙的基本前提。惯性加上一个单独的吸引力,即引力,就支配了天上的运动和地上的抛射运动。至少是隐含的意义上,行星和卫星就是地上的抛射体,正如初速足够大的炮弹永远不会落向地面,而是连续绕地球旋转。牛顿在他的《世界体系》(*System of the World*)(图 51)一书中把这一图像清晰化和通俗化了。但胡克的论述还提供了除概念基

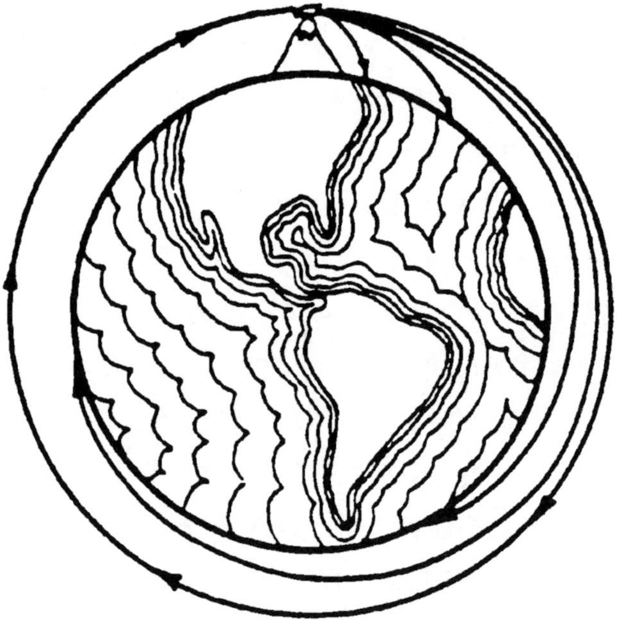

图51　牛顿对作为卫星的炮弹的描述。当炮弹的速度增加时,它的轨迹也增长,从而绕地球的曲面运行得更远。当速度足够大时,炮弹不再落向地面,而是沿着近似的圆形轨道连续旋转。

础之外的其他内容。刚才引用的那段话还明确了新宇宙完成之前有待解决的两个主要问题。引力是怎样随着相互吸引的物体之间的距离变化而变化的?这种吸引规律的知识如何被应用来预测天上和地上的运动?

胡克自己对这些问题束手无策。他不是个十足的数学家,无法从开普勒对行星轨道的描述中推导出吸引定律;他运到圣保罗大教堂顶端和矿井底部的仪器不够灵敏，无法测出地球表面附近引力的细微变化。但胡克并不是唯一在这个领域奋战的科学家。尽管他和其他同代人并不知道，但伊萨克·牛顿(1642—1727)已经独立地获得了胡克的定性概念的一个重要部分。而且，如果后来他自己关于这项发现的日期记录可信的 256
话，在胡克说出上面那段话之前 8 年，牛顿就已经使用那些概念去确定胡克所说的万有引力的“几个量度”了。

当牛顿在 1666 年前后转向这个问题时，他成功地从数学上计算出为了保持在一个稳定的圆周轨道上所必需的行星向着太阳或月亮向着地球“下落”的速率。然后，由于发现了这个数学上的下落速率如何随着行星的速度及其圆周轨道半径的变化而变化，牛顿得以演绎出两个极为重要的物理学结果。若行星的速度和轨道半径之间的关系遵从开普勒第三定律，那么，牛顿发现，将行星拉向太阳的吸引力必定反比于行星到太阳距离的平方。行星与太阳的距离变为原来的两倍，则维持行星按照它被观测到的速度在圆周轨道上运行所需的吸引力仅为原来的四分之一。牛顿的第二项发现的意义同样深远。他发现，支配太阳与行星间吸引力的平方反比律同样可以很好地解释遥远的月亮和近处的石头落向地球的速率为何不同。13 年后，与胡克的一场辩论使牛顿回想起这个问题，他把他的结果进一步普遍化，证明平方反比律可以精确地解释开普勒第一定律确定的椭圆轨道和第二定律中描述的速度变化。

这些数学推导在科学史上是空前的。它们超越了所有其他由哥白尼主义引进的新观点带来的成就。我们无法在一篇初等的论述中追溯它们,这成为对哥白尼革命尾声的简略叙述中唯一一处严重失真。根据牛顿的平方反比律以及把它与运动相关联的数学技巧,天上与地上的运动轨迹的形状和速度头一回能够极为精确地计算出来。我们在数字和测量中,而不是在想象中,看到了炮弹、地球、月球和行星的类似之处。伴随着这一成就,17 世纪的科学达到了它的顶峰。但非常奇怪的是,这个顶峰还不是哥白尼革命的终点。尽管有如此的适用范围和威力,但不论是牛顿还是他的许多同代人都对引力的概念及其作用方
257 式感到不满意。到 1670 年,微粒哲学为几乎所有前进中的研究提供了形而上学基础,而引力概念在两个重要的方面违背了微粒论前提。将它们协调起来又要花费半个世纪的研究与论证。在最终出现的新宇宙中,微粒论和牛顿的引力概念都再一次被改变了。

牛顿的书信和大学笔记反复证明了他对微粒论的一贯信奉,他自己也强烈意识到他作为工作概念的引力概念在形而上学方面的不足。这种意识可能至少部分说明了他为什么会推迟发表他早期对天的物理学的研究成果。实际上,《原理》直到 1685 年才出现,此时牛顿已成功解决了引力与微粒哲学之间一个明显冲突,还花费了许多徒劳的努力试图解决其他问题。

微粒论前提和牛顿早期引力理论之间的第一个矛盾出现在 1666 年的计算中,它比较了地球对遥远的月亮和近处的石块的吸引力。牛顿比较了石块与月亮下落的速率,推断地球对其表

面之外的单位质量的吸引与这个单位质量到**地球中心**的距离的平方成反比。这个概念很简单而且跟实验符合得相当好。此外它应用于太阳系也很成功。但它不符合微粒论。根据微粒论，地球对外部微粒的吸引只能把地球内每个微粒施加于单个外部微粒的吸引力加在一起而得到(见图52)。如果外部微粒距地球非常遥远，这种叠加就很容易。在这种情况下，外部微粒与地球内的每个微粒几乎等距离；每个地球微粒无论在哪个位置都对外部微粒施加近乎相同的力；力的总和必定跟所有地球微粒略微向它们的平均位置移动，聚集在地球中心的情形几乎一样。因此，若单个粒子的吸引力服从平方反比律，那么在较远的距离上，整个物体的吸引力肯定也服从同样的定律。 258

然而，当外部粒子很接近地壳时，细小力的叠加就不那么容易了。此时，整体的平方反比律似乎不太可能适用。当外部粒

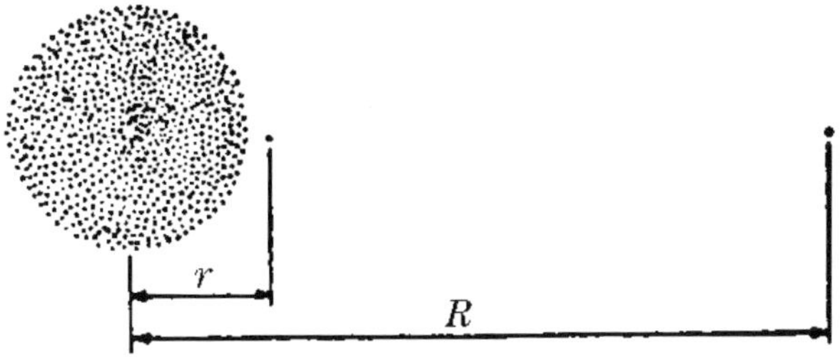

图52　平方反比律的微粒化。如果引力是微粒间的吸引力，地球对外部微粒的总吸引力就一定是每个地球微粒与外部微粒间吸引力的总和。这个总吸引力以怎样简单的方式随距离而变化绝不是清楚的。然而牛顿却成功地证明了，如果单个粒子间的吸引力与它们之间距离的平方成反比，那么在地球和外部微粒间的总吸引力就会与地球中心到外部微粒的距离的平方成反比。

子离地球很近时(见图52),它跟近的这一面的地球微粒的距离比跟另一面微粒的距离要小百万倍。因此,近处的粒子会比远处的粒子产生巨大得多的力。很显然,它们施加的力占了几乎全部,总的吸引力在外部粒子向地面靠近时将飞速增加。到地球**中心**的距离好像跟计算(例如)苹果受到的合力几乎不相干。牛顿能够证明它们并不是无关的。1685年他证明了无论到外部微粒的距离是多少,所有地球微粒都可以当作位于地球的中心来处理。这个惊人的发现最终使引力植根于单个粒子,这是《原理》一书出版的序幕,也可能是先决条件。终于,可以证明开普勒定律与抛射运动都能用组成世界机器的基本粒子之间的内在吸引力来解释。

但是,即使引力的这种微粒概念也没有使牛顿满意。实际上,18世纪前,它几乎没有令科学家满意。对大部分17世纪的微粒论者来说,作为一种内在吸引原则的引力概念看起来太像已被一致拒绝的亚里士多德的“运动倾向”。笛卡尔体系巨大
259 的优点就在于它完全剔除了所有这类“神秘性质”。笛卡尔的微粒完全是中立的;重力本身被解释成碰撞的结果;这种远距的内在吸引原则的概念似乎是向神秘的“通感”和“潜能”的倒退,正是这些神秘的“通感”和“潜能”使中世纪科学如此荒谬。牛顿本人也完全同意这一点。他反复尝试去发现吸引力的机械解释,尽管最终被迫承认失败,但他继续坚持认为有人会成功,引力的原因不是“难以被发现和揭示的”[2]。他一再强调引力并不是物质的内在性质。他在《光学》末尾所立的科学遗嘱中声称:

"要是告诉我们每一类事物都被赋予了一种神秘的特定性质［如引力］,它们靠它行动和产生明显效果,那就相当于什么也没说。"[3]

我觉得,主张牛顿打算像笛卡尔那样写一本《哲学原理》,但因为无法解释引力而被迫把主题限定为《自然哲学的数学原理》,这并没有曲解牛顿作为一位科学家的意图。标题的同与异都是有意义的。牛顿似乎认为他的巨著《原理》还不够完整。它只有对引力的数学描述。与笛卡尔的《哲学原理》不同,它甚至都没有自称要解释宇宙如此运行的原因。就是说,它并没有对引力做出解释,或者牛顿就是这样想的。尽管 20 世纪的科学证明牛顿的疑虑是有道理的——不用借助超距的内在吸引原则就可以解释引力——但是牛顿的同代人和后继者几乎没有人愿意维护他的精妙的区分。他们或是把整个引力思想当作亚里士多德主义的倒退加以拒斥,或是接受这个概念并坚持认为牛顿已证明了引力是物质的内在属性。

由于造成的斗争绝不是微不足道的,牛顿物理学稳固地取代笛卡尔物理学用了四十年的时间,即使在英国大学中也是如此。一些最有才华的 18 世纪的物理学家依旧继续探寻对引力的机械-微粒解释。但这样的解释并没有找到;同时《原理》的威力使之成为科学家们的绝对必需品。因此,引力逐渐被接受,尽管有牛顿的否认在前,引力仍然变成了物质终极微粒的内在属性。 260

结果,微粒哲学更新了,对力的探寻开始了。在《原理》的

接近开篇处,牛顿就说过,

> 我被许多原因诱使去怀疑……[大自然的现象]可能都是依赖于某种力,物体的微粒通过它——因为某种迄今未知的原因——或者相互挤向对方,凝聚成规则的图形,或者相互排斥,远离对方。[4]

在《光学》的末尾,他加入了一长串的关于微粒作用之结果的“问题”:

> 所有这些事物都会被考虑到,在创世时上帝用固体的、有质量、坚硬、不可入以及可运动的粒子来制造了物质,这些粒子具有尺寸和形状,也有着其他的一些性质,在空间中成比例,这些对于上帝制造它们的目的都是最有利的,这种说法似乎对我来说是可能的……因此,大自然应该是永恒的,物质的改变仅仅是多变的分离和新的聚合以及这些永恒粒子的运动……更进一步来讲,这些微粒不仅有一种 Vis inertiae[惯性力],它伴随着由这种力自然引发的一些被动的运动定律,同时它们也是被诸如引力、导致[化学]发酵和物体粘连的某些能动原则所带动的。[5]

这些表述或类似的其他表述描绘了在 18 和 19 世纪思想中起着重要作用的牛顿主义。在牛顿 1727 年去世之后,大部分科学家和受过教育的外行人都认为宇宙是一个无限、中立的空间,被无穷多的微粒占据,微粒的运动受惯性这样的被动定律和引力这样的能动原则所支配。从这些前提出发，牛顿以空前的精确性演绎出大部分已知的光学现象和所有已知的天与地的力学现象，包括潮汐和分点岁差。他的继承者们从他止步的地方开始，努力去发现更多关于力的定律，以解释其余的自然现象：热、电、磁、凝聚，以及最重要的，化合作用。最后，分崩离析的亚里士多德宇宙被一种全面而融贯的世界观所取代，人类自然概念的发展进入了新的篇章。

新的思想结构 261

牛顿的微粒世界机器的建构，完成了哥白尼在一个半世纪前发动的概念革命。在这个新的宇宙中，哥白尼的天文学革新所提出的问题最终被解决。哥白尼的天文学第一次在物理学和宇宙论上都成为可信的。地球和宇宙中其他物体的关系再一次被规定。人们再一次知道了为什么射向空中的炮弹将回到它出发的地方，尽管他们现在明白了炮弹不会完全笔直地发射。只有到哥白尼学说通过这个新的概念框架的传播和接受而变得可信的时候，对行星地球概念最后的有实质意义的反对才消失了。然而，牛顿的宇宙不仅仅是容纳哥白尼的行星地球的框架，更重要的是，它是一种看待自然、人和上帝的新路径——一种新的科学和宇宙论的视角，这种视角在 18 和 19 世纪一再地丰富了科学，并重塑了宗教和政治哲学。

通过为开普勒定律提供一种经济的来源和可信的解释，同样的牛顿定律结束了天文学革命,并为天文学本身提供了大量强有力的新研究技术。例如,当改进的望远镜的定量观测技术显示行星并不是真的完全遵守开普勒定律时,牛顿物理学使得先解释、然后预测行星对其基本的椭圆轨道的轻微偏离成为可能。牛顿的推导表明,严格地说,开普勒定律只能在太阳对每颗行星施加唯一的引力的情况下应用。但是,行星也相互吸引,特别是当它们接近和擦肩而过的时候,这种额外的引力使它们偏离自身的基本轨道,并使它们的速度发生改变。在 18 世纪,牛顿工作的数学扩展使天文学家能够以极高的精度预测这些偏离;在 19 世纪,这种预测技术的逆向应用导致了天文学上一项重大的胜利。1846 年,法国的勒维烈(Leverrier)和英国的亚当斯(Adams)各自独立地预测了一颗前所未知的行星的存在及其轨道,他们相信它是导致已知行星天王星的轨道难以解释的不
262 规则性的原因。当望远镜对准天空,在牛顿理论预测的位置附近 1 度以内发现一颗新的行星——海王星——朦胧可见。

牛顿定律在天文学中成效卓著的例子,几乎可以无限增长,而天文学并不是唯一受影响的学科。如果只考察众多学科当中的一个可能的例子,可以考虑牛顿的工作在 18 世纪对化学实验的影响。尽管牛顿的意思很清楚,但还是使他的大多数继承者相信引力是物质的内在属性,从而重量也是。于是他赋予了重量一种科学上的新意义。重量首次成为物质的量的一种明确的量度,其结果是使天平成为基本的化学仪器。单用天平就可以告诉化学家一个化学反应中投入了多少物质,又产生了多少。

自古以来化学家们就相信在化学反应的过程中物质的量是守恒的,但是一直没有一个广泛认可的“物质的量”的量度。在亚里士多德甚至笛卡尔思想的氛围中,重量通常被认为像颜色、质地或者硬度一样,是物质的第二属性——可以被化学反应过程改变的属性。重量作为被普遍认可的工具的概念就是牛顿主义的部分成果,它被用来“平衡”化学反应,判断反应过程中是否有物质流失到某个未知的地方或者从某个未知的来源获得了物质。这个新工具是18世纪最后几十年以法国人拉瓦锡为中心的化学思想革命的几个重要根源之一。

要把这两个孤立的例子——海王星的发现和重量的新意义——转换和丰富为关于新宇宙对科学的影响的一个均衡的讨论,需要整整一本书,即便如此,讨论仍然是不完整的。在围绕新的宇宙生长出来的概念结构中,非科学的思想同样也被改变了。在17世纪的科学家和哲学家设想的无限的、多世界的宇宙中,将天堂定位在天空中,地狱定位在地壳底下,变成了单纯的隐喻,它曾经是有具体地理学意义的象征,这时只剩下逐渐消逝的回音。同时,宇宙是由按照天赋的法则永恒运动的原子构成的概念,改变了许多人对上帝自身的想象。在机械宇宙中,上帝常常只作为钟表匠出现,他塑造原子部分,建立它们的运动法则,启动它们的运转,然后任其自行运转。这种观点的一个精致的版本——自然神论,是17世纪晚期和18世纪思想的重要组成部分。随着它的发展,对奇迹的信仰衰落了,因为奇迹是机械法则的中止和上帝及其天使对地上事务的直接干涉。到18世 263

纪末,越来越多的人,包括科学家也包括非科学家,认为没有必要再假定上帝的存在了。

新科学的另一些反响可以在 18 和 19 世纪的政治哲学中找到。近来一些作者已经指出,在 17 世纪太阳系机械运转的概念和 18 世纪社会平稳运作的概念之间,有明显的相似之处。例如,体现在美国宪法中的制衡体系,企图赋予新的美国社会一种面临破坏力时的稳固性,它跟惯性力和万有引力精确补偿给予牛顿太阳系的稳定性是同一类型。同样,18 世纪从个人的天性推导出优良社会之特征的方法,很可能部分地被 17 世纪的微粒论所助长。在 18 和 19 世纪的思想中,个体一再地作为组装社会这台机器的原子出现。在《独立宣言》的开头部分,杰弗逊从作为社会原子的人的天赋的、不可剥夺的权利推导出革命的权利,而且他的推导似乎跟一个世纪前牛顿从单个物理原子的天赋的内在性质推导出自然的机制颇为相似。

即使是这几个无关的、未经展开的例子也表明,随着牛顿宇宙的创立,我们的故事完成了一个循环。牛顿宇宙要对哥白尼天文学做的事,正是亚里士多德宇宙对地心天文学所做的。两
264 者都是一种世界观,使天文学跟其他学科紧密联系起来,也跟非科学思想关联起来;两者都是一种概念工具,一种组织、评估并获得更多知识的方法;两者都统治了一个时代的科学与哲学。经过这个循环,从一种世界观转到另一种世界观,我们将最终意识到它在何种意义上开启了哥白尼的天文学革新。行星地球的概念第一次成功地打破了古代世界观的构成要素。尽管它被有

意地仅仅看作一场天文学上的改革，但它却具有破坏性的结果，这结果只能在一种新的思想结构中得到解决。哥白尼自己没有提供这种结构；他自己的宇宙概念更接近于亚里士多德而不是牛顿。但是，他的革新导致的新问题和新建议，是革新本身所产生的新宇宙的发展中最显眼的里程碑。在实现的过程中创造需求、提供帮助，这都是构成了哥白尼革命的那些历史贡献。

不过，它的历史贡献并没有穷尽这场革命的重要性。由于它展示了知识增长的连续循环过程，哥白尼革命还具有更广泛的重要性。最近两个半世纪已经证明，这场革命中形成的宇宙概念，是一个远比亚里士多德和托勒密的宇宙有用得多的智力工具。17 世纪科学家发展出来的科学宇宙论，以及作为其基础的空间、力和物质的概念，以古代不可想象的精度解释了天和地的运动。另外，他们还引导了许多新颖的、成效卓著的研究计划，揭开了许多过去不为人知的自然现象，揭示了古代世界观统治下的人难以驾驭的经验领域中的秩序。这都是永久的成就。只要西方学术传统仍然持续存在，科学家就可以解释由牛顿的概念最先阐明的现象，正如牛顿可以解释由亚里士多德和托勒密先行阐明的较狭窄范围的现象一样。科学就是这样发展的：每一个新的概念图式都包含其前任图式解释过的现象，并为之添加更多的内容。

但是，尽管哥白尼和牛顿的成就是永久的，使这些成就成为 265
可能的那些概念却不是永久的。只是可解释的现象不断增加；而解释本身并没有类似的累积过程。随着科学的前进，它的概念被反复地摧毁和替代,牛顿的概念在今天似乎也不能例外。就像过去的亚里士多德主义一样,牛顿主义最终发展出了很多问题和研究技术(这次只是在物理学内部),它们跟产生它们的世界观无法协调。半个世纪以来,我们一直处于由此产生的概念革命之中,这是一场再次改变了科学家关于空间、物质、力和宇宙结构的概念的革命(不过尚未涉及外行人)。由于牛顿的概念为大量信息提供了一种经济的总结,它们还在使用。但是,它们越来越只是因其经济性而被使用,就像古代的两球宇宙被现代的航海家和测量员使用一样。它们对帮助记忆仍有用处,但已不再对未知事物提供可靠的引导。

因此,尽管比它的前任更有威力,牛顿的宇宙还是没有被证明更具终结性。它的历史作为人类思想发展的众多章节之一,在结构上与牛顿和哥白尼摧毁的地心宇宙的历史也没有太大区别。本书只是持续已久并将延续下去的故事中很长的一章。

技术性附录

1. 校正太阳时

在本书的核心章节中，我们假定了如果一个视太阳日（apparent solar day）被定义为两个相继的本地正午之间的时间间隔的话，则恒星完成周日循环所需的时间总是比这种太阳日正好短4分钟（更准确地说是3分56秒）。但是正像在第一章的脚注中提到的，事情并不完全是这样。如果相继的本地正午之间的时间间隔完全保持不变的话，那么恒星必定以不均匀的速率运动。反之，如果恒星在相等的时间间隔内完成相继的周日循环，那么相继的太阳日的长度一定是不同的。这一事实在古代就认识到了，至少是在托勒密时代，很可能更早。为了理解这个问题，我们依照古人的作法，假设恒星的视运动完全均匀，因而恒星提供了一个基本的时间尺度。我们会发现有两个不同的理由导致太阳每天达到最高点的时刻之间的间隔一定发生变化。 266

视太阳时不均匀性的第一个原因是太阳通过黄道十二宫的速率看起来有变化。正如我们在第二章看到的，太阳在黄道上从秋分点到春分点比从春分点到秋分点运行得更快。因此在太阳跟恒星每天的赛跑中，太阳在冬天会比在夏天落后得更快，所以如果以恒星来计量时间的话，那么在冬天太阳回到最高点花费的时间肯定比在夏天要长。结果视太阳日将在仲冬最长，在仲夏最短。如果导致不均匀性的另一个原因不插进来的话，情况就是如此。

视太阳日可变性的第二个来源是黄道与天球赤道的交角。为了理解它的影响让我们回顾第一章的图13,并设想天球上画有等距的天经线,就好像所有地球仪上都画有的经线一样。为简单起见,再假设太阳沿黄道的视运动完全均匀,以每天1°的速率沿大圆运行。于是我们得出:因为黄道相对于天赤道是倾斜的,所以太阳的净**东向**运动在相邻两天中会发生
267 变化。当太阳达到或接近一个至点时,它相对于恒星的视运动几乎与天赤道平行。而且,此时它所经过的天球部分比起天赤道处来说经线更为密集。结果造成太阳净东向运动的速率略大于每天**天经**1°,因此天球必须向西转361°多一点儿才能带动太阳从一次最高点到达下一次最高点。在分点上的情况完全不同。在那里天经线之间的跨度是球面上最大的。此外,太阳恒定的总运动是向着东北或东南而不是正东方,因此它每天向东运行不足1°。其结果是天球不必转够361°就可使太阳回到最高点。这种影响,如果单独考虑的话,将使得视太阳日在至点最长而在分点最短。

为了修正这两种不均匀性,现代文明采用了称为平太阳时(mean solar time)的时间尺度,其基本时间单位是视太阳日的**平均**长度。根据定义,在这种时间尺度下恒星的运行是完全均匀的,完成周日旋转用时23小时56分4.091秒。但这种使恒星运行均匀的尺度却使得太阳的运行不均匀了。例如,太阳的最高点很难在平太阳时的本地正午出现。日晷是唯一直接测量视太阳时的仪器,它所显示的时间并不像我们的手表和电台报时信号显示的时间那样以不变的速率流逝。在12月和1月期间,前面讨论的两种效应都发生作用,使得视太阳日变短,太阳相继的最高点之间的间隔比平太阳日少将近0.5分钟。而且,这种微小差异的效果是会累加的——视时间在连续的很多天中都比平时间走得慢——以至于在一年的某个季节里太阳到达最高点(视正午)比平太阳正午提早了近20分钟。在其他季节里,视时间走得比平时间快,从全年来看二者保持一致。但是它们几乎在任何一天中都不相等。因此要靠太阳来保持精确的时间,就需要用一张表格或者图53那样的曲线图去校正日晷。

前面对时间的讨论采用恒星的视运动作为均匀性的标准。显然这种 268
标准的选择是任意的，至少从逻辑的观点来看是这样。从逻辑上我们同样可以选用太阳的视运动作为我们的均匀性标准，在相应的时间尺度下，显示出恒星以不断变化的速率运动。但是选用太阳作为均匀性标准对科学研究和日常生活都极其不便。图 53 的曲线图将不得不应用于钟表而非日晷。天文学家和物理学家都将不得不去描述地球绕轴旋转速率的不断变化。恒星标准(stellar standard)避免了这些麻烦。它很适合所有的日常功用和大部分的科学功用。

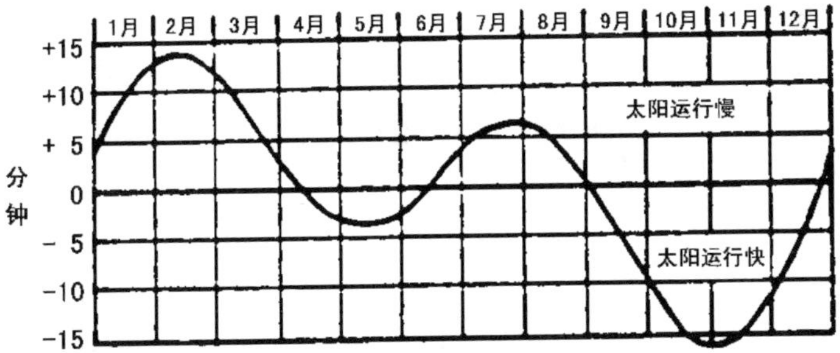

图 53　等时曲线图，它表示了平太阳时和视太阳时之间的差异的周年变化。

然而还不能证明它完全胜任科学的需要，至少对科学理论还不行；暗含在牛顿运动定律中的时间尺度并不完全对应于恒星标准。按照今天对牛顿定律的理解，由它们可以证明地球的绕轴旋转正在因为潮汐摩擦等效应而逐渐变慢，其结果是使恒星视运动逐渐减慢。因此，或者牛顿定律，或者恒星标准必须做出调整，出于科学简洁性的考虑，必须去寻找新的标准。预期恒星标准何时将在理论上失效并没有实用的意义。但对于科学是极为重要的，它引导科学家去重新寻找一种时钟，能比天空这架机器本身更为精确地符合科学理论的时间尺度，这种探索今天仍在继续。

2. 分点岁差

本书的主要部分引入的另一个技术性简化就是忽略了分点岁差，就是造成天极在恒星中缓慢运动的那种现象，这在第一章中曾简要地提及。如果我们只考虑一位天文学家终其一生所做的肉眼观测的话，这种简化完全恰当——肉眼观测不会发现它的不精确，除非是时间上相隔很远的观测。但是相隔比方说两个世纪的观测显示，尽管恒星自身维持相对位置不变，但它们所围绕的天极逐渐在它们当中改变了位置，速率是每个世纪 0.5° 多。在长得多的时期内反复的观测，揭示了这种岁差运动（precessional motion）的模式；随着数个世纪的过去，天极会在恒星中做缓慢的圆周运动，每26000年完成一次循环，圆周的中心是黄极——垂直于黄道平面的直径跟天球的交点——圆周的半径正好是 23 ½°，等于恒星天球上黄道
269 与天赤道的交角［图 54（a）］。

岁差运动问题似乎最早是在公元前 2 世纪为希腊化时期的天文学家希帕克斯所关注，尽管它起初并未被广泛地知晓，但却被随后的许多天文学家所讨论，其中包括托勒密。托勒密的大多数穆斯林继承者都描述了这种效应的某些形式，并通过在古代体系上增加第九个天球，成功地从物理上对它做出了解释。他们最流行的解释如图 54（b）所示，其中画出了系统最外层的三个天球；N 和 S 分别是北天极和南天极，外层的天球围绕它们向西旋转，每 23 小时 56 分旋转一周，这与旧体系中恒星天球的转速相同。下一层的天球，即图上中间的那个天球，是携带着恒星的天球，它靠一条穿过恒星天球黄极的轴与最外层的天球相联，这条轴线穿过分别与外层天球两极相隔 23 ½° 的两个点。新的恒星天球被最外层的天球带动每天旋转一次（这就描述了恒星的周日旋转）。此外它自身还有一个缓慢的运动，每 26000 年旋转一周，逐渐改变单个恒星与天极之间的位

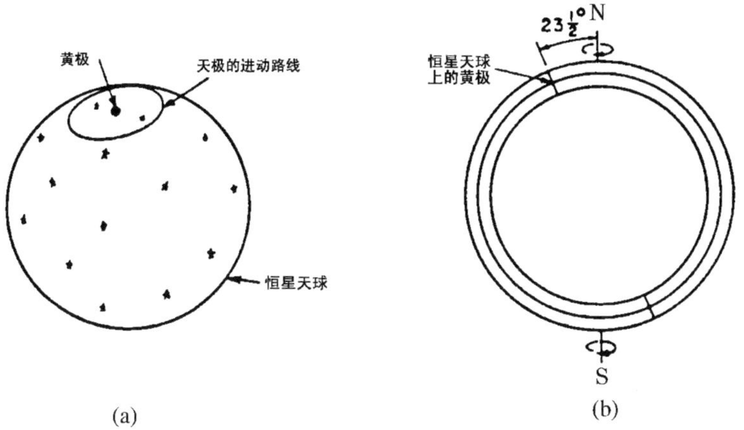

图 54　分点岁差。图(a)显示天极沿着天球上的一个圆周每26000年走一圈。这个圆周的中心是黄极,圆周上的点距离中心恰好 23 ½°。图(b)显示穆斯林如何借助第九个天球,即图中最外层的天球,来解释岁差。第九个天球每 23 小时 56 分旋转一周,跟旧的八天球体系中恒星天球的旋转一样。第八层天球,即恒星所在天球,绕自身的极点每 26000 年旋转一周,从而缓慢地改变着天极在恒星中的位置。在第八层的天球之内是土星天球,它包围着其他的行星天球,跟旧体系中一样。

置关系。三个天球中最内层的是土星天球,它被画成一个很厚的壳层,是为了给土星运动的本轮组件以足够的空间。这个厚厚的壳层靠穿过黄极 270 的轴与恒星天球相联接,它本身就描述了土星在恒星当中的平均圆周运动。

在古代和中世纪天文学思想的语境下,岁差的第九天球解释看起来既简单又自然。实际上,它并不亚于哥白尼的解释——地轴缓慢的圆锥运动在 26000 年的过程中依次指向以黄极为圆心,半径为 23 ½° 的圆上所有的点。在牛顿将岁差解释为月球引力吸引地球赤道隆起区的物理后果之前,哥白尼派和托勒密派天文学家都需要一个额外的、物理上多余的运动来描述它。① 因此，岁差跟地心宇宙到日心宇宙的转变并无逻辑上的联系。

不过从历史上看，岁差的解释问题对于开启哥白尼革命起到了非常重要的作用。因为它有助于使托勒密天文学显得很不合理。岁差的观测结果非常微小，甚至观测延续了几个世纪也是这样，因此数据上一个小小的错误亦可导致对整体现象描述的根本改变。希帕克斯和托勒密都通过与图 54 所示方法定性等价的途径解释岁差，但他们的许多同代人完全否认这种现象的存在，或是以极为不同的方式描述它。特别在穆斯林世界流行着对岁差的很多不同描述。对它的速率也没有一致意见——实际上，许多天文学家相信它的速率是变化的。另外还有一个重要的学派认为连岁差的方向都是周期性变化的，这一现象被称为震颤（trepidation）。在天文学家能够再度认识这一现象真正的简单性之前，第谷·布拉赫的观测是必需的。哥白尼自己没能使情况有丝毫的改进。为了描述岁差速率的逐渐变化和其他并不存在的现象，他在自己的体系中添加了额外的圆周。尽管哥白尼未能改进古代和中世纪天文学家对岁差的描述，但他
271 却对此给予了极大的关注，这种关注为天文学革新提供了重要的动力。在哥白尼时代，对于解决实用天文学中最迫切的问题——改革儒略历而言，充分描述岁差是基本的先决条件。

要发现岁差对于历法设计的影响就要再次回到图 54。正如图中显示的，黄道在恒星天球上的位置一旦固定，永远都不会变了。尽管天极的位置变化并不影响黄道，但是会改变天赤道的位置，从而也改变了分点的位

---

① 哥白尼自己并不需要一个额外的运动来描述岁差，因为他已经在另一种背景下引入了一个。他使用了一个周年圆锥运动来使地轴全年与自身保持平行［见图 31（b）］，因此他可以通过赋予这个圆锥运动一个略微小于一年的周期来解释岁差。然而哥白尼的后继者认为一个单独的轨道运动就可以使地轴永远保持平行，所以他们的确需要一个额外的周期为 26000 年的圆锥运动来解释天极的位置变化。

置,因为分点是黄道与天赤道的交点。在 26000 年的岁差周期中,每个分点都在以每个世纪约 1 ½° 的速率沿黄道缓慢平稳地移动。因此,太阳沿黄道运行一周的时间(称为恒星年)并不等于它在黄道上从一个春分点运行到下一个春分点所用的时间(这被称为回归年)。后者比前者短 20 分钟以上。回归年的测定要困难得多,因为它把太阳的运动参照于一个想象中的动点,而不是固定的恒星。但是回归年是季节的年份,在设计一个准确的长期历法之前,是必须要精确地加以测定的。因此,对历法的关注促使哥白尼对岁差进行了认真的研究,从而对托勒密天文学家中分歧最大的那方面取得了深入的了解。正是岁差问题支撑着哥白尼的那句评论:“数学家……甚至连季节年的恒定长度都无法加以解释和观测”(见第 138 页),这个评论也正是他进行革新的首要动机。

3. 月相与蚀

由于对月相成因的古代解释与现代解释相同,所以它在哥白尼革命中并没有起到什么作用,因此它在本书前面的一些章节中是可以忽略的。但是月相对古代宇宙尺度的测量起到了直接的作用,而且正如我们不断强调的,这些测量有助于使古代的两球宇宙对科学家和非科学家都显得同样具体而真实。另外,古代对月相的解释,以及与之互相关联的对月蚀的解释,都为古代世界观的科学充分性提供了又一重要例证。

我们这里所讨论的解释到公元前 4 世纪末已经在希腊为人熟知,而它的起源可能早得多。随着两球宇宙被接受,出现了一种被或多或少记录下来的假说,即天上所有的漫游者都是球形的。这种假设部分源于对大地和天空的球状外形的类比,部分源于球形完美且适合于完美的天界的观念。更为直接(虽然并不完整)的证据是来自观测到的太阳和月亮的横 272
截面。如果月亮是一个球形,远处的太阳就只能照亮它表面的一半[图 55

(a)],亮的半球能被观测者看见的部分必定随着观测者位置的变化而变化。太阳上的观测者能随时看到这整个半球;当月球处于观测者和太阳之间时,在地球上仰望月球的观测者无论怎样都不可能看到被照亮的那个半球。因此,月球表面对地面观测者清晰可见的部分必然取决于太阳、月球和地球三者的相对位置。

图 55(b)显示了太阳与月球在一个朔望月中相隔同样时间的四个时期的四种**相对**位置,它描绘的是黄道平面上太阳和月球的以地球为中心的轨道。(由于在对月相的讨论中只有相对位置有意义,所以这张图可轻
273 而易举地适用于日心宇宙。)将整张图向西旋转,除了中心的地球外,这描

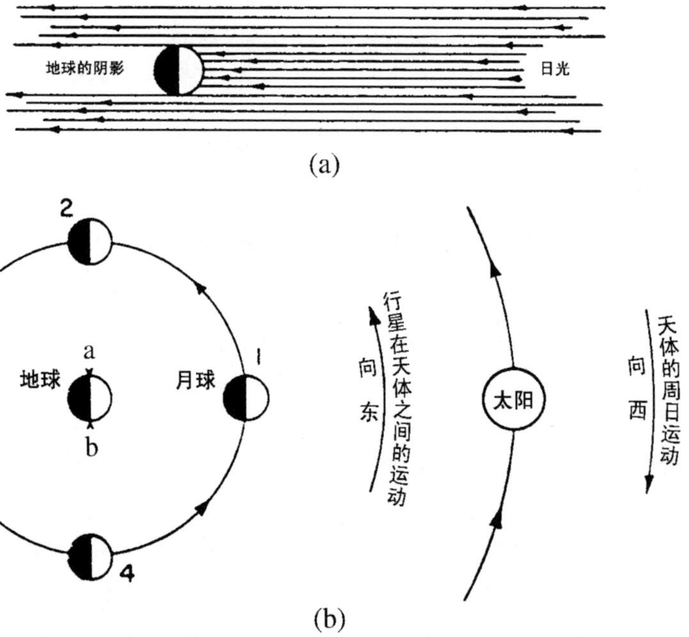

图 55　古代(也是现代)对月相的解释。图(a)显示一个球的表面仅有一半可以被远处太阳的光线照亮。图(b)显示在太阳、地球和月球处于不同的**相对**位置时,亮的半球对地面观测者可见的部分,1 是新月,2 是渐满的半月,3 是满月,4 是渐亏的半月。

述了太阳和月球的周日运动,因此 a 点的观测者看到日落而 b 点的看到日出。只有太阳和月球的东向轨道运动才是相对于这张图的运动。当月球处于图中的位置 1 时,它与太阳一同升起,但由于它的暗面朝向地球,所以地面观测者几乎看不到它。这是新月的位置。经过略多于一周的时间,月球快速的轨道运动将其带到缓慢运动的太阳所处位置偏东 90° 的地方,相对于太阳出现在位置 2。现在它正午升起,日落时处于天顶附近。只有半个盘面可以在地球上清楚地看到,所以这是上弦月的位置。再经过一周多一点的时间,月亮是满月,在日落时升起(位置 3)。下弦月出现在位置 4,相应地,月亮大约在半夜升起,日出时处于天顶附近。

这张用于破解月相的图还可以用来解释蚀;当月球从位置 2 移动到位置 4 时,它可能会经过地球的阴影,在这种情况下月亮会变暗,这就是月蚀。如果月球总是出现在黄道上,那么每当它到达位置 3 时都会出现蚀,但由于月球不断向南向北徘徊,所以满月、地球和太阳很少位于同一直线上。满月一定要接近黄道才会发生月蚀,这在一年中不可能发生两次以上,也极少达到两次。只要当处于位置 1 的月球在地球上投下阴影时日蚀就会发生,故相对较为频繁,每年至少两次。然而日蚀极少被地球上的观测者看到。因为月球在地球上的阴影面积非常小,而观测者必须要在阴影中才能见到蚀。另外,月球往往只能遮住太阳盘面的一小部分。因此,处于某一位置的观测者连日偏蚀都很少见到,日全蚀可能从未见过。对他来说,蚀是罕见、惊人、有时甚至可怕的现象。

4. 古代对宇宙的测量

古代天文学的一个最有意思的技术应用就是测定宇宙的距离和尺寸,这种测量无法直接进行,也就是说,不能靠日常量尺。这些距离的测量比其他大部分应用更直接地显示了古代世界观的丰富性,因为它们所凭借的数学运算失去了全部物理意义,除非概念图式中某些要素是真实的。举例来说,无论地球是一个扁平的圆盘还是一个球体,恒星都表现出周日循环的运动,因此描述这种视运动的技术总是有用的,无论其概念基础是什么。但只有当地球真的是一个球体时,才能说它有周长,才可以通
274 过下面要讨论的对天空的观测来测定。

关于地球周长测量的最早文献出现在亚里士多德的著作中,所以这种测量可能是在公元前4世纪中期做出的。但我们只知道这些最早期测量的结果,并不了解它们所用的方法;我们拥有相对完整(尽管是二手的)记述的第一次测量是由埃拉托色尼做出的,他是公元前3世纪亚历山大里亚图书馆的馆长。埃拉托色尼测量了正午太阳光线与亚历山大里亚(*A* 点)一个垂直的日晷指针之间的夹角 *a*(图56),同一天正午太阳直射在亚历山大里亚正南方5000斯塔第(stades)的另一座埃及城市塞恩[1](*S* 点)。他发现这个角度是一个整圆的1/50(即 $7\frac{1}{5}°$)。因为从非常遥远的太阳

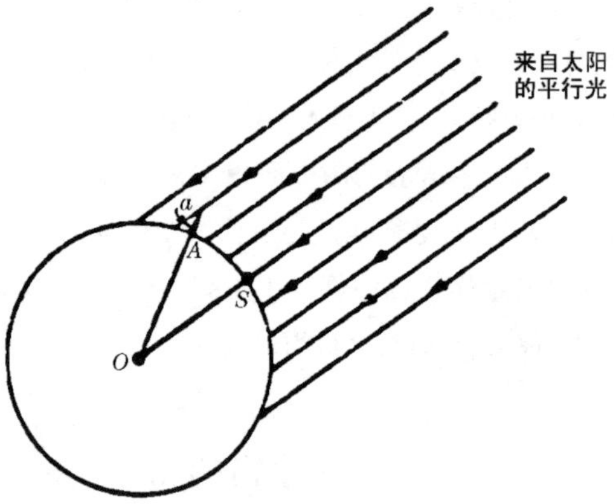

图56 埃拉托色尼对地球周长的测量。设 *S* 在地球表面上位于 *A* 点正南方,则距离 *AS* 与地球周长之比等于角 *a* 比上360°。

① 塞恩(Syene)即今日的阿斯旺。——译者注

射到地球表面的所有光线可以视为平行的，所以角 a（亚历山大里亚的太阳与天顶的距离）就等于 S 和 A 对地心 O 所张成的夹角 $\angle AOS$。进而，由于这个角恰好是一个圆的 1/50，因此从亚历山大里亚到塞恩的距离就是地球周长的 1/50，所以地球整个周长一定是 50 ×（亚历山大里亚到塞恩的距离）= 50 × 5000 = 250000 斯塔第。大部分现代的学生都以为埃拉托色尼的估算只比今天的测量结果（24000 英里）少大约 5%，但不幸的是这一点无法证实。埃拉托色尼所使用的单位“斯塔第”的长度并不清楚，而已知的亚历山大里亚和塞恩的位置并不能用于定义这个单位，因为在上面的计算中所用的“5000”和“1/50”明显都是“四舍五入”过的，这是为了使记录较易阅读。

第二组测量结果是公元前 2 世纪由萨莫斯的阿里斯塔克给出的，他现在更多的是因为预期了哥白尼体系而著名。他借助月亮正好半圆时太阳和月球的中心对地球所张的角 $\angle MES$ 估算出到太阳和月球的距离以及它们的尺寸（图 57）。因为只有当地球和太阳对月球的张角 $\angle EMS$ 正好是直 275
角的时候，月亮才会是半圆，所以 $\angle MES$ 的大小完全决定了以月球、地球和太阳为顶点的直角三角形的形状。阿里斯塔克的测量得出 $\angle MES = 87°$，相应于三角形的两条边 $ES : EM = 19 : 1$。由此他得出太阳到地球的距离是月球的 19 倍，因为月亮和太阳对地球的张角相等（图 58），故太阳

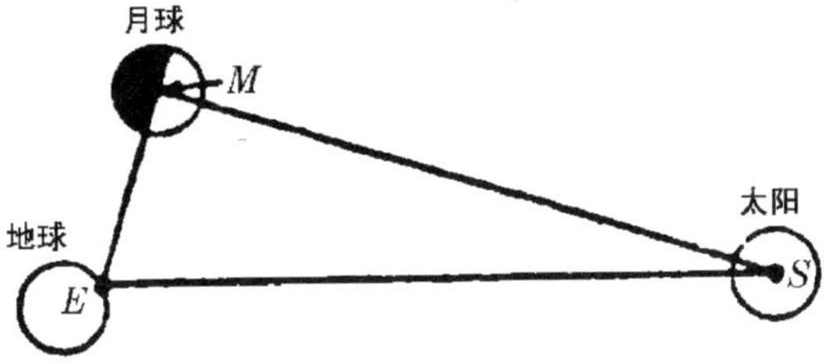

图 57　阿里斯塔克对地球到太阳和月球的相对距离的测量。当月亮正好半圆时，$\angle EMS$ 一定正好是 90°，因此 $\angle MES$ 的大小决定了 EM 与 ES 的比例，也就是月球和太阳到地球的距离的比例。

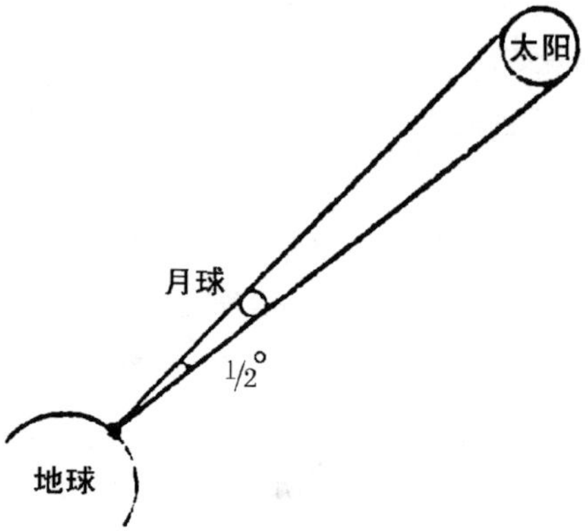

图 58 大而远的太阳与小而近的月球对地球表面张成相等的角。

的大小也是月球的 19 倍。

现代测量依靠完全不同的技术和望远镜的帮助得出的结果显示，阿里斯塔克测出的比值小了不止 20 倍；*ES*: *EM* 接近 400: 1，而不是 19: 1。误差来源于∠*MES* 的测量，这个角度应为 89°51′，而不是 87°。实际中那种测量是非常困难的，特别是使用已知阿里斯塔克能用到的那些仪器时更是这样。太阳和月球精确的中心很难测定；而且也很难确定什么时候月亮正好半圆。考虑到这些问题，阿里斯塔克似乎选择了与他的不可靠的观测相适应的最小角度，这大概是为了保证得出的比值更为可信。他的
276 后继者也一定被类似的考虑所限制，因为，对地球到太阳和月球的相对距离的估算尽管大大改进了，但在整个古代和中世纪一直是偏小的。

前述测量都只得出天文距离的比值，但是通过一个极具独创性的证明，阿里斯塔克得以将它们转化为绝对数量，也就是可以用斯塔第来表示太阳和月球的直径以及它们到地球的距离。他的结果是由观测一次最长时间的月蚀得到的，在这次月蚀过程中月球正好位于黄道上，因此穿过地球阴影的正中心。他首先测量了月球边缘首次进入阴影到月球刚被完全

遮蔽的那一刻为止所经过的时间。他拿这个数据与月球被完全遮蔽的时间长度相比较，于是发现：月球被完全遮蔽的时间与它进入地球阴影所需的时间大致相同。他得出结论：在月球经过的区域，地球阴影的宽度约是月球本身直径的 2 倍大。

图 59 显示了阿里斯塔克所分析的天文构图。图中的月球刚刚完全进入到地球的阴影之中。月球的直径为 d（未知），因此地球在月球处的阴影的直径是 $2d$；地球的直径是 D（以斯塔第为单位，据埃拉托色尼对地球周长的测量可知）；月球到地球的距离是 R（也是待定的未知量）。最后，由于太阳的直径和它到地球的距离都恰好是月球的 19 倍，所以太阳盘面的直径是 $19d$，而它到地球的距离是 $19R$。所以，阿里斯塔克的（也是我们的）问题是要借助已经以斯塔第为单位确定了的地球直径 D 的数值来确定未知的 d 和 R。

这幅图直接显示了三个相似三角形，它们的底边长度分别是 $2d$，D 和 $19d$，高分别是 x（未知）、$x+R$ 和 $x+20R$。（这里令三个三角形的底边等于直径，实际上应该比直径略小，但当这些三角形非常尖的时候——现在就是——这种偏差非常小，不影响结果。）在最小的三角形和最大的三角形中高和底的长度之比必定相同，即： 277

$$\frac{x}{2d}=\frac{x+20R}{19d}$$

将等式两边同乘以 $38d$，得到一个新的等式：$19x = 2x + 40R$，所以

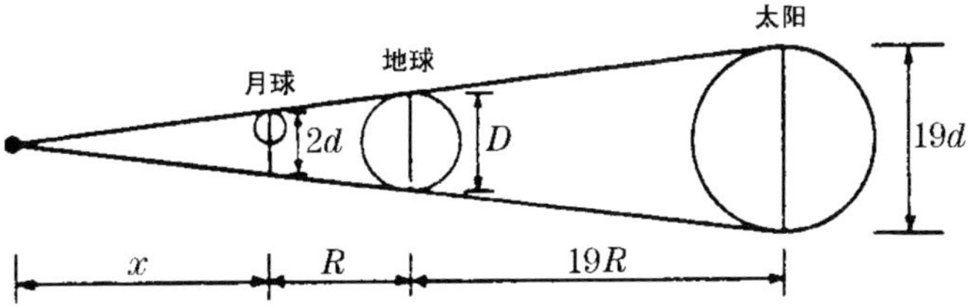

图 59　阿里斯塔克根据一次月蚀过程的观测为计算地球到月球和太阳绝对距离而作的图。

$x=40R/17$。换句话说，地球阴影延伸到月球后面的距离大约是月地距离的2倍。

比较最小的三角形和中等的三角形得出另一个方程，从中可以确定 d 的值。首先比较得出：

$$\frac{x}{2d}=\frac{x+R}{D}$$

将 $x=40R/17$ 代入，两边同乘以 $17/R$，得到：

$$\frac{20}{d}=\frac{40+17}{D}$$

根据最后这个方程，$d=20D/57\approx 0.35D$，也就是说，月球直径是地球直径的三分之一多一点，由于太阳直径是月球的19倍，所以太阳直径就是地球的6倍多一点。

由于地球直径 D 已知，所以上述计算给出了太阳和月球的实际尺寸。它们到地球的距离可以通过一个小的附加计算确定。因为太阳和月球都对地球张成一个0.5°的角，所以它们都可以在以地球为圆心的一个整圆(360°)的圆周上摆放720次。因而月地距离一定是周长为月球直径(已知)720倍的圆的半径，而太阳到地球的距离是它的19倍。由于圆的周长是 2π 乘以其半径，所以月球到地球的距离是40个地球直径多一点，而太阳到地球的距离大约是764个地球直径。

这些计算中应用的方法是睿智的，代表了希腊科学家最杰出的成就，但是其数值结果，特别是有关太阳的结果，一律是不准确的，因为在测定太阳和半月相隔的角度时一开始就存在误差。现代测量给出的月球直径是地球直径的四分之一多一点，月地距离大约是30个地球直径，跟阿里斯塔克算出的值相差都不算太大。但是现在认为的太阳直径是地球的110倍，到地球的距离是12000个地球直径，两者都与阿里斯塔克设想的相去甚远。尽管古代对阿里斯塔克的测量结果做了各种修正，而且测得的到
278 太阳的距离存在显著误差的可能性也常常被意识到，但古代和中世纪对这种宇宙尺度的所有估算一直严重偏小。

由于只依赖于地球、月球和太阳三者之间的相对位置，阿里斯塔克测定尺寸和距离的技术可以同等精确或同等不精确地应用于托勒密宇宙和哥白尼宇宙。因此，对天文尺度的古代测定并不能在哥白尼革命中起到直接的作用。但它们仍有一些间接的作用，即都有助于强化托勒密体系。进行天文测量的可能性显示了亚里士多德-托勒密宇宙巨大的成效。另外，测量结果增加了宇宙论结构的具体性，从而使古代宇宙论显得真实。最后，也是最重要的，对月地距离的测量给出了一个天文学计量的标准，在中世纪，它被用来为整个宇宙的大小提供一个间接的尺度。

正如早先在第三章中指出的，中世纪的宇宙论者通常假设每个水晶球层都厚到足以容纳行星本轮，并且这些球层作为整体层层嵌套，充满整个空间。利用这些假说，数理天文学家就能确定所有球层的相对尺寸和厚度。然后，通过阿里斯塔克测定地球到月亮天球的距离的方法，这些相对尺度被转化为以地球直径、斯塔第或英里为单位的数值。所导致的一套典型的宇宙尺度被包含在原初的讨论中。它显示了某种细节性的东西，前哥白尼时代的科学家们就是用它来研究和理解宇宙的。

参考文献

第一章　古代的两球宇宙

279 1. Sir Thomas L. Heath, *Greek Astronomy*, Library of Greek Thought (London: Dent,1932), pp. 5-7.

2. Benjamin Jowett, *The Dialogues of Plato*, 3rd ed. (London: Oxford University Press, 1892), III, 452-453.

第二章　行星问题

1. Vitruvius, *The Ten Books on Architecture*, trans. M. H. Morgan (Cambridge: Harvard University Press, 1926), pp. 261-262.

2. Sir Thomas L. Heath, *Aristarchus of Samos* (Oxford: Clarendon Press, 1913), p. 140.

第三章　亚里士多德思想中的两球宇宙

1. Aristotle, *On the Heavens*, trans. W. K. C. Guthrie, The Loeb Classical Library (Cambridge: Harvard University Press, 1939), p. 91(279a6-17).

2. *Ibid.*, pp. 243-253 (296b8-298a13).

3. Sir Thomas L. Heath, *Greek Astronomy*, Library of Greek Thought (London: Dent,1932), pp. 147-148.

4. Aristotle, *On the Heavens*, p. 345(310b2-5).

5. Aristotle, *Physics*, trans. P. H. Wickstead and F. M. Cornford, The Loeb Classical Library (Cambridge: Harvard University Press, 1929), I, 331 (213a31-34).

6. Aristotle, *On the Heavens*, pp. 23-25 (270b1-24).

7. Jean Piaget, *The Child's Conception of Physical Causality*, trans. Marjorie Gabain (London: Kegan Paul, Trench, Trubner, 1930), pp. 110-111.

8. Heinz Werner, *Comparative Psychology of Mental Development*, rev. ed. (Chicago: Follett, 1948), pp. 171-172.

9. Aristotle, *Physica*, trans. R. P. Hardie and R. K. Gaye, in *The Works of Aristotle*, II (Oxford: Clarendon Press, 1930), 208b8-22.

第四章　重铸传统:从亚里士多德到哥白尼时代

1. St. Augustine, *Works*, ed. Marcus Dods (Edinburgh: Clark, 1871-77), IX, 180-181.

2. St. Thomas Aquinas, *Commentaria in libros Aristotelis De caelo et mundo*, in *Sancti Thomae Aquinatis ... Opera Omnia*, III (Rome: S. C. de Propaganda Fide, 1886), p. 24. 我自己的翻译。

3. St. Thomas Aquinas, *The "Summa Theologica,"* Part I, Questions L-LXXIV, trans. Fathers of the English Dominican Province, 2nd ed. (London: Burns Oates & Washbourne, 1922), p. 225 (Q. 68, Art. 3).

4. Aquinas, *Summa Theologica*, Part III, Questions XXVII-LIX (London: Washbourne, 1914), pp. 425, 433 (Q. 57, Arts. 1,4). 出版者以及 280

Benziger Brothers, Inc. , New York 允许引用。

5. Charles H. Grandgent, *Discourses on Dante* (Cambridge: Harvard University Press, 1924), p. 93.

6. Dante, *The Banquet*, trans. Katharine Hillard (London: Routledge and Kegan Paul, 1889), pp. 65-66.

7. *Ibid.* , pp. 69, 79-80.

8. Nicole Oresme, *Le livre du ciel et du monde*, ed. A. D. Menut and A. J. Denomy, in *Mediaeval Studies*, III-V (Toronto: Pontifical Institute of Mediaeval Studies, 1941-43), IV, 243.

9. *Ibid.* , IV, 272. 在翻译奥瑞斯姆这一段以及下面一段评论时,我经常受到油印小册子"Selections in Medieval Mechanics"中较长的英文选译的指导,它由威斯康星大学的克拉吉特(Marshall Clagett)编写,也是他好心提供给我的。克拉吉特教授对奥瑞斯姆和其他中世纪科学著作的翻译不久就会以"中世纪的力学"(*Mechanics in the Middle Ages*)为题出版。

10. *Ibid.* , p. 273.

11. 由如下文章浓缩并已得到许可:Marshall Clagett's "Selections in Medieval Mechanics" (see n. 9), pp. 35-39. 原文是 Jean Buridan, *Quaestiones super octo libros physicorum* (Paris, 1529), Book VIII, Question 12. 我引入了一些纯粹格式上的改变,并且删去了一些斜体字。

12. Clagett, "Selections," p. 40, from Buridan, *Quaestiones.*

13. *Mediaeval Studies*, IV, 171.

14. Alfred North Whitehead, *Science and the Modern World* (New York: Macmillan, 1925), p. 19.

15. 转引自 John Herman Randall, Jr. , *The Making of the Modern Mind*, 2nd ed. (Boston: Houghton Mifflin, 1940), p. 213.

16. Sir Thomas L. Heath, *A History of Greek Mathematics* (Oxford: Clarendon Press, 1912), I, 284.

17. 转引自 Edward W. Strong, *Procedures and Metaphysics* (Berkeley: University of California Press, 1936), p. 43, 出自 Thomas Taylor, *The Philosophical and Mathematical Commentaries of Proclus on the First Book of Euclid's Elements* (London, I [1788] and II [1789]).

18. Marsilio Ficino, *Liber de Sole*, in *Marsilii Ficini Florentini*, . . . *Opera* (Basel: Henric Petrina, [1576]), I, 966. 我自己的翻译。

19. 译文转引自 Edwin A. Burtt, *The Metaphysical Foundations of Modern Physical Science*, 2nd ed. (New York: Harcourt, Brace, 1932), p. 48, 出自开普勒早期论争的残篇之一。

第五章　哥白尼的革新

第五章所有的引文都出自哥白尼《天球运行论》(1543)一书的前言和第一卷。这个译本由 John F. Dobson 和 Selig Brodetsky 翻译并发表在 *Occasional Notes of the Royal Astronomical Society*, vol. 2, no. 10 (London: Royal Astronomical Society, 1947)。在重印译文时,我坚持用"球"(sphere)或"轮"(circle)来代替"轨道"(orbit)一词(哥白尼对于拉丁词 orbis 的使用中有内在的困难,参见 Edward Rosen, *Three Copernican Treatises* [New York: Columbia University Press, 1939], pp. 13-16)。为了提高清晰性,在其他的 281
许多地方,我禁止了其他的一些现代术语或者做了类似的小改动。在做出这些改动时,我一直受到极有用处的哥白尼著作第一卷的拉丁-法文版的指导,这个版本(Paris: Felix Alcan, 1934)是由亚历山大·柯瓦雷依据权威的 Thorn 版(1873)翻译的。我很感谢皇家天文学会惠允引用他们译本中如此多的部分。

第六章　哥白尼天文学的同化接受

1. 转引自 Francis R. Jonhnson, *Astronomical Thought in Renaissance England* (Baltimore: Johns Hopkins Press, 1937), p. 207. 在本章这一段和其他的引用中,我对拼写和标点按现代规范进行了修订。

2. *Ibid.*, pp. 188-189, 出自 Joshua Sylvester 的译本(1605)。

3. 译文转引自 Dorothy Stimson, *The Gradual Acceptance of the Copernican Theory of the University* (New York, 1917), pp. 46-47, 原出自 Bodin 的 *Universae Naturae Theatrum* (Frankfort, 1597)。

4. 译文转引自 Andrew D. White, *A History of the Warfare of Science with Theology in Christendom* (New York: Appleton, 1896), I, 126.

5. *Ibid.*, pp. 126-127, 出自 Melanchthon 的 *Initia Doctrinae Physicae.*

6. *Ibid.*, p. 127.

7. John Donne, "Ignatius, his Conclave," in *Complete Poetry and Selected Prose of John Donne*, ed. John Hayward (Bloomsbury: Nonesuch Press, 1929), p. 365.

8. *Ibid.*, p. 202.

9. John Milton, *Paradise Lost*, book I, line 26.

10. Nicole Oresme, *Le livre du ciel et du monde*, in *Mediaeval Studies*, IV, 276.

11. 译文转引自 James Brodrick, *The Life and Work of Blessed Robert Francis Cardinal Bellarmine, S. J.* (London: Burns Oates and Washbourne, 1928), II, 359.

第七章 新的宇宙

1. Robert Hooke, *An Attempt to Prove the Motion of the Earth from Observations* (London: John Martyn, 1674), reproduced in R. T. Gunther, *Early Science in Oxford*, VIII (Oxford: privately printed, 1931), pp. 27-28.

2. Newton, *Opticks*, 4th (1730) ed. (New York: Dover, 1952), p. 401.

3. *Ibid.*

4. Newton, *Mathematical Principles of Natural Philosophy*, ed. Florian Cajori (Berkeley: University of California Press, 1946), p. xviii.

5. Newton, *Opticks*, pp. 400-401.

文献注解

引　言

283　以下注解不仅指出了我前面的研究中最主要的借鉴,而且还提供了一条捷径,以进入各种涉及1700年前的天文学史及相关领域的学术文献的庞大迷宫。我尽可能只限于讨论容易获得英文版的书。论文、专题文集和外文的专著除极少数例外,均只在如下情况下提到:在我对哥白尼革命的解释中起到实质性作用的,或者在以下的主要文献资料中被忽略掉的(例如许多新近的研究)。一些次要的资料包含在参考文献中,所以在下面省略掉了。

有关这一领域的各个方面的更完整的文献目录可以在以下几本书中找到:M. R. Cohen and I. E. Drabkin, *A Source Book of Greek Science* (New York, 1948); E. J. Dijksterhuis, *De Mechanisering van het Wereldbeeld* (Amsterdam, 1950); F. Russo, *Histoire des sciences et des techniques: bibliographie* (Paris, 1954); 以及 George Sarton, *A Guide to the History of Science* (Waltham, Mass., 1952)。几个相关主题的详尽的文献目录可以在George Sarton, *Introduction to the History of Science*, 3 vols. in 5 (Baltimore, 1927—1947)和*Isis*杂志的年度文献目录中找到。后面在其他的关联中列出的许多书也包含了有用的书目信息。最近的一些著作,特别是A. C. Crombie, *Augustine to Galileo* (Cambridge, Mass., 1952) 和A. R. Hall, *The Scientific Revolution, 1500—1800* (London, 1954)也会证明特别有价值。

所有科学通史都讨论了本书所覆盖的这一时期和其中的许多问题，但只有 Herbert Butterfield，*The Origins of Modern Science*，*1300—1800*（London，1949）对本书的结构有独到的影响。Marshall Clagett，*Greek Science in Antiquity*（New York，1955）以及 Hall，*Scientific Revolution*（见上）为各自所讨论的时期提供了极为有用的背景，但是直到我的手稿实质上已经定稿的时候，我才看到这两本书。Dijksterhuis，*Mechanisering*（见上）对于懂荷兰语的读者也是很重要的资料。 284

Bertrand Russell，*A History of Western Philosophy*（New York，1945）和 W. Windelband，*A History of Philosophy*，trans. J. H. Tufts（New York，1901）提供了关于哲学发展的有用的背景。J. L. E. Dreyer，*A History of Astronomy from Thales to Kepler*，2nd ed.（New York，1953）；Lynn Thorndike，*A History of Magic and Experimental Science*，6 vols.（New York，1923—1941）；以及 Sarton，*Introduction*（见上），在本书的写作中被极为频繁地参考，所以下面只在书的某些部分特别追随其论述时才提到它们。Pierre Duhem，*Le système du monde*，6 vols.（Paris，1913—1954）原本也可以这样使用，但我只为一些特殊的论题参考了它。

第一、二章

R. H. Baker，*Astronomy*，5th ed.（New York，1950）是提供必需的技术性天文学知识的很好资料。

George Sarton，*A History of Science*：*Ancient Science through the Golden Age of Greece*（Cambridge，Mass.，1952），概述了古代科学与文化语境下埃及、美索不达米亚和希腊的天文学。O. Neugebauer，*The Exact Sciences in Antiquity*（Princeton，1952）对埃及和巴比伦天文学从诞生到希腊化时期作了更为详尽的介绍，尽管它的选择性可能会在希腊天文学传统所发挥

的重要作用方面误导某些读者。Neugebauer 的第二版（Providence, R. I., 1957）有一个附录，其中描述了托勒密的《至大论》中精心设计的天文学体系。Sir Thomas L. Heath, *Aristarchus of Samos*（Oxford, 1913）是关于公元前 3 世纪以前的希腊天文学的标准文献。Dreyer, *History*（见上）的第 7—9 章讨论了从阿波罗尼到托勒密的希腊天文学。

古代天文学著作的许多片段可以在 Sir Thomas L. Heath, *Greek Astronomy*（London, 1932）和 Cohen and Drabkin, *Source Book*（见上）中找到。其他相关的章节是柏拉图的《蒂迈欧篇》（*Timaeus*），出自 *The Dialogues of Plato*, ed. Benjamin Jowett, 3rd ed.（London, 1892），III，和 Vitruvius, *The Ten Books on Architecture*, trans. M. H. Morgan（Cambridge, Mass., 1926），因为不熟悉天文学的事实和理论，后者的译文偶有瑕疵。托勒密的《至大论》最近由 R. Catesby Taliaferro 在 *Great Books of the Western World*, vol. XVI（Chicago, 1952）中翻译出来。不过详尽的研究还是要依据 *Syntaxis mathematica*, ed. J. L. Heiberg, 2 vols.（Leipzig, 1898—1903）这一标准版本。

上面的许多二手材料都包含了大量有关古代历法的知识。更多的详细的论著如下：F. H. Colson, *The Week*（Cambridge, Mass., 1926），以及 R. A. Parker, *The Calendars of Ancient Egypt*（Chicago, 1950）。在 Sir Norman Lockyer, *Stonehenge and Other British Stone Monuments Astronomically Considered*, 2nd ed.（London, 1909）中将巨石阵当作原始的天文台加以讨论，不过亦可参看 Jacquetta Hawkes, "Stonehenge", *Scientific American*
285 CLXXXVIII（June 1953），25—31。关于诸天在原始宇宙论思想中的作用可参看 Henri Frankfort *et al.*, *The Intellectual Adventure of Ancient Man*（Chicago, 1946），以及 Heinz Werner, *The Comparative Psychology of Mental Development*, rev. ed.（Chicago, 1948）。

第三章

本章的主要材料是亚里士多德关于物理科学的著作,特别是《物理学》(*Physics*)、《形而上学》(*Metaphysics*)、《论天》(*On the Heavens*)、《天象学》(*Meteorology*)和《论生成与毁灭》(*On Generation and Corruption*)。全部是 *The Works of Aristotle Translated into English*, ed. Sir William David Ross, 12 vols. (Oxford, 1928—1952) 中翻译的,除最后一篇之外,其他的都来自 The Loeb Classical Library 的版本。Sir W. D. Ross, *Aristotle's Physics* (Oxford, 1936) 一书中的注释和文本使此书成为特别有用的一个版本。

以下著作: John Burnet, *Early Greek Philosophy*, 3rd ed. (London, 1920); Theodor Gomperz, *Greek Thinkers*, trans. Laurie Magnus (I) 和 G. A. Berry (II—IV) (New York, 1901—1912); 以及 Kathleen Freeman, *The Pre-Socratic Philosophers* (Oxford, 1946), 使得我们能够把亚里士多德的思想放入其前辈哲学家建立起来的传统中。Sir W. D. Ross, *Aristotle*, 3rd ed. (London, 1937) 和 Werner Jaeger, *Aristotle: Fundamentals of the History of His Development*, trans. Richard Robinson (Oxford, 1934) 是对亚里士多德著作的重要传记性论著。F. M. Cornford, *The Laws of Motion in Ancient Thought* (Cambridge, Eng., 1931) 深刻讨论了这一章涉及的大量专门问题。

来自充实原则的对宇宙尺度的后托勒密计算在 Edward Rosen, "A Full Universe", *Scientific Monthly* LXIII (1946), 213—217 和 Dreyer, *History*(见前面引言部分)第 VIII 和第 XI 章中都有讨论。比萨实验的证据在 Lane Cooper, *Aristotle, Galileo, and the Leaning Tower of Pisa* (Ithaca, 1935) 中分析过,但 Cooper 的著作还应由下面第 4 章和第 7 章引用的有关伽利略定律之发展的讨论加以补充。空间和运动的原始概念由 Werner (见上,

第 1 章)以及在 Jean Piaget 的许多著作中进行了讨论,特别是 *The Child's Conception of the World*, trans. Joan and Andrew Tomlinson (London, 1929); *The Child's Conception of Physical Causality*, trans. Marjorie Gabain (London, 1930); 以及 *Les notions de mouvement et de vitesse chez l'enfant* (Paris, 1946)。

第四章

在 George Sarton, *Ancient Science and Modern Civilization* (Lincoln, Neb., 1954) 中粗略勾画了从希腊科学向希腊化科学的过渡中最显著的方面。在同一作者的 *Introduction*(见上,引言部分)中给出了更多的详细情况。

Henry Osborn Taylor, *The Mediaeval Mind*, 4th ed., 2 vols. (Cambridge, Mass., 1925) 讨论了早期基督教对异教科学的贬低,而 Dreyer,
286 *History*(见上,引言部分)提供了很多天文学方面的例子。重要的原始材料是 Augustine, *Confessions and Enchiridion*, 收录于 *Works*, ed. Marcus Dods (Edinburgh, 1871—1877)。

我对调和亚里士多德宇宙论和《圣经》历史的解释得自 St. Thomas Aquinas, *The "Summa Theologica,"* trans. Brothers of the English Dominican Province, 22 vols. (London, 1913—1925) 和 St. Thomas Aquinas, *Opera Omnia*, 12 vols. (Rome, 1882—1906) 第 II 和 III 卷中关于亚里士多德的物理学论述的 *Commentaria*。新整合的结果在 Dante, *The Banquet*, trans. Katharine Hillard (London, 1889) 和 *The Divine Comedy*(已有许多英文版本)中被展示出来。在 Charles H. Grandgent, *Discourses on Dante* (Cambridge, Mass., 1924) 和 S. L. Bethell, *The Cultural Revolution of the Seventeenth Century* (London, 1951) 中概述了宇宙论的隐喻对中世纪和文艺复兴

思想的影响。

在 Dreyer, *History*; Duhem, *Le système*; Sarton, *Introduction*（均见上，引言部分）,以及 Lynn Thorndike, *Science and Thought in the Fifteenth Century*（New York, 1929）中讨论了阿拉伯和中世纪欧洲的天文学。Thorndike 认为以前的学者把欧洲的博学天文学传统出现的时间定得太晚了,但我发现至少在行星问题方面他的证据是不可信的。更多有价值的信息可以在 Derek J. Price ed. , *Equatorie of the Planetis*（Cambridge, England, 1955）中找到。

A. C. Crombie, *Augustine to Galileo*(见上,引言部分)给出了最丰富而且带有参考文献的中世纪科学概论。我自己的讨论还受益于许多专门性的论著,特别是 Carl Boyer, *The Concepts of the Calculus*, 2nd ed.（Wakefield, Mass. , 1949）; Marshall Clagett, *Giovanni Marliani and Late Medieval Physics*（New York, 1941）和 "Some General Aspects of Physics in the Middle Ages," *Isis* XXXIX（1948）, 29—44; Alexandre Koyré, *Études Galiléennes*, 3 vols.（Paris, 1939）; Annaliese Maier, *Studien zur Naturphilosophie der Spätscholastik*, 4 vols.（Rome, 1951—1955）; 以及 John Herman Randall, Jr. , "The Development of Scientific Method in the School of Padua," *Journal of the History of Ideas* I（1940）, 177—206。Koyré 和 Randall 对经院思想传递给现代科学的早期建立者的过程给出了特别有用的例证。研究经院哲学的运动理论的原始材料包括:Thomas Bradwardine, *Tractatus de Proportionibus*, ed. and trans. H. Lamar Crosby, Jr.（Madison, Wis. , 1955）; Marshall Clagett, "Selections in Medieval Mechanics"（Madison, Wis. , mimeographed, no date）; Jean Buridan, *Quaestiones super libris quattuor de caelo et mundo*, ed. Ernest A. Moody（Cambridge, Mass. : Mediaeval Academy of America, 1942）; 以及 Nicole Oresme, *Le livre du ciel et du monde*, ed. A. D. Menut and A. J. Denomy, *Mediaeval Studies* III—V（Toronto, 1941—1943）。

在 John Herman Randall, Jr. , *The Making of the Modern Mind*, rev. ed.

(Boston, 1940) 和 Myron P. Gilmore, *The World of Humanism, 1453—1517* (New York, 1952) 中讨论了文艺复兴时期科学与各种社会、经济、思想潮
287 流之间的关系。在 Lynn Thorndike, *Magic and Experimental Science*(见上,引言部分)和 Arthur O. Lovejoy, *The Great Chain of Being* (Cambridge, Mass., 1948) 中讨论了古代和文艺复兴时期的新柏拉图主义。Henry Osborn Taylor, *Thought and Expression in the Sixteenth Century*, 2 vols. (New York, 1920) 包含了对文艺复兴时期新柏拉图主义的一种描述。Sir Thomas L. Heath, *A History of Greek Mathematics*, 2 vols. (Oxford, 1921) 论述了柏拉图对数学的态度。这一态度以其新柏拉图主义的形式对科学的影响在 Edwin Arthur Burtt, *The Metaphysical Foundations of Modern Physical Science* (New York, 1932); Alexandre Koyré, "Galileo and Plato," *Journal of the History of Ideas* IV (1943), 400—428; 以及 Edward W. Strong, *Procedures and Metaphysics* (Berkeley, Calif., 1936) 中从各种不同的视角进行了讨论。最后的这本著作是唯一充分强调了新柏拉图主义的神秘性和非科学性要旨的,但它断言在根基上如此非理性的观点不可能对科学实践产生富有成效的影响,这又似乎太过分了。对于新柏拉图主义,还可以参看下面第五章所列的 Nicholas of Cusa 和 Giordano Bruno 的著作。

第五章

哥白尼的生平和工作在 Angus Armitage, *Copernicus, The Founder of Modern Astronomy* (London, 1938) 中有很好的描述,但是这一描述应该由 Ludwig Prowe, *Nicolaus Coppernicus*, 2 vols. (Berlin, 1883—1884) 中完整得多的叙述加以补充。在 Edward Rosen, *Three Copernican Treatises* (New York, 1939) 中翻译了哥白尼次要的天文学著作和雷提卡斯(Rheticus)的 *Narratio prima*,还附有出色的介绍和注释。哥白尼主要著作的唯一完整的

英译本是 Nicolaus Copernicus, *On the Revolutions of the Heavenly Spheres*, trans. Charles Glenn Wallis, 收在 *Great Books of the Western World*, vol. XVI (Chicago, 1952) 中。使用这一版本的人应首先参阅 O. Neugebauer 在 *Isis* XLVI (1955) 一期中高度批评性的评论文章。《天球运行论》的前言和第一卷的一个很有用的英译本,John F. Dobson 和 Selig Brodetsky 翻译,现已作为 *Occasional Notes of the Royal Astronomical Society*, vol. II, no. 10 (London, 1947) 出版了。Alexandre Koyré, *Copernic*: *Des Révolutions des Orbes Célestes* (Paris, 1934) 提供了第一卷的可靠的法文和拉丁文版本,还包括了所有前言性的材料和一个尖锐的、易引起争议的导论性讨论。全部文本的标准版本是 Maximilian Curtze, *Nicolai Copernici Thorunensis*: *De revolutionibus orbium caelestium libri VI* (Torun, 1873)。哥白尼天文学的几个特别重要的方面在 Dreyer, *History*(见上,引言部分)中进行了讨论,物理学和宇宙论方面则在 Edgar Zilsel, "Copernicus and Mechanics," *Journal of the History of Ideas* I (1940), 113—118 中论及。 288

第六章

许多关于哥白尼天文学在 16 和 17 世纪的反应的有用资料包含在下列著作中: Francis Johnson, *Astronomical Thought in Renaissance England* (Baltimore, 1937); Grant McColley, "An early friend of the Copernican theory: Gemma Frisius," *Isis* XXVI (1937), 322—325; Dorothy Stimson, *The Gradual Acceptance of the Copernican Theory of the Universe* (New York, 1917); Lynn Thorndike, *Magic and Experimental Science*(见上,引言部分),特别是第 V 卷第 18 章和第 VI 卷第 31 和 32 章;还有 Andrew D. White, *A History of the Warfare of Science with Theology in Christendom*, 2 vols. (New York, 1896)。Thorndike 的材料最丰富也最均衡,但应当慎用,因为它对哥

白尼与托勒密天文学的技术性联系的论述有时是建立在重大的根本性错误之上(如书中第 V 卷跨 424 页和 425 页的句子就是一例)。

对伽利略跟教会的冲突最新最完整的描述是 Giorgio de Santillana, *The Crime of Galileo* (Chicago, 1955)。不过一些旧的讨论仍然有用,特别是 Karl von Gebler, *Galileo Galilei and the Roman Curia*, trans. Mrs. George Sturge (London, 1897) 和 James Brodrick, S. J. , *The Life and Work of Blessed Robert Francis Cardinal Bellarmine*, 2 vols. (London, 1928)。

有关第谷·布拉赫可参见 J. L. E. Dreyer, *Tycho Brahe* (Edinburgh, 1890),也可以参看他的 *Opera Omnia*, ed. J. L. E. Dreyer, 15 vols. (Hauniae, 1913—1929)。常被低估的第谷体系的普及性在 Grant McColley, "Nicolas Reymers and the Fourth System of the World," *Popular Astronomy* XLVI (1938), 25—31 和"The Astronomy of Paradise Lost," *Studies in Philology* XXXIV (1937), 209—247 中提供了有效的证明。

关于开普勒生平和工作还没有较好的英文专著,不过 Carola Baumgardt, *Johannes Kepler: Life and Letters* (New York, 1951) 包含了来自原始资料的一些有用的引文。标准的研究材料 Max Caspar, *Johannes Kepler* (Stuttgart, 1948) 应该很快就有译本了。*Gesammelte Werke*, ed. Max Caspar, 12 vols. (Munich, 1938—1955) 中的相关著作也需要阅读。R. H. Baker, *Astronomy*(见上,第 1 章)从现代视角对开普勒定律作了一个技术性描述。许多有关开普勒定律的技术性发展的内容包含在 Dreyer, *History* (见上,引言部分)和 A. Wolf, *A History of Science, Technology, and Philosophy in the XVI and XVII Centuries*, rev. ed. prepared by Douglas McKie (London, 1950) 中。其他关于开普勒的专著将在下面第七章列举。

伽利略的望远镜观测在上述许多专著中都有讨论。但最好还是通过 Galileo Galilei, *The Sidereal Messenger*, trans. Edward Stafford Carlos (London, 1880) 和 *Dialogue on the Great World Systems*, ed. Giorgio de Santillana
289 (Chicago, 1953) 来直接理解。以下文章指出了望远镜给科学和大众想象带来的巨大冲击:Marjorie Hope Nicolson, "A World in the Moon," *Smith College Studies in Modern Languages* XVII, no. 2 (Northampton, Mass., 1936); Martha Ornstein 的 *The Role of Scientific Societies in the Seventeenth Century* (Chicago, 1938); 还有 *The Portable Elizabethan Reader*, ed. Hiram Haydn (New York, 1946) 中的一些选文;以及 Edward Rosen, *The Naming of the Telescope* (New York, 1947)。伽利略的大部分工作超出了本书所考虑的范围;其他一些重要的论著在第四章和第七章中提到了。

第七章

关于宇宙无限性的前哥白尼与后哥白尼观念在如下文章中进行了探讨:Francis R. Johnson and Sanford V. Larkey, "Thomas Digges, the Copernican System, and the Idea of the Infinity of the Universe," *Huntington Library Bulletin* V (April 1934), 69—117; Alexandre Koyré, "Le vide et l'espace infini au XIV siècle," *Archives d'histoire doctrinale et littéraire du moyen âge* XXIV (1949), 45—91; Lovejoy, *Great Chain*(见上,第4章);Grant McColley, "Nicolas Copernicus and an Infinite Universe," *Popular Astronomy* XLIV (1936), 525—533 和 "The Seventeenth-Century Doctrine of a Plurality of Worlds," *Annals of Science* I (1936), 385—430。McColley 的文章资料特别丰富,尽管他过分夸大了哥白尼对无限宇宙的信念。Johnson 的文章重印了迪格斯 *Perfit Description* 的相关部分。其他有用的原始资料是 Nicolas of Cusa, *Of Learned Ignorance*, trans. Germain Heron (London, 1950), 还有 *De ludo globi* 的一些选段,Maurice de Gandillac 选译,收在 *Oeuvres choisies de Nicolas de Cues* (Paris, 1942) 中。还可参看 Dorothea Waley Singer, *Giordano Bruno, His Life and Thought* (New York, 1950) 中布鲁诺 *On the Infinite Universe and Worlds* 的有注释的译本。Alexandre Koyré, *From the Closed*

World to the Infinite Universe (Baltimore, 1957) 今后会成为这一问题的标准参考材料。

尽管这些文献十分丰富,覆盖面广,但我们对无限的哥白尼宇宙的概念如何演化的认识仍然存在一处重要的空白。从 1600 年布鲁诺去世到 1644 年笛卡尔《哲学原理》出版的这段时间里,并没有什么杰出的哥白尼主义者显示出对无限宇宙的信奉,至少没有公开如此。而笛卡尔之后,似乎又没有哥白尼主义者反对这一概念。在 17 世纪上半叶的缄默可以理解,但它却留下了一个谜:宇宙在物理上无限的信念是如何发展和传播的。

Frederick A. Lange, *The History of Materialism*, trans. E. C. Thomas, 3rd ed. (New York, 1950) 和 Kurd Lasswitz, *Geschichte der Atomistik*, 2nd ed., 2 vols. (Hamburg, 1926) 包含了许多自古代以来的原子论发展的重要信息。17 世纪的原子论在 Marie Boas, "The Establishment of the Mechanical Philosophy," *Osiris* X (1952), 412—541 中有彻底的考察,这篇专题文章也为这个主题提供了细致的书目信息。关于原子论在现代科学发展中的作用有以下重要的专门性论著: Fulton H. Anderson, *The Philosophy of*
290 *Francis Bacon* (Chicago, 1948); Marie Boas, "Boyle as a Theoretical Scientist," *Isis* XLI (1950), 261—268; Thomas S. Kuhn, "Robert Boyle and Structural Chemistry in the Seventeenth Century," *Isis* XLIII (1952), 12—36; 以及 Paul Mouy, *Le développement de la physique Cartésienne* (Paris, 1934)。有关这种 17 世纪传统的核心信条的比较重要和具有代表性的原始资料是 René Descartes, *Les principes de la philosophie* 和 *Le monde ou le traité de la lumière*,收在 *Oeuvres de Descartes*, ed. Charles Adam and Paul Tannery (Paris, 1904 and 1909) 卷 IX 和卷 XI 中,还有 Robert Boyle, *Origin of Qualities and Forms*,收在 *The Works*, ed. A. Millar (London, 1744) 卷 II 中。

哥白尼理论给地的物理学带来的问题可以参看 Alexandre Koyré, *Études Galiléennes*, 3 vols. (Paris, 1939), "Galileo and the Scientific Revolution of the Seventeenth Century," *Philosophical Review* LII (1943), 333—

348,尤其是“A Documentary History of the Problem of Fall from Kepler to Newton,” *Transactions of the American Philosophical Society*(n. s.)XXXXV, no. 4(1955), 329—395。以下的书讨论了开普勒的天体力学:Dreyer, *History*(见上,引言部分);Gerald Holton,“Johannes Kepler's Universe: Its Physics and Metaphysics,” *American Journal of Physics*, XXIV(1956), 340—351;还有 Alexandre Koyré,“La gravitation universelle, de Kepler No. Newton,” *Archives internationales d'histoire des sciences* XXX(1951), 638—653。博雷利的体系在 Angus Armitage,“‘Borelli's Hypothesis’ and the Rise of Celestial Mechanics,” *Annals of Science* VI(1950), 268—282 和 Alexandre Koyré,“La méchanique céleste de J. A. Borelli,” *Revue d'histoire des sciences* V(1952), 101—138 这两篇文章中作了描述。罗伯特·胡克的工作与牛顿的关系在 Louise D. Patterson,“Hooke's Gravitation Theory and Its Influence on Newton,” *Isis* XL(1949), 327—341, and XLI(1950), 32—45 中论及,更深入的分析可借助一份新的文件:Alexandre Koyré,“An Unpublished Letter of Robert Hooke to Isaac Newton,” *Isis* XLIII(1952), 312—337。很多描述胡克的工作的文献可以在 R. T. Gunther, *Early Science in Oxford*, 14 vols.(Oxford, 1920—1945)中找到,特别是卷 VI 和卷 VIII。

关于牛顿的大量文献的指南,在前面引言部分列出的几乎所有书目性的资料中都可以找到。我的方法中有新意的部分都涉及牛顿的原子论以及与之相关的《原理》的形而上学结构。这种分析至少部分来源于以下著作,或是得到它们的支持:Florian Cajori,“Ce que Newton doit à Descartes,” *L'enseignement mathématique* XXV(1926), 7—11 和“Newton's Twenty Years' Delay in Announcing the Law of Gravitation,” 收于 *Sir Isaac Newton*, ed. History of Science Society(Baltimore, 1928);A. R. Hall,“Sir Isaac Newton's Note-Book, 1661—65,” *Cambridge Historical Journal* IX(1948), 239—250;Alexandre Koyré,“The Significance of the Newtonian Synthesis,” *Archives internationales d'histoire des sciences* XXIX(1950), 291—

311; Thomas S. Kuhn, "Newton's '31st Query' and the Degradation of
291 Gold," *Isis* XLII (1951), 296—298; 和 "Preface to Newton's Optical Papers," 收在 I. B. Cohen, ed., *Isaac Newton's Letters and Papers on Natural Philosophy* (Cambridge, Mass., in press) 中, 还有 S. I. Vavilov, "Newton and the Atomic Theory," 收在 *The Royal Society Newton Tercentenary Celebrations* (Cambridge, Eng., 1947) 中。较直接的原始材料是 Sir Isaac Newton, *Mathematical Principles of Natural Philosophy*, ed. Florian Cajori (Berkeley, Calif., 1946) 和 *Opticks*, reprint ed. (New York, 1952)。

技术性附录

R. H. Baker, *Astronomy*(见上,第 1 章)从现代观点讨论了时间的均分、分点岁差、蚀和月相。Heath, *Aristarchus*(见上,第 1 章)和 Dreyer, *History*(见上,引言)中有除第一条外所有这些主题的很多历史资料,关于第一条可参看 A. Rome, "Le problème de l'equation du temps chez Ptolémée," *Annales de la société scientifique de Bruxelles* (Series 1) LIX (1939), 211—224。Heath 和 Dreyer 还论及古代对天文尺度的测定,亦可参看 Aubrey Diller, "The Ancient Measurements of the Earth," *Isis* XL (1949), 6—12。关于穆斯林使岁差的处理复杂化的更多具体情况可以在 Francis J. Carmody, *Al-Bitrûjî: de motibus celorum* (Berkeley Calif., 1952) 和 "Notes on the Astronomical Works of Thâbit b. Qurra," *Isis* XLVI (1955), 235—242 中找到。

索　　引

（如下页码全部为英文本页码，在本中文译本中以旁码标出）

A

B

C

D

F

G

H

J

K

L

M

N

O

P

R

S

T

X

Y

人名译名对照表

（以中文名拼音为序）

A

阿波罗尼　Apollonius
阿尔伯特公爵　Duke Albert of Prussia
阿尔法加尼　Al Fargani
阿尔帕特拉吉　Alpetragius
阿奎那　St. Thomas Aquinas
阿里斯塔克　Aristarchus
阿米奇　Amici
阿那克西曼德　Anaximander
埃拉托色尼　Eratosthenes
埃涅阿斯　Aeneas
艾克方图斯　Ecphantus
艾勒克塔　Electra
爱因斯坦　Einstein
奥古斯丁　St. Augustine
奥瑞斯姆　Nicole Oreseme
奥西安德　Andreas Osiander

B

巴兹尔　Basil
柏拉图　Plato
保罗　Paul
贝拉明　Bellarmine
彼得拉克　Petrarch
毕达哥拉斯　Pythagoras
波埃修斯　Boethius
玻尔　Bohr
博丹　Jean Bodin
博雷利　G. A. Borelli
博纳米科　Bonamico
布里丹　Jean Buridan
布鲁诺　Giordano Bruno
布伦德维尔　Thomas Blundeville

D

达尔文　Darwin
但丁　Dante
德谟克利特　Democritus
邓恩　John Donne
迪格斯　Thomas Digges
笛卡尔　René Descartes

罗夏 Hermann Rohrschach

M

马丁·路德 Martin Luther

马丁纳斯·卡佩拉 Martianus Capella

迈斯特林 Michael Maestlin

麦哲伦 Magellan

梅兰希顿 Philipp Melanchthon

弥尔顿 John Milton

缪勒 Jophannes Müller

摩西 Moses

N

牛顿,伊萨克 Issac Newton

诺瓦拉 Domenico Maria de Novara

O

欧多克斯 Eudoxus

欧几里得 Euclid

欧里克 Aulicus

P

皮尔巴赫 Georg Peuerbach

普朗克 Planck

普罗克鲁斯 Proclus

S

莎士比亚 Shakespeare

索福克勒斯 Sophocles

T

托勒密 Ptolemy

W

维吉尔 Virgil

维特鲁维 Vitruvius

X

西塞罗 Cicero

希帕克斯 Hipparchus

希西塔斯 Hicetas of Syracuse

Y

亚当斯 Adams

亚里士多德 Aristotle

亚历山大大帝 Alexander the Great

伊壁鸠鲁 Epicurus

伊拉斯谟·莱茵霍德 Erasmus Reinhold

伊希多尔 Isidore

译后记

1957年出版的《哥白尼革命》是一部科学思想史名著，与柯瓦雷的《伽利略研究》具有同等重要的地位。库恩深受柯瓦雷的科学史编史纲领影响，并突破了《伽利略研究》仅局限于科学内部史的研究方法，将科学置于当时的文化背景之下加以考察，开创了内部史与外部史相结合的编史纲领。《哥白尼革命》一书不仅准确地详述了许多天文学概念和技术性细节（这部分内容足以单独构成一本天文学入门手册），还以大量篇幅描绘哥白尼革命各个历史阶段哲学方面和宗教方面的社会文化背景，内部史和外部史的因素十分自然地结合在一起，突出了革命多元性的结构和意义。

哥白尼革命历来就是备受科学史家和科学哲学家重视的科学史经典案例，《哥白尼革命》一书出版后，各家学者都把它列为研究哥白尼革命的必备资料。作为库恩的第一部著作，《哥白尼革命》一书也是库恩科学哲学研究的出发点和基础。库恩的成名作《科学革命的结构》正是《哥白尼革命》思想脉络的延续，"范式"的思想已经在《哥白尼革命》一书中孕育。库恩不惜笔墨，细致地重述了托勒密天文学体系的技术细节，更着重描写托勒密体系的常规科学式的发展和各种反常逐渐积累而最终产生危机的过程，然后再转入对革命的叙述。可以看出，《科学革命的结构》所刻画的“前科学—常规科学—反常和危机—科学革命—新的常规科学”的科学增长模式已经潜在地贯彻在库恩对哥白尼革命过程的描述当中。库恩在《哥白尼革命》中时常强调科学团体和科学研究工作的社会学特征，这正是他的科学哲学思想中最重要的一环。

库恩的“范式”思想在今天已经越出科学哲学领域，在社会学等领域被广泛使用，远远超出了原本具有的含义。在这种情况下，重读《哥白尼革命》，探究库恩早期思想的发展，对于理解库恩本身的科学哲学思想及其对各学科造成的深远影响具有特别的意义。

此外，曾任哈佛大学校长的詹姆斯·柯南特为《哥白尼革命》撰写的序言也具有格外重要的意义。柯南特长期致力于在大学教育中发展通识教育，尤其重视科学史教育对于培养人文—社会科学专业人才的作用。库恩曾说：“（柯南特）第一个引导我转向科学史，由此开始改变了我对科学进展本质的看法。”这篇序言体现了柯南特对科学史教育及通识教育的一贯立场，这对今天中国高等学府的建设仍具有很大的启发意义。

本书第 5—7 章由张东林翻译，其余由李立译出初稿。张东林对初稿进行了校对。吴国盛在初稿基础上重新译出了前言、序言、第 1 章、第 3 章以及第 4 章的大部分，校对了其余部分。

校改本书之际，吴国盛正在德国做一个短期访问，先刚帮助在图宾根大学图书馆借到了本书的英文版,使之能够开展工作。田云光帮助解决了一些翻译难点。一并致谢。

译者

2002 年 9 月于北大燕园